Arbeiten zur Angewandten Statistik

Band 33

Herausgegeben von

K.-A. Schäffer, Köln · P. Schönfeld, Bonn · W. Wetzel, Kiel

Informationen über die Bände 1-20 sendet Ihnen auf Anfrage gerne der Verlag.

Band 21
D. Fitzner
Adaptive Systeme einfacher kostenoptimaler Stichprobenpläne für die Gut-Schlecht-Prüfung
1979. 309 Seiten. Broschiert DM 58,-
ISBN 3-7908-0219-0

Band 22
W. Kuhlmann
Parameterschätzung von Eingleichungsmodellen im unbeschränkten Parameterraum mittels des Levenberg-Marquardt-Verfahrens
1980. VIII, 124 Seiten. Broschiert DM 38,-
ISBN 3-7908-0224-7

Band 23
G. Tosstorff
Methoden der geometrischen Datenanalyse und ihre Anwendung bei der Untersuchung des Entwicklungsprozesses
1983. 183 Seiten. Broschiert DM 46,-
ISBN 3-7908-0302-2

Band 24
W. Stangier
Effiziente Schätzung der Wahrscheinlichkeitsdichte durch Kerne
1984. 117 Seiten. Broschiert DM 39,-
ISBN 3-7908-0315-4

Band 25
I. Klein
Das Problem der Auswahl geeigneter Maßnahmen in der deskriptiven Statistik
Eine meßtheoretische Untersuchung
1985. IX, 204 Seiten. Broschiert DM 69,-
ISBN 3-7908-0324-3

Band 26
A. Reimann
Kostenoptimale Inspektionsstrategien für den Fall zweier stochastisch abhängiger Losschlechtanteile
1984. VI, 164 Seiten. Broschiert DM 58,-
ISBN 3-7908-0320-0

Band 27
W. Schneider
Der Kalmanfilfter als Instrument zur Diagnose und Schätzung variabler Parameter in ökonometrischen Modellen
1986. XIV, 490 Seiten. Broschiert DM 98,-
ISBN 3-7908-0359-6

Band 28
B. F. Arnold
Minimax-Prüfpläne für die Prozeßkontrolle
1987. VI, 264 Seiten. Broschiert DM 59,-
ISBN 3-7908-0363-4

Band 29
L. Bauer
Inspektionsfehler in der attributiven Qualitätskontrolle
1987. VIII, 105 Seiten. Broschiert DM 45,-
ISBN 3-7908-0366-9

Band 30
C. Weihs
Auswirkungen von Fehlern in den Daten auf Parameterschätzungen und Prognosen
1987. XII, 391 Seiten. Broschiert DM 79,-
ISBN 3-7908-0374-X

Band 31
U. Küsters
Hierarchische Mittelwert- und Kovarianzstrukturmodelle mit nichtmetrischen endogenen Variablen
1987. XII, 112 Seiten. Broschiert DM 49,-
ISBN 3-7908-0388-X

Band 32
A. Rafi
Statistische Analyse ökonometrischer Ungleichgewichtsmodelle
1989. IX, 275 Seiten. Broschiert DM 79,-
ISBN 3-7908-0425-8

Ulrich Rendtel
Hans-Joachim Lenz

Adaptive Bayes'sche Stichprobensysteme für die Gut-Schlecht-Prüfung

Mit 41 Abbildungen

Springer-Verlag Berlin Heidelberg GmbH

Dr. Ulrich Rendtel
Deutsches Institut für Wirtschaftsforschung
Königin-Luise-Straße 5
D-1000 Berlin 33

Professor Dr. Hans-Joachim Lenz
Institut für Quantitative Ökonomik und Statistik
Freie Universität Berlin
Corrensplatz 2
D-1000 Berlin 33

Die „Arbeiten zur Angewandten Statistik" sind die Fortsetzung der Reihe „Berichte aus dem Institut für Statistik und Versicherungsmathematik und aus dem Institut für Angewandte Statistik der Freien Universität Berlin ".

ISBN 978-3-7908-0468-3
ISSN 0066-5673
CIP-Titelaufnahme der Deutschen Bibliothek

Rendtel, Ulrich:
Adaptive Bayes-330sche Stichprobensysteme für die Gut-Schlecht-Prüfung / Ulrich Rendtel; Hans-Joachim Lenz.

(Arbeiten zur angewandten Statistik; Bd. 33)
ISBN 978-3-7908-0468-3 ISBN 978-3-662-11027-0 (eBook)
DOI 10.1007/978-3-662-11027-0

NE: Lenz, Hans-Joachim:; GT

Ursprünglich erschienen bei Physica-Verlag Heidelberg 1990

7120/7130-543210

VORWORT

Fragen der Qualität von Gütern, Dienstleistungen und von Software sind aktueller denn je. Um so mehr erstaunt es, daß solide Untersuchungen der statistischen Voraussetzungen der in der Qualitätssicherung verwendeten Methoden eher die Ausnahme als die Regel sind. Dies mag mit an dem letztlich unzureichenden Ausbildungsstand der Qualitätsingenieure und Qualitätstechniker auf dem Gebiet der Statistik liegen. Ist doch gerade dieser Personenkreis hauptverantwortlich für den Einsatz der technischen Statistik im Betrieb.

Im Rahmen der von der Deutschen Forschungsgemeinschaft, der BMW Motoren GmbH, der IBM Deutschland GmbH und der Freien Universität Berlin geförderten Forschungsprojektschwerpunkte "Kostenoptimale Adaptive Stichprobensysteme" und "Mikrocomputer-gestützte Qualitätssicherungssysteme" haben wir uns das Ziel gesetzt, mittels Grundlagenforschung die in der Industrie eingesetzten statistischen Verfahren in der Qualitätssicherung zu überprüfen und, falls notwendig und sinnvoll, neue Verfahren zu entwickeln. In diesen Zusammenhang ist die vorliegende Studie zu stellen.

Im Mittelpunkt der Untersuchung stehen industriell verwendete Stichprobensysteme mit Prüfstufensteuerung, zu denen z.B. Skip-Lot-Verfahren und der Mil-Std. 105D zusammen mit ihren zahlreichen Varianten gehören. Wir glauben, zu den drei Säulen, auf denen derartige Systeme beruhen, grundlegende Betrachtungen angestellt zu haben. Es sind dies:

- Vorinformation in Form einer Prozeßkurve
- explizite Kostenüberlegungen
- Schwankungen der zugrundliegenden Parameter.

Gerade für semi-automatische bzw. voll automatische Produktionsprozesse spielt die Kontrolle der Parameter des Prozeßmodells eine zentrale Rolle. Hier haben wir einen wohl auch den Praktiker befriedigenden Lösungsweg aufgezeichnet.

Diese Studie wäre ohne die ständigen Fachdiskussionen in unserer Forschungsgruppe nicht möglich gewesen. Wir danken deshalb ganz besonders Professor P.-Th. Wilrich, der die Forschungsgruppe über fast zehn Jahre mit geleitet hat. Unser Dank gilt aber auch ganz besonders den ehemaligen Projektmitgliedern Dr. D. Fitzner, Dr. A. Reimann, Dr. K.-H. Waldmann und Dr. H. Schneider, die diese Arbeit stets kritisch verfolgt haben.

Schließlich bedanken wir uns bei der Deutschen Forschungsgemeinschaft für die Finanzierung des Projektes LE 407/4-2, durch die diese Studie erst ermöglicht wurde.

Inhaltsverzeichnis

1. Einleitung und Überblick 1

2. Das Beobachtungs- und Kostenmodell 19

2.1 Das Beobachtungsmodell für das Auftreten defekter Stücke 19
2.2 Das lineare Kostenmodell für die Warenausgangskontrolle 22

3. Die Bewertung von Prozesskurvenänderungen 26

3.1 Herleitung eines Distanzmaßes zwischen Prozeßkurven 26
3.2 Das asymptotische Verhalten des Distanzmaßes 39
3.3 Näherungen für das Distanzmaß 49

4. Adaptive Stichprobensysteme zur Kontrolle der Prozeßkurve 64

4.1 Kontrollverfahren mit Hilfe von CUSUM-Karten 64
4.2 Kontrollverfahren mit gleitender Datenbasis 86
4.3 Kontrollverfahren über geometrisch gewichtete Beobachtungen 99

5. Die Schätzung der Prozeßkurvenparameter 108

5.1 Wahl der Stichprobenergebnisse, die in die Schätzung eingehen 108
5.2 Momente-Schätzer 109
5.3 ML-Schätzer für die Parameter der Prozeßkurve 111
5.4 Beurteilungskriterien für die Parameterschätzer im Adaptionsverfahren 112

6. In der Praxis benutzte adaptive Stichprobensysteme 115

6.1 Der Military-Standard 105D 115
6.2 Skip-Lot-Stichprobensysteme 117
6.3 Die Stichprobensysteme JIS Z9011 und JIS Z9015 118

7. Die Erzeugung von Qualitätsgeschichten 120

7.1 Stationäres Verhalten der Prozeßkurve 120

7.1.1 Konstante Prozeßkurve 120

7.1.2. Ausreißer-Modell 121

7.1.3 Erzeugung der Losschlechtanteile über eine Normal-Generated-Prior 121

7.1.4 Markov-Kette zwischen zwei Prozeßkurven 125

7.2 Instationäre Prozeßkurven 127

7.2.1 Schockmodell 127

7.2.2 Trendmodelle 127

8. Planung der Simulationsexperimente 129

8.1 Ablauf der Simulationsexperimente 129

8.2 Konstante Parameter bei der Simulationsstudie 136

9. Bestimmung der freien Parameter der Stichprobensysteme 139

9.1 Festlegung der Situation, für die die freien Parameter optimiert werden 139

9.2 Wahl der Parameter bei den Verfahren 'α-CUSUM' und 'τ-CUSUM' 140

9.3 Wahl der Parameter bei dem Verfahren 'Bernoulli-CUSUM' 143

9.4 Bestimmung der Parameter bei den Verfahren 'Mult-CUSUM' und 'Mult-Gleit' 147

9.5 Bestimmung der Parameter bei den Verfahren 'Bayes-CUSUM' und 'Bayes-Gleit' 150

9.6 Wahl der Parameter beim Stichprobensystem 'Bernoulli-Gleit' 152

9.7 Bestimmung der Parameter beim Verfahren 'Chisquare' 153

9.8 Bestimmung der Parameter beim Verfahren 'τ-Geom' 155

10. Auswertung der Simulationsexperimente 157

10.1 Das Verhalten der Stichprobensysteme bei stationärer Prozeßkurve 157

10.1.1 Das Verhalten der Stichprobensysteme bei zeitlich konstanter Prozeßkurve 157

10.1.2 Der Einfluß von Korrelation zwischen den Losschlechtanteilen auf das Verhalten der adaptiven Stichprobensysteme 162

10.1.3 Das Verhalten der Stichprobensysteme bei Ausreißerlosen 191

10.1.4 Vergleich der Stichprobensysteme über alle stationären Prozeß-Situationen 205

10.2 Das Verhalten der Stichprobensysteme bei instationärer Prozeßkurve 208

10.2.1 Das Verhalten der Stichprobensysteme bei sprungartiger Veränderung des Mittelwerts der Prozeßkurve 208
10.2.2 Das Verhalten der Stichprobensysteme bei einem linearen Trend im Prozeßmittel 215
10.2.3 Vergleich der Stichprobensysteme über alle instationären Prozeß-Situationen 221
10.3 Vergleich der Stichprobensysteme über alle Simulationsexperimente 224

Literaturangaben **229**

1. Einleitung und Überblick

Einfache Prüfpläne für die Gut/Schlechtprüfung von Warenlosen werden bei der industriellen Fertigung beim Wareneingang und Warenausgang sowie bei der Zwischenprüfung zwischen verschiedenen Fertigungsstufen eingesetzt.

Die klassische Konstruktion von Prüfplänen sieht die Vorgabe zweier Punkte auf der Operationscharakteristik des Prüfplans vor (vgl. z.B. Uhlmann (1982)). Die Festlegung der beiden Punkte auf der Operationscharakteristik, d.h. die Festlegung des AQL- und des RQL-Werts und des zugehörigen Produzenten- und Verbraucherrisikos ist Gegenstand von Vereinbarungen zwischen Produzenten und Verbraucher. Obwohl keine expliziten Kostenkriterien benutzt werden, ist klar, daß bei der Festlegung dieser Größen die erwarteten Kosten bei Fehlentscheidungen (Rückweisung guter Lose und die Annahme schlechter Lose) implizit mit berücksichtigt werden, auch wenn diese Kosten nicht genau quantifiziert werden.

In der Praxis tritt häufig der Fall auf, daß eine ganze Folge von Warenlosen des gleichen Artikels vom gleichen Anlieferer zu kontrollieren ist bzw. zur Zwischenkontrolle oder Endkontrolle vorgelegt wird. In dieser Situation existieren meistens ziemlich genaue Kenntnisse über Prüf-, Ersatz- und Garantiekosten eines Einzelstücks sowie Fixkosten für die Prüfung eines Loses. Auch über die Verteilung der Losschlechtanteile, die Prozeßkurve, sind in diesem Fall Kenntnisse vorhanden.

Bayes'sche einfache Stichprobenpläne (vgl. Hald (1981), Chap 7) minimieren bei bekannten Kostenparametern die bezüglich der Prozeßkurve zu erwartenden Prüf- und Folgekosten in der Klasse der [n,c]-Prüfpläne. Diese Prüfpläne liefern damit eine genaue Antwort auf die Frage : In welcher Situation wieviel und wie scharf prüfen ?

Typischerweise sind die Kostenparameter zeitlich konstant, während dies von der Prozeßkurve nicht unbedingt angenommen werden kann. Es kann plötzliche Einbrüche in der Qualität geben, der Produktionsprozeß kann sich allmählich verschlechtern (Maschinenverschleiß) oder auch verbessern (bessere Beherrschung des Produktionsprozesses). In einer solchen Situation verlieren bayesoptimale Prüfpläne sehr schnell ihre Optimalität. Angesichts dieser Unsicherheit über die Stabilität der Prozeßkurve sind verschiedene Auswege möglich.

Eine Möglichkeit besteht darin, jegliche Kenntnis über die Prozeßkurve zu ignorieren und lediglich die Information über die Kostenstruktur zu benutzen. Dies führt auf sogenannte Minmax Prüfpläne, die die maximal möglichen Verluste durch Fehlentscheidungen minimieren (vgl.Uhlmann (1970) Collani(1984)). Es läßt sich jedoch zeigen,daß diese Prüfpläne asymptotisch mit Bayes-Prüfplänen übereinstimmen, wo die Prozeßkurve je 50% ihrer Masse unterhalb und oberhalb der Trennqualität p_r hat. Diese Annahme erscheint jedoch sehr unrealistisch und führt zu einem unverhältnismäßig hohen Prüfaufwand. Dieser Mangel des Minimax-Ansatzes kann behoben werden durch Prüfpläne die gewisse Informationen über die Prozeßkurve berücksichtigen, vgl. Collani (1986), Krumbholz/Pflaumer(1982),Krumbholz/Schröder (1987), Seidel (1988) . Häufig ist dies der Anteil der Produktion unterhalb der Trennqualität . Zwar gibt es zeitliche Änderungen der Prozeßkurve, die diesen Anteil der Produktion konstant lassen. Jedoch kann nicht von vorneherein ausgeschlossen werden, daß sich dieser Prozentsatz im Verlaufe des Produktionsprozesses in die eine oder die andere Richtung verschiebt.

Eine weitere Möglichkeit potentielle Änderungen der Prozeßkurve zu berücksichtigen, besteht darin, zwar die Information über die Prozeßkurve zu berücksichtigen, gleichzeitig aber auch das Auftreten möglicher Ausreißerlose einzukalkulieren (vgl. Hald (1981), p. 153). Die Möglichkeit von Ausreißerlosen und deren gewünschte Aufdeckung wird durch Restriktionen an die

Operationscharakteristik der Prüfpläne berücksichtigt. Diese bedingten (restricted) Bayes-Pläne minimieren dann unter allen Prüfplänen, die die Bedingung an die Operationscharakteristik erfüllen, entweder die unter der Prozeßkurve erwarteten Folgekosten (vgl. Hald (1981), p. 153-162, Fitzner (1979), S.112-126) oder die erwarteten Prüfkosten (vgl. Hald (1981), p.163-174).

Die bedingten Bayes-Pläne liefern jedoch ein starres Prüfschema, das keine Möglichkeit für eine Änderung der Prozeßkurve und damit des Prüfplans vorsieht. Diese Starrheit des Systems erscheint in gewisser Weise der Problemlage nicht angemessen.

In dieser Arbeit soll der Ansatz untersucht werden, durch Analyse der Stichprobenergebnisse auf mögliche Änderungen der Prozeßkurve zu schließen. Signalisieren die Stichprobenergebnisse eine Änderung der Prozeßkurve, so soll anhand der verfügbaren Informationen die neue Prozeßkurve geschätzt werden und ein neuer Prüfplan soll entsprechend dieser Prozeßkurve bayesoptimal gewählt werden. Ein solches adaptives bayes'sches Stichprobensystem beruht auf der Annahme, daß die Prozeßkurve in gewissen zeitlichen Intervallen konstant ist und über den Zeitpunkt des Wechsels von einer Prozeßkurve zu einer anderen Prozeßkurve keine Information besteht.

Diese Nicht-Spezifikation der zeitlichen Entwicklung der Prozeßkurve verhindert eine kostendynamische Behandlung des Problems der Stichprobensteuerung. In der Tat kann die Beschränkung auf die Prüfstrategie zu jedem Zeitpunkt einen einfachen Bayes-optimalen Prüfplan zu benutzen für gewisse Prozeßtypen bei kostendynamischer Betrachtungsweise suboptimal sein. In den Arbeiten von Lenz/Reetz/Reimann(198] Reetz (1984,1985) und Reimann (1984) wird gezeigt daß in einer Situation, in der die Losschlechtanteile eine Markov-Kette bilden, Skip-Lot Strategien ,bei denen einzelne Lose übersprungen d.h. nicht geprüft werden, kostenoptimal sind. Jedoch zeigt es sich, daß gerade Sip-Lot Strategien bei Abweichungen von dieser Verteilungsannahme ausgesprochen kostensensibel reagieren.

In einer Situation, in der eine gewisse zeitliche Stabilität des Produktionsprozesses erwartet werden kann, jedoch zeitliche Schwankungen der Qualität nicht auszuschließen sind, stellen adaptive Bayes'sche Stichprobensysteme einen brauchbaren Ansatz dar, die über die Zeit konstante Kostenstruktur mit der nur teilweise bekannten zeitlichen Prozeßstruktur zu verknüpfen.

In der Praxis werden das adaptive Stichprobensystem MILITARY-STANDARD-105D (1963) und Skip-Lot-Systeme (Lenz/Wilrich 1977) für die Gut-Schlecht-Prüfung einer Folge von Warenlosen angewandt. Wie Lenz/Rendtel (1984) gezeigt haben, läßt sich bei geeigneter Koppelung von AQL-Wert und Trennqualität der MIL-STD-105D als adaptives Bayes'sches Stichprobensystem auffassen. Die Koppelung von AQL-Wert und Trennqualität wird so vorgenommen, daß die 3 Prüfpläne auf den jeweiligen Prüfstufen des MIL-STD-105D Bayes-optimal bezüglich geeigneter Prozeßkurven sind. Für die Prozeßkurven fordert man, daß sie auf die Nähe des AQL-Werts konzentriet sind. Diese Koppelung liefert die Relation: Trennqualität=1.8*AQL-Wert (Bei einer anderen Koppelung - Trennqualität=3.0*AQL-Wert - kann Collani(1987) zeigen, daß die Prüfpläne bei normaler Prüfung mit speziellen Minmax-Prüfplänen übereinstimmen.)

Als Resultat dieser Arbeit erhält man, daß die hier entwickelten adaptiven Stichprobensysteme für eine Vielzahl von stationären und instationären Qualitätsgeschichten hinsichtlich der erwarteten Verluste bei Fehlentscheidungen über Prüfaufwand und Losannahme z.T. erheblich besser abschneiden, einfacher zu handhaben sind und mit einer geringeren Anzahl von Prüfplanwechseln auskommen als die in der Praxis üblichen Systeme .

Im folgenden soll ein Überblick über den Aufbau dieser Arbeit und die wichtigsten Ergebnisse der einzelnen Abschnitte gegeben werden.

In Kapitel 2 wird das Beobachtungsmodell für das Auftreten defekter Stücke im Warenlos und in der Stichprobe vorgestellt und es wird ein in den Einzelstücken lineares Kostenmodel für die Loskontrolle eingeführt.

Da das Stichprobensystem kostenorientiert sein soll, wird in Kapitel 3 zunächst nach Änderungen der Prozeßkurve gesucht, deren Nichterkennen besonders hohe Kosten verursacht. Bezeichnet man die erwarteten Kosten pro Los bei der Benutzung des Prüfplans [n,c] und Vorliegen der Prozeßkurve w mit $K_{abs}([n,c]|w)$, so sind die Kosten, die eine Prozeßkurvenveränderung von w_S (mit Bayes-Plan $[n_S, c_S]$) zu w bewirkt, gegeben durch:

$$\ell_{N_L}(w|w_S) := K_{abs}([n_S, c_S]|w) - \min_{[n,c]} K_{abs}([n,c]|w) \tag{1.1}$$

Der Index N_L zeigt dabei die Abhängigkeit dieser Kostendifferenz vom Losumfang N_L an.

Beschränkt man sich bei den Prozeßkurven auf Dichten einer Betaverteilung mit Erwartungswert $\bar{p}$ und Varianz σ^2 bzw. Funktionalparametern α und β so läßt sich $\ell_{N_L}(w|w_S)$ für gegebene Werte w_S mit $\bar{p}_S$ und σ_S^2 bzw. α_S und β_S als Funktion über einem 2-dimensionalen Parameterraum darstellen. In Abschnitt 3.1 untersuchen wir die Isolinien des "Distanzmaßes" $\ell_{N_L}(w|w_S)$ in 3 verschiedenen Parametrisierungen: $(\bar{p}, \sigma)$, $(\bar{p}, \tau := \alpha + \beta)$ und $(\bar{p}, \kappa := \sigma/\bar{p})$. Als Ergebnis dieser Sensitivitätsstudie erhält man, daß die kostenkritischen Veränderungen senkrecht auf der τ-Koordinate stehen, wenn β groß ist.
D.h. für große Werte von β ist α der kostenkritische Parameter der Prozeßkurve.

Dieses Ergebnis wird verständlich durch die Beobachtung, daß der Schlechtanteil

$$w_r := \int_{p_r}^{1} w(p)\, dp$$

der Prozeßkurven mit Beta-Dichte für $\alpha + \beta \geq 60$ im wesentlichen nur noch von α abhängt (vgl. Abb. 3.14.b). D.h. die Richtung des steilsten Anstiegs von $\ell_{N_L}(w|w_S)$ ist ungefähr durch die Richtung der stärksten Veränderung des Schlechtanteils der Prozeßkurve gegeben.

Eine noch bessere Approximation von $\ell_{N_L}(w|w_S)$ erhält man, wenn man eine 3-fache Unterteilung von $[0,1]$ wählt:

$$I_\ell = [0,p_\ell] \qquad I_m = (p_\ell,p_u) \qquad I_u = [p_u,1]$$

wobei $p_\ell < p_r < p_u$ gewählt wird. Vergleicht man dann die Werte

$$w_j := \int_{I_j} w(p)\,dp \qquad j \in \{\ell,m,u\}$$

mit den Sollwerten $w_j(S)$ unter w_S $(j \in \{\ell,m,u\})$, so liefert die Benutzung des χ^2-Abstandsmaßes

$$(1.2) \qquad \tilde{\ell}_{N_L}(w|w_S) := \sum_{j\in\{\ell,m,u\}} \frac{(w_j - w_j(S))^2}{w_j(S)}$$

eine gute Approximation für $\ell_{N_L}(w|w_S)$ (vgl. Abschnitt 3.3).

Nachdem geprüft wurde, welche Parameter der Prozeßkurve besonders kostenkritisch sind, wird im 4. Kapitel untersucht, wie die zeitliche Konstanz dieser Parameter zu kontrollieren ist.

Hierfür bieten sich zunächst CUSUM-Kontrollkarten an, die von Page (1954) für normalverteilte Beobachtungsmerkmale für die Kontrolle der laufenden Produktion eingeführt wurden. Khan (1978) hat gezeigt, daß die Benutzung einer CUSUM-Kontrollkarte äquivalent ist zur Durchführung einer Folge von Sequentialquotiententests (SPRT's) ist. Hierbei wird der Sollzustand w_S für den zurückliegenden Zeitraum akzeptiert, wenn der letzte SPRT die untere Schranke $h_S=1$ unterschreitet. In diesem Fall wird ein neuer SPRT an der unteren Schranke gestartet. Dieses Verfahren wird solange wiederholt, bis schließlich ein SPRT die obere Schranke $h=h_A$ überschreitet, was zur Annahme der Alternative w_A führt.

Moustakides (1986) hat bewiesen, daß CUSUM-Kontrollkarten optimale Stoppregel sind. Die Optimalität bezieht sich auf die Minimierung der erwarteten Lauflänge unter der Alternative w_A bei gegebener Lauflänge unter dem Sollzustand w_S . In dieser allgemeinen Darstellung über den Sequentialquotiententest lassen sich CUSUM-Kontrollkarten auch für die Kontrolle der zeitlichen Konstanz der Verteilungsparameter Prozeßkurve benutzen, vgl. Rendtel (1985) .

Weiterhin können CUSUM-Kontrollkarten dahingehend verallgemeinert werden, daß mit höheren Werten der Kontrollkarte - also einer gestiegenen Evidenz für den Alternativzustand - die Intervalle zwischen den Beobachtungen verkleinert werden und/oder der Beobachtungsumfang vergrößert wird , vgl. Rendtel (1985,1987,1989) . Über diese Verallgemeinerung der CUSUM-Kontrolle lassen sich für den MIL-STD-105D alternative " Switching Rules " herleiten. Die Switching Rules regeln beim MIL-STD-105D die Übergänge zwischen den 3 Prüfstufen. Sie basieren bei der Originalversion des MIL-STD-105D auf der Annahme- bzw. Ablehnungsentscheidung der jeweils 10 letzten Warenlose. Alternativ hierzu schlagen Rendtel/Lenz (1988) eine Prüfstufensteuerung vor, die lediglich auf einem einzigen Wert - dem aktuellen Wert einer CUSUM-Karte - basiert.

Möchte man nun die zeitliche Konstanz der Parameter der Prozeßkurve über eine CUSUM-Karte prüfen, so zeigt sich , daß für Beta-binomial (= Polya) verteilte Stichprobenergebnisse die CUSUM-Karte zur Kontrolle des α-Parameters besonders leicht zu berechnen ist und die verwendeten Größen gut zu interpretieren sind. Man erhält nämlich :

$$Q_o = 1$$

$$Q_t \doteq \max \{1, Q_{t-1} \cdot \frac{\bar{p}(x_t, n)}{\bar{p}_S}\} \qquad t \geq 1 \tag{1.3}$$

wobei $\bar{p}(x_t, n) := \dfrac{\alpha_S + x_t}{\alpha_S + \beta_S + n}$ der posteriori Erwartungswert für den Defektanteil im t. Los ist und $\bar{p}_S$ der entsprechende apriori Erwartungswert unter der Prozeßkurve w_S ist.

Ein Eingriff und damit eine Adaption des Prüfplans erfolgt, falls Q_t eine vorzugebende Alarmgrenze h überschreitet.

Wenn bei der Kontrolle der Prozesskurve mehrere Abweichungen w_{A_i} $(i=1,\dots,NA)$ vom Sollwert w_S simultan geprüft werden sollen, können mehrere CUSUM-Karten gleichzeitig geführt werden.

Bei der Kontrolle des α-Parameters sind also 2 CUSUM-Karten zu führen: $\alpha_{A_1} = \alpha_S + 1$ (Prozeßverschlechterung) und

$\alpha_{A_2} = \frac{1}{2}\alpha_S$ (Prozeßverbesserung).

Eine weitere Möglichkeit, kostensensible Parameter zu kontrollieren, besteht in der CUSUM-Kontrolle des Schlechtanteils der Prozeßkurve. Dies führt auf die Kontrolle der Wahrscheinlichkeiten $PR := P[\frac{X}{n} > p_r]$ bzw. $PANN := P[X \leq c]$, da asymptotisch wegen $\frac{c}{n} \to p_r$ gilt:

$$\lim_{n\to\infty} P[\frac{X}{n} > p_r] = \int_{p_r}^{1} w(p)\, dp \tag{1.4.a}$$

$$\lim_{n\to\infty} P[X \leq c] = \int_{0}^{p_r} w(p)\, dp \tag{1.4.b}$$

Die zugehörigen CUSUM-Karten berechnen sich damit durch die Likelihoodquotienten von Bernoulli-verteilten Zufallsgrößen (vgl. (4.1.35)), wobei die Bernoullivariable Y_t gegeben ist durch:

$$Y_t := \begin{cases} 1 & \frac{X}{n} > p_r \\ 0 & \text{sonst} \end{cases} \tag{1.5.a}$$

beziehungsweise:

$$Y_t := \begin{cases} 1 & X \leq c \\ 0 & \text{sonst} \end{cases} \tag{1.5.b}$$

Die unter (1.4.b) und (1.5.b) beschriebene Kontrolle der Annahme-Wahrscheinlichkeit von Losen stellt ein CUSUM-Analogon zur Prüfstufensteuerung des MIL-STD-105D dar .

Die Auswahl von 2 Prozeßalternativen stellt in gewisser Weise die Mindestanzahl der simultan zu führenden CUSUM-Karten dar. Eine Obergrenze NA für die Anzahl der zu betrachtenden Prozeßalternativen erhält man, wenn eine Situation erreicht werden kann, in der zu jeder als möglich erachteten Prozeßkurve w eine Alternative w_{A_i} (i=0,1,...,NA) existiert, deren zugehöriger Bayes-Prüfplan unter der Prozeßkurve w fast Bayes-optimal ist. Wie gezeigt werden kann, ist eine solche Situation bereits mit wenigen (ca. 4) Alternativen erreichbar.

Bei der Parameterkontrolle über CUSUM-Karten ist die Entscheidung, ob eine der Alternativen den Sollzustand erstzt, nur vom Wert des Likelihoodquotienten abhängig. Wichtig für eine kostenorientierte Entscheidung sind aber auch die Verluste $v_i := \ell_{N_L}(w_{A_i} | w_S)$, die mit dem Nichterkennen der Alternative w_{A_i} (i=1,...,NA) verbunden sind.

Hier kann man nun statt der Likelihood-Ratio-Teststatistik eine Testgröße verwenden, die diese Verluste bei Nicht-Adaption berücksichtigt. Fällt diese Testgröße unter den Startwert, so wird wie beim CUSUM-Verfahren der zurückliegende Zeitabschnitt als mit dem Sollzustand konform betrachtet und das Verfahren wird reinitialisiert. Dieses geschieht so lange bis die Testgröße einen vorgegebenen kritischen Wert überschreitet. Legt man beispielsweise eine Priorverteilung Π_i (i=0,1,...,NA) auf dem Sollzustand $w_S =: w_{A_0}$ und den Prozeßalternativen w_{A_i} fest, so läßt sich zu Stichprobenbeobachtungen $x_1,\ldots,x_t$ ein Bayes-Test über die Posteriori-Verteilung $\Pi_i(x_1,\ldots,x_t)$ (i=0,1,...,NA) herleiten, der den erwarteten Verlust bei Nichtalarm $\sum_{i=1}^{NA} v_i \Pi_i(x_1,\ldots,x_t)$ mit dem erwarteten Verlust bei falschem Alarm $v_o \Pi_o(x_1,\ldots,x_t)$ vergleicht. Hierbei ist v_o eine zu wählende Konstante, die ein Maß für den Aufwand bei einer irrtümlichen Alarmmeldung ist.

Unterschreitet der Quotient Q_t von erwartetem Verlust bei Nichterkennen einer Prozeßveränderung und erwartetem Verlust bei falschem Alarm den Startwert

$$Q_{Start} = \sum_{i=1}^{NA} \frac{\Pi_i v_i}{\Pi_o v_o}$$

so wird für den zurückliegenden Zeitabschnitt von dem Bestehen des Sollzustandes $w_S = w_{A_o}$ ausgegangen und ein neuer Bayes-Test gestartet. Für NA=1 ist das beschriebene Verfahren identisch mit dem Führen einer CUSUM-Karte .

Neben der CUSUM-Technik werden in der Prozeßkontrolle auch noch MOSUM-Verfahren angewendet, bei denen eine Kontrolle auf Basis der jeweils L letzten Beobachtungen X_t, $X_{t-1},\ldots,X_{t-L+1}$ durchgeführt wird, wobei L eine vorzugebende Konstante ist (vgl. Wetherill (1977), p. 70). Für $L = 1$ erhält man die üblichen Kontrollkarten vom Shewhart-Typ.

Von den CUSUM-Kontrollverfahren unterscheiden sich die MOSUM-Verfahren dadurch, daß die Länge L_t der zum Zeitpunkt t in die Berechnung der Teststatistik eingehenden Stichprobenergebnisse bei den MOSUM-Verfahren eine Konstante ist, während sie bei den CUSUM-Verfahren eine Zufallsgröße ist.

Es läßt sich daher zu jedem CUSUM-Verfahren sofort eine entsprechende MOSUM-Version angeben. Der Vorteil der CUSUM-Karten besteht darin, daß sie einfacher zu berechnen sind und jeweils nur der letzte Wert der CUSUM-Karte gespeichert werden muß, während bei der MOSUM-Technik jeweils die letzten L Stichprobenergebnisse aufdatiert und gespeichert werden müssen.

Die gute Approximation des Distanzmaßes $\ell_{N_L}(w|w_S)$ durch das χ^2-Anpassungsmaß (vgl. (1.2)) motiviert zur Anwendung eines χ^2-Anpassungstests der Stichprobenergebnisse mit 3 Beobachtungsklassen, der auf Basis der jeweils letzten L Stichprobenergebnisse durchgeführt wird (vgl. Abschnitt 4.2).

Eine 3. Methode der Prozeßkontrolle ist die geometrische Gewichtung der zurückliegenden Beobachtungen (vgl. Roberts (1959)). Bather (1963) hat gezeigt, daß diese Kontrolle des Erwartungswerts m_t bei normal-verteilten Daten kostenoptimal ist, falls die m_t einem autoregressiven Prozeß unterliegen.

Bei der Kontrolle der Prozeßkurve ist die Konstanz eines 2-dimensionalen Parameters zu prüfen, nämlich $(\bar{p},\ \tau = \alpha + \beta)$. Äquivalent ist hierzu die Kontrolle der ersten 2 Momente der Stichprobenverteilung. Dies liefert den Ansatz:

$$\text{(1.6)}\qquad \begin{aligned} G_t &= \varepsilon\, X_t + (1-\varepsilon)\, G_{t-1} &\qquad t \geq 1 \\ M_t &= \varepsilon\, X_t^2 + (1-\varepsilon)\, M_{t-1} &\qquad t \geq 1 \end{aligned}$$

wobei G_o und M_o durch die unter w_S erwarteten 1. und 2. Stichprobenmomente gegeben sind.

Über G_t und M_t erhält man Schätzungen $\hat{\bar{p}}(t)$ und $\hat{\tau}(t)$ für $\bar{p}$ und τ (vgl. Abschnitt 4.3). Ein Alarm wird dann ausgelöst, wenn die Schätzungen $\hat{\bar{p}}(t)$ und $\hat{\tau}(t)$ zu stark von ihren Sollwerten abweichen. Aufgrund der Struktur der Isolinien von $\ell_{N_L}(w|w_S)$ in $(\bar{p},\tau)$-Koordinaten kann der Bereich, der keinen Alarm auslöst, als Rechteck gewählt werden.

Jedes adaptive bayes'sche Stichprobensystem besteht aus 2 Teilprozeduren: Einem Kontrollteil, der anhand der Stichprobenergebnisse überprüft, ob sich die Prozeßkurve geändert hat oder nicht, und einem Schätzteil, der die neue Prozeßkurve auf Basis der vorhandenen Stichprobenergebnisse bestimmt.

Das 5. Kapitel dieser Arbeit beschäftigt sich mit dem Schätzteil der adaptiven bayes'schen Stichprobensysteme. Es werden 3 Fragestellungen betrachtet: (1) Welche Stichprobendaten werden zur Schätzung der neuen Prozeßkurve herangezogen? (2) Wie werden die Parameter der neuen Prozeßkurve geschätzt? (3) Welche Kriterien werden zur Beurteilung unterschiedlicher Schätzverfahren herangezogen?

Hinsichtlich der Auswahl der zurückliegenden Stichprobendaten erscheint der Ansatz plausibel, jeweils diejenigen Daten für die Schätzung der neuen Prozeßkurve zu berücksichtigen, die zur Ablehnung der bisher angenommenen Prozeßkurve durch das Kontrollverfahren geführt haben. Dies sind bei den CUSUM-Verfahren die Stichprobendaten des jeweils letzten Sequentialquotiententests, der zur Ablehung der Prozeßkurve führt. Bei den MOSUM-Verfahren sind es die jeweils letzten L Stichprobendaten.

Im Abschnitt 5.2 werden Momentenschätzer für $\bar{p}$ und σ^2 und ihre Eigenschaften diskutiert.

Im Abschnitt 5.3 werden die ML-Gleichungen für $\bar{p}$ und $\tau = \alpha + \beta$ und Lösungsalgorithmen angegeben. Beschränkt man sich auf nur endlich viele Prozeßalternativen, so vereinfacht sich die ML-Schätzung auf das Problem, das Maximum von endlich vielen Stellen der Likelihoodfunktion zu bestimmen. Noch einfacher wird das Problem beim simultanen Führen mehrerer CUSUM-Karten. Diejenige Alternative $A_{i_{max}(t)}$, deren zugehörige CUSUM-Karte im Alarmzeitpunkt den höchsten Wert hat, ist eine ML-Schätzung unter den betrachteten Alternativen

Da die Auswahl der Stichprobenergebnisse, die in die Schätzung eingehen, nicht zufällig ist, werden die Schätzungen im allgemeinen verfälscht sein. Da das Interesse dieser Arbeit jedoch mehr auf das Verhalten der Stichprobensysteme als Gesamtsystem gerichtet ist , wird auf diesen Aspekt nicht weiter eingegangen .

Eine analytische Berechnung der Kenngrößen der adaptiven Verfahren über mehrere Anpassungsschritte hinweg erscheint aussichtslos. Deshalb wurde ein Vergleich der in den Kapiteln 4 bis 6 entwickelten Stichprobensysteme über eine Simulationstudie erbracht, die im 2. Teil dieser Arbeit dargestellt wird.

Im Kapitel 7 werden die für die Simulationsstudie benutzten Typen von Qualitätsgeschichten dargestellt. Betrachtet werden die folgenden stationären Situationen: Zeitlich konstante Prozeßkurve (Dichte einer Beta-Verteilung oder Normal-Generated-Prior, (vgl. Chiu (1974)), Ausreißersituationen sowie Korrelation zwischen aufeinander folgenden Losschlechtanteilen. Abhängige Losschlechtanteile werden über einen AR-Prozeß für die Mittelwerte der erzeugenden Normalverteilung (Normal-Generated-Prior) simuliert . Ausreißersituationen werden über eine Markov-Kette zwischen den Normal- und Ausreißerzuständen erzeugt.

Bei den instationären Qualitätsgeschichten werden folgende Situationen behandelt:

(1) Sprunghafte Veränderung des Erwartungswerts $\bar{p}$ der Prozeßkurve entweder zu einem vorherbestimmten Zeitpunkt T oder zu einem Zeitpunkt, der einer geometrischen Verteilung unterliegt.

(2) Linearer Trend im Erwartungswert $\bar{p}$ bei konstanter Prozeßvarianz oder konstantem Variationskoeffizienten.

Das 8. Kapitel beschreibt die Planung und Auswertung der Simulationsexperimente. Ein Simulationsexperiment besteht aus:

(1) Der Realisierung einer Qualitätsgeschichte von NZEIT Losschlechtanteilen $p_1,\ldots,p_{NZEIT}$.

(2) Der Anwendung der zu vergleichenden Stichprobensysteme auf diese Qualitätsgeschichte.

(3) Bildung der zeitlichen Mittel von interessierenden Kenngrößen für jedes Stichprobenverfahren.

Es werden die folgenden Kenngrößen berechnet:

1) Der durch Fehlentscheidungen über Stichprobenumfang und Losannahme verursachte vermeidbare Verlust (Regret), $\bar{R}$.

2) Die Anzahl der Prüfplanwechsel während der Qualitätsgeschichte, NADAPT.

3) Der durchschnittliche Stichprobenumfang, ASS.

4) Der Durchschlupf defekter Stücke, AOQ.

Um Standardabweichungen der zeitlichen Mittel und Konfidenzintervalle für diese zeitlichen Mittel zu erhalten, werden diese Simulationsexperimente unabhängig voneinander wiederholt.

Zum Vergleich wird ein Stichprobenverfahren angewendet, dem die Prozeßkurve w_t zu jedem Zeitpunkt t genau bekannt ist. Der Regret, $\bar{R}_{MIN}$, der bei Benutzung dieses Verfahrens entsteht, bildet die Untergrenze für den Regret $\bar{R}$ bei den anderen Stichprobensystemen. Das Verhältnis $EFF := R_{MIN}/\bar{R}$ ist dann ein Maß für die Effizienz der Stichprobensysteme, Veränderungen der Prozeßkurve aufzudecken und die Prüfpläne an die neue Situation anzupassen.

Die im Kapitel 4 vorgestellten Stichprobenverfahren besitzen freie Parameter, die vor der Anwendung dieser Verfahren noch festgelegt werden müssen. Es ist klar, daß die Wahl optimalen Parameter - optimal im Hinblick auf die Minimierung von $\bar{R}$ - vom Typ der Qualitätsgeschichte abhängt, bei dem das Verfahren angewendet wird.

Hinsichtlich eines Vergleichs der verschiedenen Stichprobensysteme erscheint es jedoch sinnvoll, diese Verfahren bei einer festen Wahl der Parameter zu vergleichen. Die Situation, für die die Parameter der einzelnen Verfahren möglichst optimal gewählt werden, ist dies eines plötzlichen Qualitätseinbruchs von einem guten Qualitätsniveau auf ein schlechtes Qualitätsniveau. Für diese Situation wird im Kapitel 9 die Bestimmung der freien Parameter der Stichprobensysteme durchgeführt.

Im 10. Kapitel wird schließlich ein Vergleich der Stichprobensysteme für verschiedene Typen von Qualitätsgeschichten durchgeführt.

Bei zeitlich konstanter Prozeßkurve ist ein Adaptionsmechanismus inadäquat. Es zeigt sich jedoch, daß bei geringer Prozeßvarianz ($\sigma = 0.47\%$) der Schaden durch irrtümliche Anpassungen der Prozeßkurve gering ist. Fast alle Stichprobenverfahren besitzen gegenüber dem Vergleichverfahren mit voller Information über die Prozeßkurve eine Effizienz von über 90%. Erst bei hoher Prozeßvarianz ($\sigma = 2.2\%$) zeigt sich eine stärkere Differenzierung der Stichprobensysteme: EFF variiert von 25% bis 100%.

Nennenswerte Effekte der Korrelation zwischen Losschlechtanteilen treten bei allen Stichprobenverfahren erst ab $\rho \geq 0.7$ auf. In allen Fällen bewirkt eine Vergrößerung von ρ eine Verringerung von $\bar{R}$. Der Reduktionseffekt ist bei den einzelnen Verfahren sehr unterschiedlich.

Der Einfluß von Ausreißerlosen, die mit Wahrscheinlichkeit 0.1 auftreten, hängt von dem Erwartungswert $\bar{p}_{out}$ der Prozeßkurve ab, aus der die Ausreißerlose stammen. Je größer $\bar{p}_{out}$ ist, desto größer ist die Anzahl der Prüfplanwechsel NADAPT und so ungünstiger ist das Verhältnis $EFF = \bar{R}_{min}/\bar{R}$. Wiederum sind die Ausreißereffekte bei den einzelnen Verfahren sehr unterschiedlich.

Der Einfluß des Abhängigkeitsmaßes $\gamma := p_{11} + p_{22} - 1$ zwischen den Soll- und Ausreißerzuständen mit Bleibewahrscheinlichkeiten p_{11} bzw. p_{22} ist völlig analog zum Einfluß von ρ bei der Korrelation zwischen Losschlechtanteilen.

Der Abschnitt 10.1.4 liefert einen Vergleich aller Stichprobensysteme hinsichtlich des mittleren vermeidbaren Verlusts $\bar{R}$ über alle stationären Qualitätsgeschichten.

Es zeigt sich, daß das Verfahren 'CHISQUARE', das auf der Anwendung des χ^2-Anpassungstests mit 3 Beobachtungsklassen basiert (vgl. Abschnitt 9.7) bei allen Qualitätsgeschichten mit hoher Prozeßvarianz sehr gut abschneidet. Allerdings rangiert dieses Stichprobensystem bei Qualitätsgeschichten mit geringer Prozeßvarianz an drittletzter Stelle von 23 betrachteten Verfahren.

Addiert man die Werte von $\bar{R}$ für alle 18 Typen von stationären Qualitätsgeschichten, so erhält man zwischen den einzelnen Stichprobenverfahren die folgende Reihenfolge (vgl. Tabelle 10.11):

1) $\bar{R}$ = 34.15 bei Verfahren 'CHISQAURE'

2) $\bar{R}$ = 35.11 bei Verfahren 'BAYES-GLEIT' (Sequentielle Wiederholung eines Bayes-Tests auf gleitender Datenbasis, vgl. Abschnitt 9.5)

3) $\bar{R}$ = 35.64 bei Verfahren 'MULT3-CUSUM' (Simulantes Führen von 4 CUSUM-Karten, vgl. Abschn. 9.4)

4) $\bar{R}$ = 35.84 bei Verfahren 'α-CUSUM' (CUSUM-Kontrolle des α-Parameters, vgl. Abschnitt 9.2)

Hinsichtlich $\bar{R}$ ist das Verfahren 'α-CUSUM' lediglich um 5% schlechter als das Verfahren 'CHISQUARE'. Da die Verfahren 'MULT3-CUSUM' und 'α-CUSUM' im Gegensatz zu den Verfahren 'CHISQUARE' und 'BAYES-GLEIT' bei allen Typen von stationären Qualitätsgeschichten gleichmäßig gut gegenüber den übrigen Stichprobenverfahren abschneiden, empfiehlt sich eher die Benutzung der Verfahren 'MULT3-CUSUM' und 'α-CUSUM' bei stationärer Prozeßlage.

Die in der Praxis benutzten Stichprobensysteme schneiden beim Vergleich relativ schlecht ab. Man erhält für den MIL-STD-105D (vgl. Abschnitt 6.1) $\bar{R}$ = 39.57 und für das Skip-Lot-Prüfsystem (vgl. Abschnitt 6.2) $\bar{R}$ = 54.15. Diese Werte liegen um 16% bzw. 58% über dem entsprechenden Wert für das Verfahren 'CHISQUARE'.

Interessant ist, daß die Anwendung des MIL-STD-105D ohne die 'Switching Rules', d.h. die konstante Anwendung des Prüfplans für normale Inspektion, einen etwas geringeren Verlust verursacht ($\bar{R}$ = 39.08) als der MIL-STD-105D bei Einhaltung der Prüfstufensteuerung. Diese Beobachtung stützt die in der Praxis vielfach übliche Methode, den MIL-STD-105D nur auf der Prüfstufe 'normale Inspektion' anzuwenden und auf die komplizierten 'Switching Rules' zu verzichten.

Dies ist jedoch kein prinzipielles Argument gegen adaptive Stichprobensysteme in stationären Situationen. Das Verfahren 'MULT1-CUSUM', das die gleichen Prüfpläne wie der MIL-STD-105D benutzt, jedoch die Prüfstufen über CUSUM-Karten regelt, ist deutlich besser ($\bar{R}$ = 37.45) als die konstante Prüfung mit normaler Inspektion.

Die volle Überlegenheit der adaptiven Systeme gegenüber dem Prüfen mit einem zeitlich konstanten einfachen Prüfplan zeigt sich allerdings erst bei instationären Qualitätsgeschichten.

Ein Vergleich über die Summe der Regrets bei 5 Typen von instationären Qualitätsgeschichten (vgl. Tab. 10.16) zeigt eine deutliche Unterlegenheit der in der Praxis verwendeten Stichprobensysteme. Beispielsweise beträgt der Regret bei Verwendung des MIL-STD-105D ($\bar{R}$ = 15.60) ungefähr das doppelte des Regrets, der bei Benutzung des Verfahrens 'α-CUSUM' entstanden wäre ($\bar{R}$ = 7.65). Die ausschließliche Benutzung der Prüfstufe 'normale Inspektion' mit dem Prüfplan [152,2] bewirkt einen etwa 3 mal größeren Verlust ($\bar{R}$ = 24.33) als die Benutzung des Verfahrens 'α-CUSUM'.

Insgesamt zeigt ein Vergleich über alle 23 beobachteten Typen von Qualitätsgeschichten eine Überlegenheit des Verfahrens 'α-CUSUM', vgl. Tabelle 10.17. Zwar sind die Unterschiede zu der Summe der Regrets bei einigen Verfahren gering - so liefern noch 9 weitere Verfahren einen nur um 10% ungünstigeren Wert für $\bar{R}$ - jedoch weist das Verfahren 'α-CUSUM' eine ganze Reihe von weiteren Vorteilen auf:

(1) Das Stichprobensystem 'α-CUSUM' schneidet bei <u>allen</u> bebetrachteten Qualitätsgeschichten gut bis sehr gut gegenüber den anderen Stichprobensystem ab.

(2) Der <u>Informationsaufwand</u> hinsichtlich zurückliegender Stichprobeninformation ist in gewisser Weise <u>minimal</u> und reduziert sich auf das Merken der jeweils letzten Werte der beiden CUSUM-Karten.

(3) Hinsichtlich der Schätzung der neuen Parameter der Prozeßkurve ist kein Mehraufwand nötig.

(4) Die Prozeßalternativen sind in natürlicher Weise als "Prozeßverbesserung" und "Prozeßverschlechterung" interpretierbar.

(5) Die CUSUM-Karte zu der Alternative "Prozeßverschlechterung" ist durch gut interpretierbare Größen (Quotient von posteriori und apriori Schlechtanteil im Restlos, vgl. (4.1.20)) leicht zu berechnen.

(6) Das Stichprobensystem ist durch einen Parameter h, die Alarmgrenze für die beiden CUSUM-Karten, festgelegt.

Zusammen mit den Ergebnissen von Kapitel 3, die den α-Parameter als den kostenkritischen Parameter der Prozeßkurve herleiten, genügt das Stichprobensystem 'α-CUSUM' unter theoretischen wie auch praktischen Gesichtspunkten den Anforderungen, die an ein adaptives bayes'sches Stichprobensystem gestellt werden.

2. Das Beobachtungs- und Kostenmodell

2.1 Das Beobachtungsmodell für das Auftreten defekter Stücke

Es sei N_L die Anzahl von Einzelstücken in einem Warenlos, $X^L = X^L(N_L)$ die Anzahl defekter Einzelstücke in diesem Los und $X^S = X^S(N_L,n)$ die Anzahl defekter Stücke in einer Stichprobe vom Umfang n, die aus diesem Los gezogen wurde.

Für das Auftreten defekter Stücke im Los und in der Stichprobe gelte das folgende 3-Phasen-Modell (vgl. Hald (1981), p. 126):

1. Phase (Produktionsphase): Der Zustand der Produktion wird durch $p \in [0,1]$ beschrieben. Defekte Einzelstücke werden mit Wahrscheinlichkeit p hergestellt. p besitzt eine Wahrscheinlichkeitsverteilung $W(p)$ mit einer Dichte $w(p)$.

2. Phase (Losbildung): Die produzierten Einzelstücke werden zu Warenlosen vom Umfang N_L zusammengefaßt. Bei gegebenem p ist X^L binomial-verteilt mit den Parametern N_L und p.

3. Phase (Stichprobenziehung): Die Stichprobenentnahme erfolgt durch Ziehen ohne Zurücklegen. Bei gegebenen Werten für X^L, N_L und n ist X^S hypergeometrisch verteilt.

Bezeichne mit $Y := X^L - X^S$ die Anzahl schlechter Stücke im Losrest. Es gilt für $X^L = X$, $X^S = x$ und $Y = y$ (vgl. Hald (1981), p. 126):

$$(2.1) \qquad w(p)\, dp\; b(X|N_L,p)\; h(x|n,X,N_L) = w(p)\, dp\; b(x|n,p)\; b(y|N_L-n,p)$$

Folglich besitzt sowohl X^L als auch X^S eine bezüglich $w(p)$ gemischte Binomial-Verteilung.

$w(p)$ heißt die Prozeßkurve des bei der Produktion des Loses zugrundeliegenden Produktionsprozesses. Ihr Erwartungswert sei mit $\bar{p}$ und ihre Varianz sei mit σ^2 bezeichnet. Es gilt (vgl. Hald (1981), p. 126):

$$E(X^L) = N_L \bar{p} \tag{2.2}$$

$$VAR(X^L) = N_L \bar{p}(1-\bar{p}) + N_L(N_L-1)\sigma^2 \tag{2.3}$$

Für X^S erhält man die entsprechenden Ausdrücke, indem man N_L durch n ersetzt.

Benutzt man die zur Binomial-Verteilung konjugierte Beta-Verteilung, so besitzen X^L und X^S eine Polya-Verteilung. Mit

$$w(p) = \frac{\Gamma(\alpha)\,\Gamma(\beta)}{\Gamma(\alpha+\beta)} p^{\alpha-1}(1-p)^{\beta-1} \qquad \alpha,\beta > 0 \tag{2.4}$$

erhält man:

$$E(P) = \bar{p} = \frac{\alpha}{\alpha+\beta} \tag{2.5}$$

$$VAR(P) = \sigma^2 = \frac{\bar{p}(1-\bar{p})}{\alpha+\beta+1} \tag{2.6}$$

Folglich gilt:

$$E(X^L) = N_L \bar{p} \tag{2.7}$$

$$VAR(X^L) = N_L \bar{p}(1-\bar{p}) \frac{\alpha+\beta+N_L}{\alpha+\beta+1} \tag{2.8}$$

Allgemein kann die Prozeßkurve $w(p)$ und mit ihr die zugehörige Verteilungsfunktion $W(p)$ als Grenzwert der Verteilungsfunktion $W_{N_L}(p) := P[\frac{X^L}{N_L} \le p]$ bestimmt werden. Es gilt (vgl. Hald (1960)):

$$P(\frac{X^L}{N_L} \le p) \xrightarrow[N_L \to \infty]{} \int_0^p w(p')\,dp' \tag{2.9}$$

Folglich ist $W(p)$ die Grenzverteilung von $\frac{X^L}{N_L}$ für $N_L \to \infty$.

Bemerkung 2.1: In der Literatur findet man häufig ein 2-Phasen-Modell als Beobachtungsmodell. Hierbei wird die Verteilung von $\frac{X^L}{N_L} =: p$ als Prozeßkurve interpretiert und die hypergeometrische Verteilung von X^S bei gegebenem X^L wird durch eine Binomial-Verteilung approximiert. Dabei wird die Verteilung von $\frac{X^L}{N_L}$ als kontinuierlich über $[0,1]$ angenommen, so daß eine Dichte $w(p)$ existiert. In diesem Fall ist die Stichprobenverteilung X^S wieder eine bezüglich $w(p)$ gemischte Binomialverteilung. □

Bemerkung 2.2: Die Benutzung des 2-Phasen-Modells reduziert den Aufwand bei dem in Kapitel 8 beschriebenen Simulationsexperiments um eine Stufe.

Hierbei wird die Zufallsgröße $\tilde{X}^L$ durch $\tilde{X}^L := N_L p$ erzeugt.

Es gilt:

$$E(\tilde{X}^L) = N_L \bar{p} = E(X^L) \tag{2.10}$$

$$\frac{VAR[\tilde{X}^L]}{VAR[X^L]} = \frac{N_L \bar{p}(1-\bar{p}) + N_L(N_L-1)VAR(p)}{N_L^2 \; VAR(p)} = 1 + \frac{\alpha+\beta}{N_L} \tag{2.11}$$

Bei der Simulationsstudie gilt $N_L = 2000$ und für die meisten Experimente ist $\alpha+\beta<200$, so daß sich die Verteilung der defekten Stücke im Los im 2- und 3-Phasen-Modell nur geringfügig unterscheidet. □

Bemerkung 2.3: Benutzt man die Poisson-Approximation der Binomial-Verteilung und ersetzt die Beta-Verteilung durch die zur Poisson-Verteilung konjugierte Gamma-Verteilung, so erhält man für die Verteilung von X^L und X^S eine Gamma-Poisson (= negative Binomial)-Verteilung. Die Anpassung der Parameter s und τ der Gamma-Verteilung

$$w(\lambda) = \frac{1}{\Gamma(s)} e^{-\tau\lambda} (\tau\lambda)^{s-1} \qquad s,\tau > 0 \tag{2.12}$$

kann über

$$(2.13) \qquad \alpha = s, \quad \alpha+\beta = \tau$$

erfolgen (vgl. Rendtel (1985), Kapitel 6).
Es gilt

$$(2.14) \qquad E(\lambda) = \frac{s}{\tau}$$

$$(2.15) \qquad VAR(\lambda) = \frac{s}{\tau^2}$$

$$(2.16) \qquad P[X^S = x \mid n,s,\tau] = \frac{\Gamma(s+x)}{x!\,\Gamma(s)}\,\eta^s(1-\eta)^x \qquad x=0,1,2,\ldots$$

wobei $\eta := \frac{\tau}{\tau+n}$ □

2.2 Das lineare Kostenmodell für die Warenausgangskontrolle

Wir betrachten die folgenden Kostenparameter:

c_s = Inspektionskosten pro Einzelstück
c_g = Garantiekosten pro Einzelstück
c_r = Reparatur- oder Ersatzkosten pro Einzelstück

Alle defekten Stücke in der Stichprobe werden durch gute Einzelstücke ersetzt (Rectifying Inspection).

Wenn ein Los abgelehnt wird, wird es total inspiziert.

Bei der Verwendung eines einfachen Prüfplans [n,c] erhält man für $X^S = x$ und $X^L - X^S = Y = y$ die folgenden absoluten Kosten $K_{abs}(x,y)$:

$$(2.17) \qquad K_{abs}(x,y) = nc_S + xc_r + \begin{cases} yc_g & x \le c \\ (N_L-n)c_s + yc_r & x > c \end{cases}$$

Für die erwarteten absoluten Kosten $K_{abs}([n,c],w)$ erhält man:

$$K_{abs}([n,c],w) := E_{X^S}[E_Y(K_{abs}(x,Y) \mid X^S = x)]$$

$$= \sum_{x=0}^{c} P(X^S = x)(nc_s + xc_r + c_g\, E(Y \mid X^S = x))$$

$$+ \sum_{x=c+1}^{n} P(X^S = x)(nc_s + xc_r + (N_L-n)c_s + c_r\, E(Y \mid X^S = x))$$

$$= nc_s + n\bar{p}c_r + (N_L-n)(c_s + c_r\bar{p})$$

$$+ \sum_{x=0}^{c} P(X^S = x)[(c_g - c_r)\, E(Y \mid X^S = x) - c_s(N_L-n)]$$

Es gilt wegen (2.1):

$$P[Y = y \mid X^S = x] = \int_0^1 \frac{b(y \mid N_L-n,p)\; b(x \mid n,p)\; w(p)\; dp}{P(X^S = x)}$$

Folglich gilt:

$$E[Y = y \mid X^S = x] \cdot P(X^S = x) = (N_L-n) \int_0^1 p\; b(x \mid n,p) w(p)\; dp$$

Damit erhält man für $K_{abs}([n,c],w)$:

$$(2.18) \qquad K_{abs}([n,c],w) = N_L(c_S + c_r\bar{p})$$

$$+ (N_L-n)[\sum_{x=o}^{c} \int_0^1 [(c_g - c_r)\, p - c_s] \cdot b(x \mid n,p)\; w(p)\; dp]$$

Bei voller Information über die Anzahl schlechter Stücke in einem Los ist es kostenoptimal, das Los anzunehmen (abzulehnen) falls:

$$\frac{X^L}{N_L} \underset{(>)}{<} \frac{c_s}{c_g - c_r} =: p_r \tag{2.19}$$

p_r wird dabei als Trennqualität bezeichnet. Die unvermeidlichen Kosten $K_{unv}(X)$ bei $X^L = X$ betragen damit:

$$K_{unv}(X) = \begin{cases} X\, c_g & \frac{X}{N_L} \leq p_r \\ N\, c_s + X\, c_r & \frac{X}{N_L} > p_r \end{cases} \tag{2.20}$$

Die erwarteten unvermeidlichen Kosten sind dann gegeben durch:

$$\begin{aligned} K_{unv}(W_{N_L}) &= \sum_{X=0}^{[N_L p_r]} c_g\, X P[X^L = X] \\ &+ \sum_{X=[N_L p_r]+1}^{N_L} (N_L c_s + X c_r)\, P[X^L = X] \\ &= N_L c_s + N_L \bar{p}\, c_r + N_L (c_g - c_r) \sum_{X=0}^{[N_L p_r]} \left(\frac{X}{N_L} - p_r\right) P[X^L = X] \\ &= N_L c_s + N_L \bar{p}\, c_r + N_L (c_g - c_r) \int_0^{p_r} (p - p_r)\, d\, W_{N_L}(p) \end{aligned} \tag{2.21}$$

Der mit $\frac{1}{c_g - c_r}$ normierte vermeidbare Verlust (Regret) beläuft sich damit auf:

$$R_{[n,c]}(x,y) := \frac{1}{c_g - c_r} \left(K_{abs}(x,y) - K_{unv}(x+y)\right)$$

$$= \begin{cases} n\, p_r - x & \text{falls } x \leq c, x + y \leq p_r N_L \\ n\, p_r - x + (N_L - n) p_r - y & \text{falls } x > c, x + y \leq p_r N_L \\ y - (N_L - n) p_r & \text{falls } x \leq c, x + y > p_r N_L \\ 0 & \text{falls } x > c, x + y > p_r N_L \end{cases} \tag{2.22}$$

Für den erwarteten, mit $\frac{1}{c_g - c_r}$ normierten Regret $\tilde{R}([n,c],w)$ erhalten wir über (2.18) und (2.21):

$$\tilde{R}([n,c],w) = (N_L - n) \sum_{x=0}^{c} \int_0^1 (p - p_r)\, b(x|n)\, w(p)\, dp - N_L \int_0^{p_r} (p - p_r)\, d\, W_{N_L}(p) \tag{2.23}$$

Wenn wir W_{N_L} durch W in (2.23) ersetzen (vgl. Hald (1981), p. 343) erhalten wir:

$$R([n,c],w) := n \int_0^{p_r} (p_r - p)\, w(p)\, dp$$

$$+ (N_L - n) \int_0^{p_r} \sum_{x=0}^{c} (p_r - p)(1 - b(x|n,p))\, w(p)\, dp \tag{2.24}$$

$$+ (N_L - n) \int_{p_r}^{1} \sum_{x=c+1}^{n} (p - p_r)\, b(x|n,p)\, w(p)\, dp$$

<u>Bemerkung 2.3:</u> Wegen $W_{N_L} \xrightarrow[N_L \to \infty]{} W$ unterscheiden sich $\tilde{R}$ und R nicht wesentlich. Jedoch ist R für verschiedene Werte von N_L leichter zu berechnen.

Die 3 Terme in (2.24) lassen sich außerdem leicht interpretieren:

Der 1. Term beschreibt die vermeidbaren Verluste, die durch irrtümliche Stichprobenentnahme entstehen.

Der 2. Term beschreibt die vermeidbaren Verluste durch eine irrtümliche Ablehnung des Loses, während der 3. Term die vermeidbaren Verluste durch einer irrtümliche Annahme des Loses beschreibt. □

<u>Definition 2.1:</u> Ein $[n,c]$-Prüfplan heißt bayesoptimal zur Prozeßkurve $w(p)$, wenn er $R([n,c],w)$ minimiert. □

<u>Bemerkung 2.4:</u> Ein bayesoptimaler Prüfplan minimiert mit $R([n,c],w)$ auch $\tilde{R}([n,c],w)$ und $K_{abs}([n,c],w)$. □

3. Die Bewertung von Prozesskurvenänderungen

3.1 Herleitung eines Distanzmaßes zwischen Prozeßkurven

Wir wollen annehmen, daß der Prüfplan $[n_S, c_S]$ bayesoptimal zu einer vorgegebenen Prozeßkurve $w_S(p)$ ist.

Wenn jedoch statt $w_S(p)$ eine andere Prozeßkurve $w(p)$ vorliegt, erleidet man im Mittel bei Anwendung des Prüfplans $[n_S, c_S]$ den Verlust $K_{abs}([n_S, c_S], w)$. Hätte man den Wechsel der Prozeßkurve von $w_S(p)$ zu $w(p)$ erkannt und statt dessen den zu $w(p)$ bayesoptimalen Plan gewählt, so hätte man im Mittel den Verlust $\min_{[n,c]} K_{abs}([n,c],w)$ erlitten.

Der erwartete, normierte Verlust, der durch das Nichterkennen des Wechsels der Prozeßkurve von w_S nach w entsteht, beträgt daher:

$$(3.1) \qquad \ell_{N_L}(w|w_S) := \frac{1}{c_g - c_r} \{K_{abs}([n_S, c_S], w) - \min_{[n,c]} K_{abs}([n,c],w)\}$$

Hierbei geht w_S nur über $[n_S, c_S]$ in die Definition von $\ell_{N_L}(w|w_S)$ ein.

Zieht man von $K_{abs}([n,c],w)$ die unvermeidlichen Kosten $K_{unv}(w)$ ab, so erhält man:

$$(3.2) \qquad \ell_{N_L}(w|w_S) = R([n_S, c_S], w) - \min_{[n,c]} R([n,c],w)$$

Ist $\ell_{N_L}(w|w_S)$ klein, so sind die Verluste, die ein Nichterkennen eines Wechsels der Prozeßkurve von w_S verursacht klein. Umgekehrt sollte ein Wechsel von w_S auf w, wo $\ell_{N_L}(w|w_S)$ groß ist, möglichst schnell aufgedeckt werden. $\ell_{N_L}(w|w_S)$ liefert damit eine Art kostenorientiertes Distanzmaß zwischen 2 Prozeßkurven.

Im allgemeinen ist es aussichtslos, nach expliziten Ausdrükken für $\ell_{N_L}(w|w_S)$ in Abhängigkeit von w, w_S und N_L zu suchen, da hierzu die explizite Abhängigkeit des bayesoptimalen Plans $[n,c]$ von der Prozeßkurve $w(p)$ bekannt sein müßte.

Wir wollen uns im folgenden darauf beschränken, daß die betrachteten Prozeßkurven Beta-Dichten mit Erwartungswert $\bar{p}$ und Varianz σ^2 sind. $w(p)$ ist durch die Angabe von $\bar{p}$ und σ^2 bzw. der Funktionalparameter α und β vollständig bestimmt (vgl. (2.4) - (2.6)). $\ell_{N_L}(\bar{p},\sigma^2|\bar{p}_S,\sigma_S^2)$ bzw. $\ell_{N_L}(\alpha,\beta|\alpha_S,\beta_S)$ bezeichne dann das Distanzmaß zwischen den zugehörigen Prozeßkurven.

Die Prozeßkurven lassen sich auch über $\bar{p}$ und $\tau := \alpha + \beta$ parametrisieren. Es gilt:

(3.3) $$\sigma^2 = \frac{\bar{p}(1-\bar{p})}{\tau + 1}$$

Benutzt man die unter Bemerkung 2.3 angegebene Approximation der Betadichte durch eine Gammadichte mit $s = \alpha$ und $\tau = \alpha + \beta$, so erhält man für den Variationskoeffizienten $\kappa = \frac{\sigma}{\bar{p}}$:

(3.4) $$\kappa = \frac{\sigma}{\bar{p}} = \frac{1}{\sqrt{s}} = \frac{1}{\sqrt{\alpha}}.$$

Wir wollen nun die Isolinien von $\ell_{N_L}(w|w_S)$ in den verschiedenen Parametrisierungen $(\bar{p},\sigma)$, $(\bar{p},\tau)$ und $(\bar{p},\kappa)$ untersuchen.

Hierbei beschränken wir uns auf 4 Fälle für w_S. Die Auswahl dieser Prozeßkurven w_i $(i=1,2,3,4)$ erfolgte so, daß die Vereinigung der Bereiche mit $\ell_{N_L}(w|w_i) \leq 0.25$ $(i=1,2,3,4)$ fast den gesamten betrachteten Parameterbereich $\bar{p} \in [0.2\%, 1.8\%]$ $\sigma \in [0.2\%, 2.2\%]$ überdeckt. Das heißt: Für jede Prozeßkurve $w(p)$ mit $\bar{p}$ und σ im angegebenen Bereich existiert unter den Prozeßkurven $w_i(p)$ $(i=1,2,3,4)$ eine, deren zugehöriger Bayesplan $[n_i,c_i]$ für $w(p)$ fast bayesoptimal ist.

In Tabelle 3.1 sind die Werte für $\bar{p}_i$, σ_i, τ_i und κ_i sowie die zugehörigen bayesoptimalen Prüfpläne $[n_i,c_i]$ $(i=1,2,3,4)$ angegeben. Die Trennqualität beträgt hierbei $p_r = 1.8 \cdot 0.65\% = 1.17\%$ und der Losumfang $N_L = 2000$ (vgl. Abschnitt 8.2 zur Festsetzung der Parameter p_r und N_L). Abbildung 3.1 zeigt die zu $(\bar{p}_i,\sigma_i)$ $(i=1,2,3,4)$ zugehörigen Prozeßkurven $w_i(p)$.

Prozeßkurve Nr.	$\bar{p}$	σ	τ	κ	[n,c]
i=1	0.9%	0.47%	403	0.52	[125,2]
i=2	0.4%	0.6%	110	1.50	[50,1]
i=3	1.0%	2.2%	20	2.26	[125,1]
i=4	1.3%	1.0%	127	0.77	[313,3]

Tab. 3.1: Die Prozeßkurven $w_i(p)$ $(i=1,\dots,4)$ und ihre Kenngrößen $\bar{p},\sigma,\tau$ und κ sowie die unter diesen Prozeßkurven bayesoptimalen Prüfpläne [n,c].

Abbildung 3.2.a-c zeigt die Isolinien von $\min_{[n,c]} R([n,c],w) = R([n^*,c^*],w)$ in $(\bar{p},\sigma)$, $(\bar{p},\tau)$ und $(\bar{p},\kappa)$ Koordinaten. Für $\tau \geq 60$ zeigt $R([n^*,c^*],w)$ in den $(\bar{p},\tau)$-Koordinaten ein ungefähr symmetrisches Verhalten um die Achse $\bar{p} = 1.0\%$. In den anderen Koordinatendarstellungen existieren solche einfachen Symmetrien nicht.

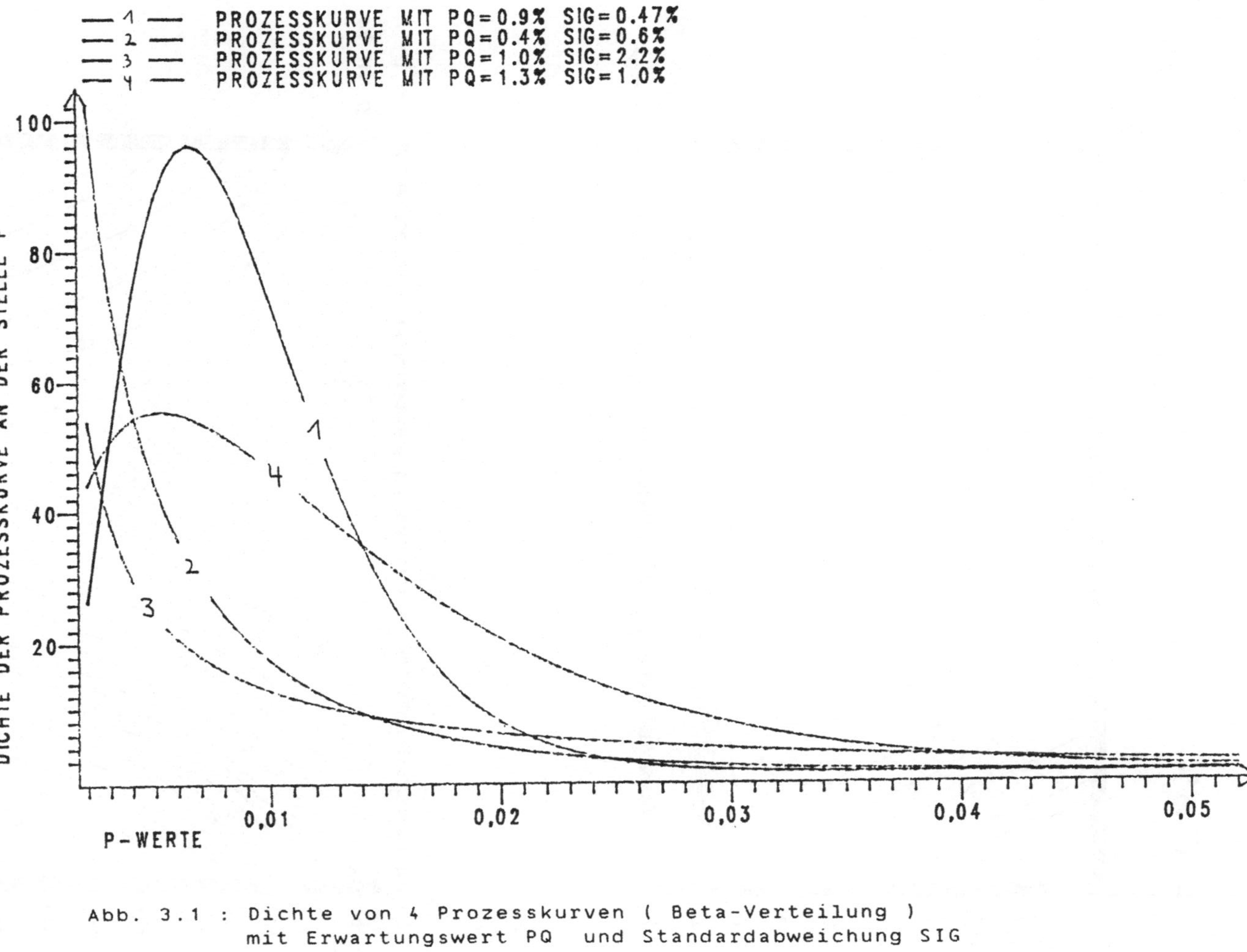

Abb. 3.1 : Dichte von 4 Prozesskurven (Beta-Verteilung) mit Erwartungswert PQ und Standardabweichung SIG

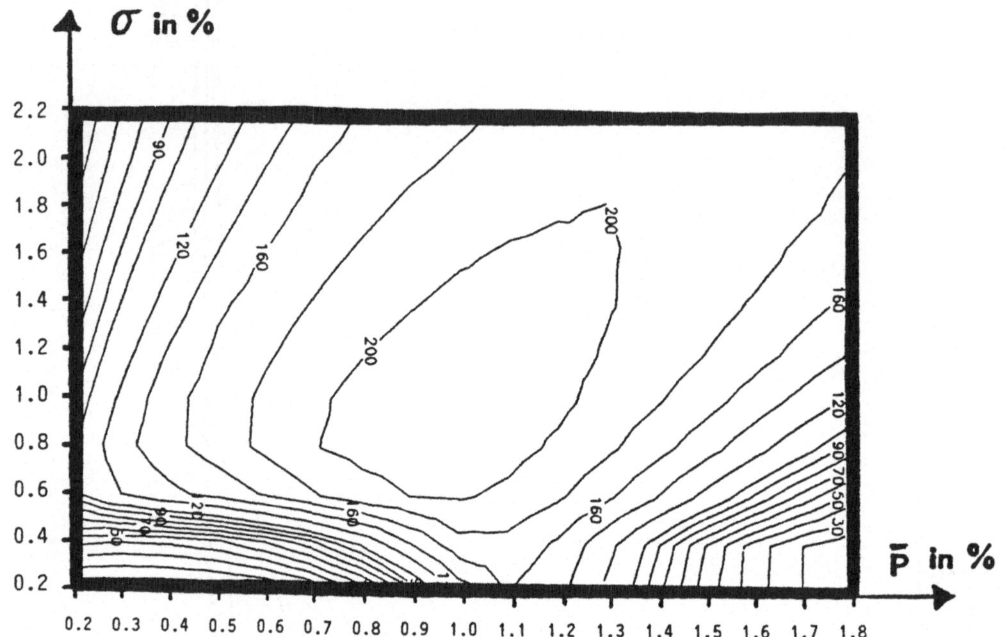

Abb. 3.2.a : Isolinien von 100* $R([n^*,c^*],w)$ in
($\bar{p},\sigma$) Koordinaten .
Trennqualitaet : 1.8*0.65%=1.17%
Losumfang : 2000

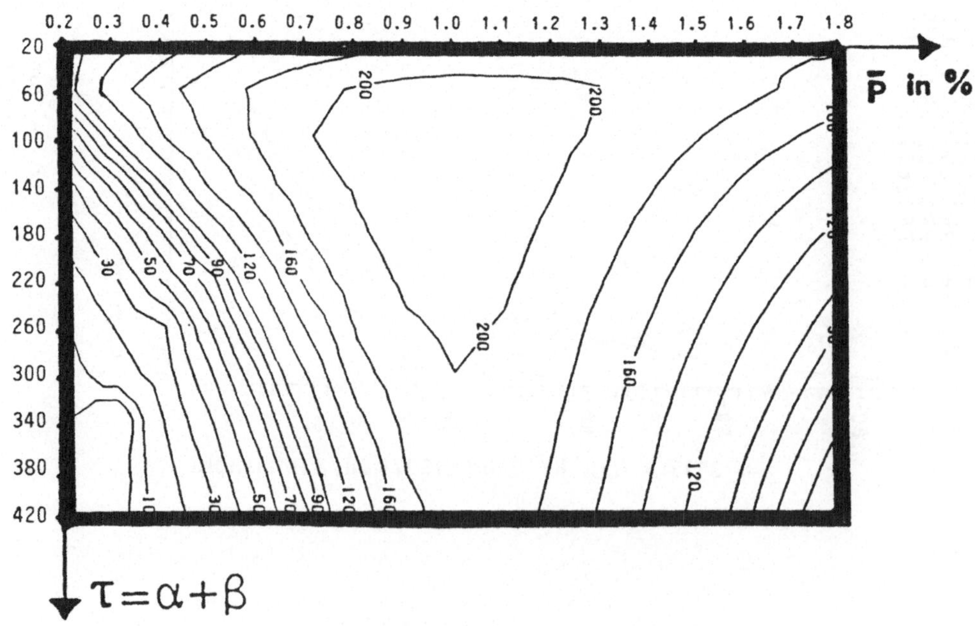

Abb. 3.2.b : Isolinien von 100* $R([n^*,c^*],w)$ in
($\bar{p},\tau$) Koordinaten .
Trennqualitaet : 1.8*0.65%=1.17%
Losumfang : 2000

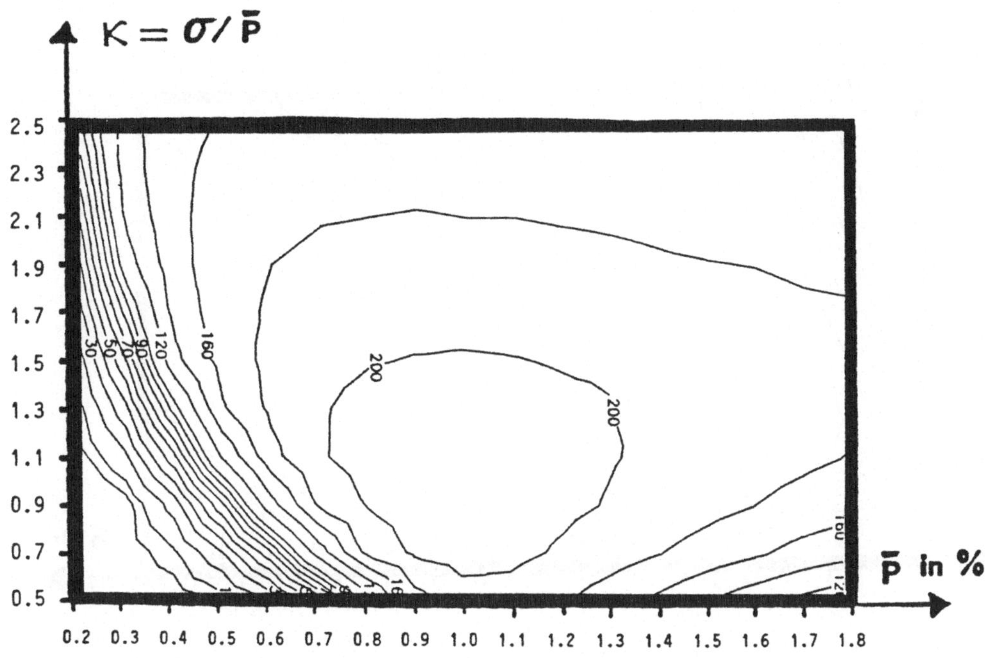

Abb. 3.2.c : Isolinien von $100 * R([n^*,c^*],w)$ in $(\bar{p},\kappa)$ Koordinaten .
Trennqualitaet : 1.8*0.65%=1.17%
Losumfang : 2000

Die Abbildungen 3.3.a - c bis 3.6. a- c zeigen die Isolinien von $\ell_{N_L}(w|w_i)$ (i=1,2,3,4) in $(\bar{p},\sigma)$, $(\bar{p},\tau)$ und $(\bar{p},\kappa)$ Koordinaten. Mit Ausnahme des Falls $\bar{p}_3 = 1.0\%$, $\sigma_3 = 2.2\%$ ist $\ell_{N_L}(\bar{p},\tau|\bar{p}_i,\tau_i)$ i=1,2,4 eine Funktion, die in der τ-Koordinate für $\tau \geq 100$ nur geringe Veränderungen zeigt. Im Fall $\bar{p}_1 = 0.9\%$ und $\tau_1 = 403$ ist $\ell_{N_L}(\bar{p},\tau|\bar{p}_1,\tau_1)$ für $\tau \geq 100$ und $\bar{p} = \bar{p}_1$ nahezu konstant, d.h. Prozeßveränderungen, die lediglich $\tau = \alpha + \beta$ variieren, jedoch $\bar{p} = \frac{\alpha}{\alpha+\beta}$ konstant lassen, sind bei Benutzung des Prüfplans [125,2] hinsichtlich des Kostenkriteriums irrelevant.

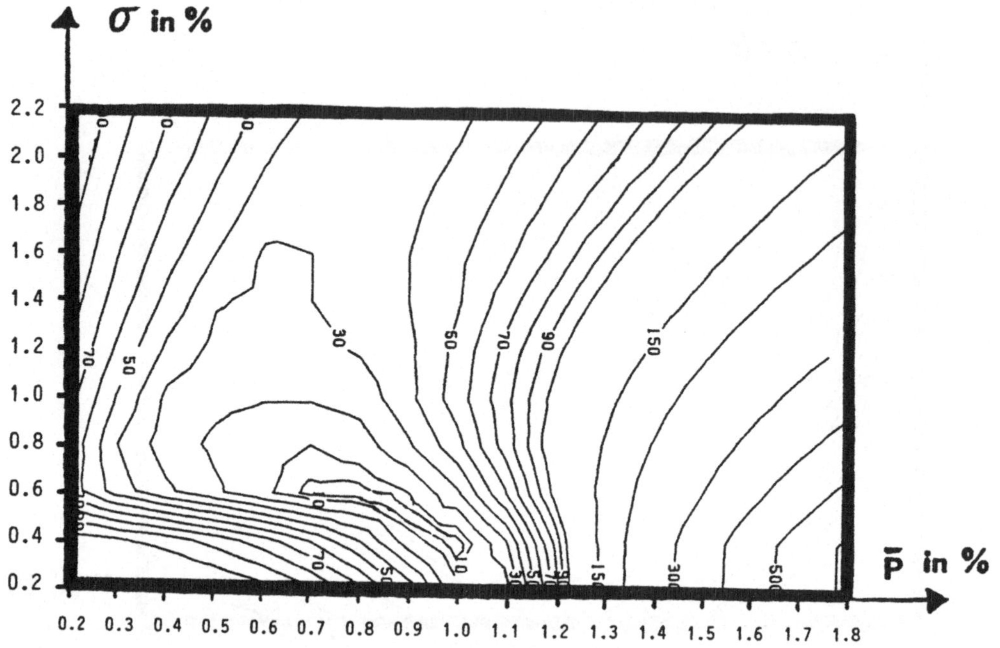

Abb. 3.3.a : Isolinien von $100 * \ell_{N_L}(\bar{p},\sigma|\bar{p}_1,\sigma_1)$ $\bar{p}_1 = 0.9\%$ $\sigma_1 = 0.47\%$

Bayesplan unter $(\bar{p}_1, \sigma)$: [125,2]
Trennqualitaet : 1.8*0.65%=1.17%
Losumfang : 2000

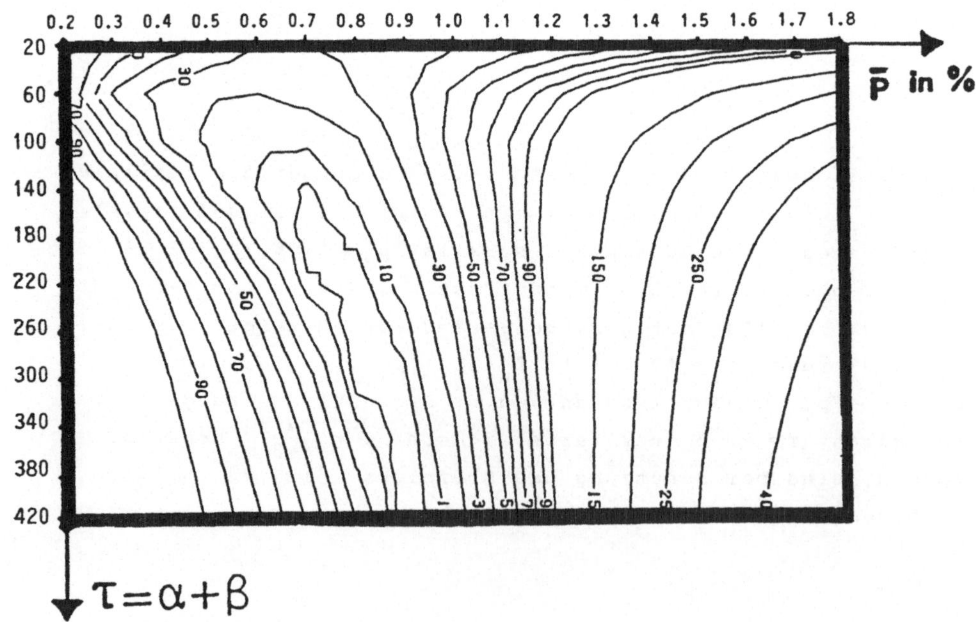

Abb. 3.3.b : Isolinien von $100 * \ell_{N_L}(\bar{p},\tau|\bar{p}_1,\tau_1)$ $\bar{p}_1 = 0.9\%$ $\tau_1 = 403$

Bayesplan unter $(\bar{p}_1\ \tau_1)$: [125,2]
Trennqualitaet : 1.8*0.65%=1.17%
Losumfang : 2000

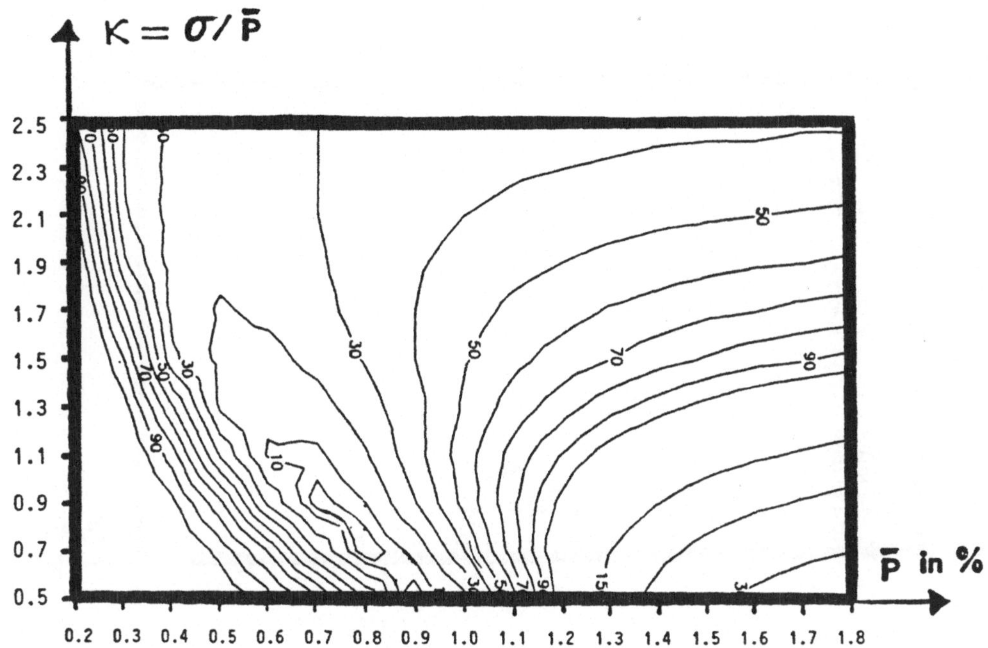

Abb. 3.3.c : Isolinien von $100 * \ell_{N_L}(\bar{p},\kappa|\bar{p}_1,\kappa_1)$ $\bar{p}_1 = 0.9\%$ $\kappa_1 = 0.52$

Bayesplan unter $(\bar{p}_1, \kappa_1)$: [125,2]
Trennqualitaet : 1.8*0.65%=1.17%
Losumfang : 2000

Unter der Nebenbedingung $\tau \geq 100$ ist die Richtung des steilsten Anstiegs von $\ell_{N_L}(\bar{p},\tau|\bar{p}_i,\tau_i)$ (i=1,2,4) annähernd durch τ = const beschrieben. Diese kritischen Parameteränderungen, die möglichst rasch entdeckt werden sollten, sind damit durch

(3.5) $\bar{p}$ variiert
τ = const.

charakterisiert. Da typischerweise $\alpha << \beta$ gilt, ist (3.5) fast äquivalent mit:

(3.6) α variiert
β = const.

In den anderen Koordinatendarstellungen ist eine so einfache Darstellung der kritischen Parameteränderungen nicht gegeben.

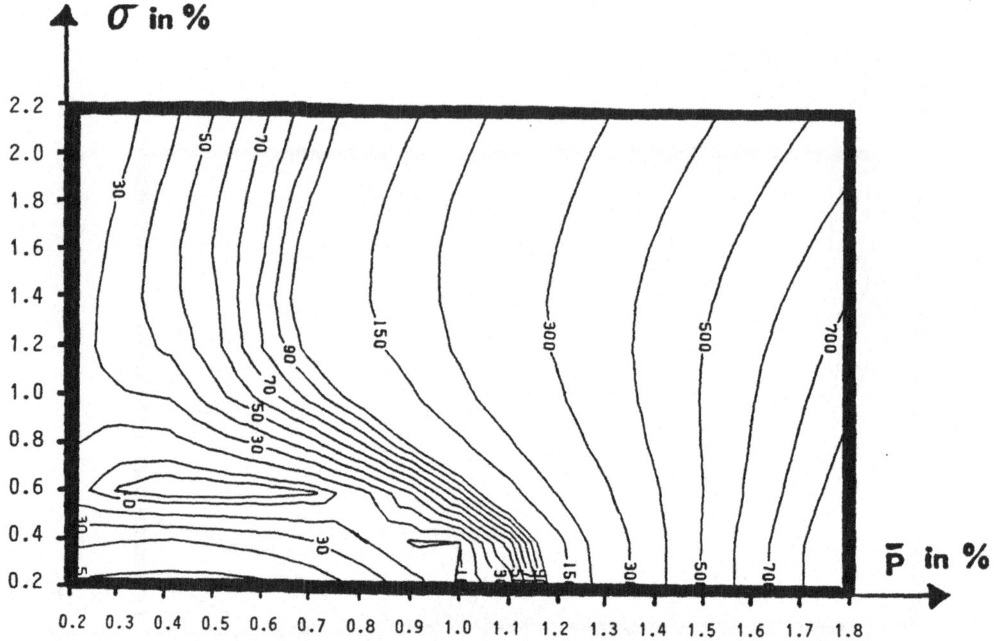

Abb. 3.4.a : Isolinien von $100 * \ell_{N_L}(\bar{p},\sigma|\bar{p}_2,\sigma_2)$ $\bar{p}_2 = 0.4\%$ $\sigma_2 = 0.6\%$

Bayesplan unter $(\bar{p}_2,\sigma_2)$: [50,1]
Trennqualitaet : 1.8*0.65%=1.17%
Losumfang : 2000

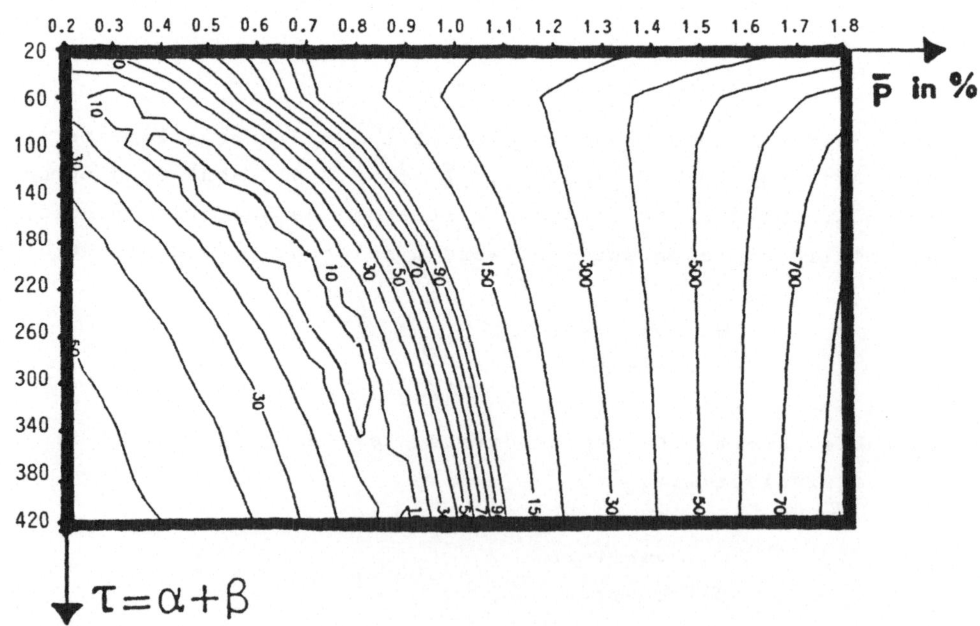

Abb. 3.4.b : Isolinien von $100 * \ell_{N_L}(\bar{p},\tau|\bar{p}_2,\tau_2)$ $\bar{p}_2 = 0.4\%$ $\tau_2 = 110$

Bayesplan unter $(\bar{p}_2\ \tau_2)$: [50,1]
Trennqualitaet : 1.8*0.65%=1.17%
Losumfang : 2000

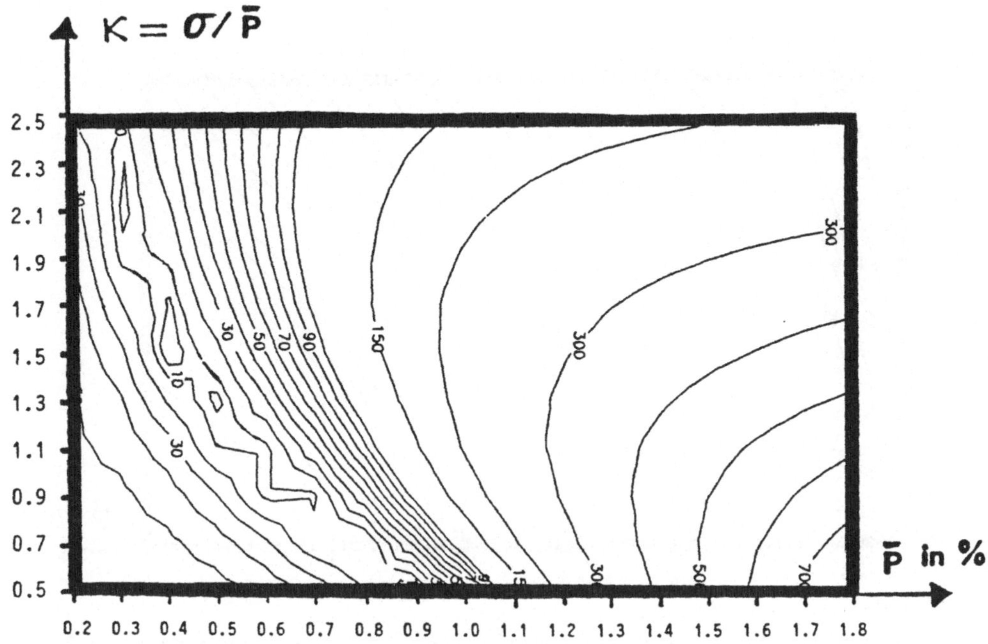

Abb. 3.4.c : Isolinien von $100 * \ell_{N_L}(\bar{p},\kappa|\bar{p}_2,\kappa_2)$ $\bar{p}_2 = 0.4\%$ $\kappa_2 = 1.50$

Bayesplan unter $(\bar{p}_2, \kappa_2)$: [50,1]
Trennqualitaet : 1.8*0.65%=1.17%
Losumfang : 2000

Für die Fälle $\bar{p}_3 = 1.0\%$, $\kappa_3 = 2.2$ und $\bar{p}_4 = 1.3\%$, $\kappa_4 = 0.77$ ist $\ell_{N_L}(\bar{p},\kappa|\bar{p}_i,\kappa_i)$ für $\bar{p} > \bar{p}_i$ $(i=3,4)$ und $\kappa = \text{const}$ sehr klein (vgl. Abb. 3.5.c und Abb. 3.6.c), d.h. in diesen Fällen verursachen Prozeßkurvenänderungen mit konstanten Variationskoeffizienten κ nur einen geringen Kostenzuwachs. Wegen (3.4) ist dies äquivalent mit:

$$\begin{aligned} &\alpha = \text{const.} \\ &\beta \quad \text{variiert} \end{aligned} \tag{3.7}$$

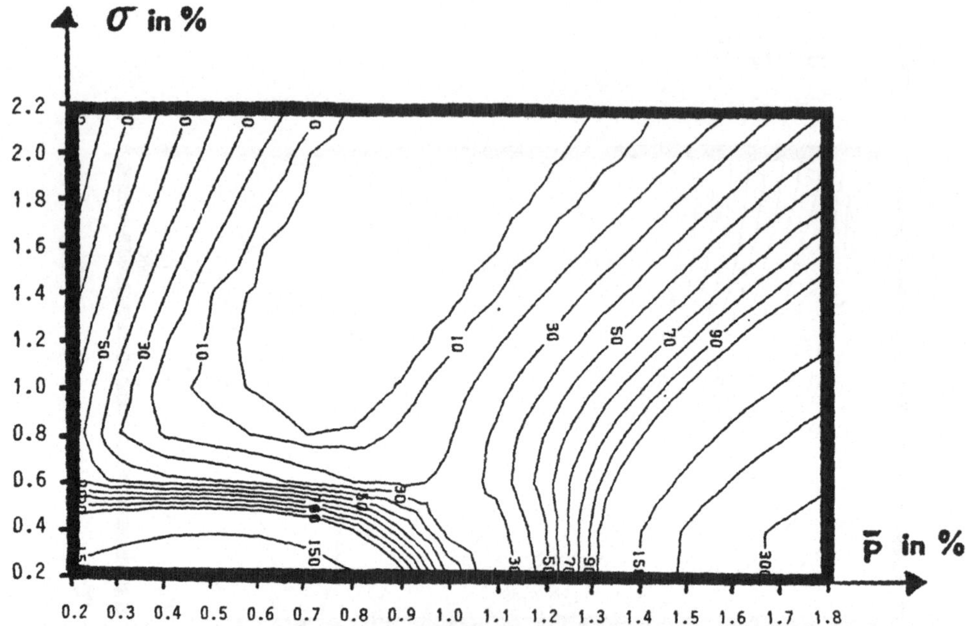

Abb. 3.5.a : Isolinien von $100 * \ell_{N_L}(\bar{p},\sigma|\bar{p}_3,\sigma_3)$ $\bar{p}_3 = 1.0\%$ $\sigma_3 = 2.2\%$

Bayesplan unter $(\bar{p}_3,\sigma_3)$: [125,1]
Trennqualitaet : 1.8*0.65%=1.17%
Losumfang : 2000

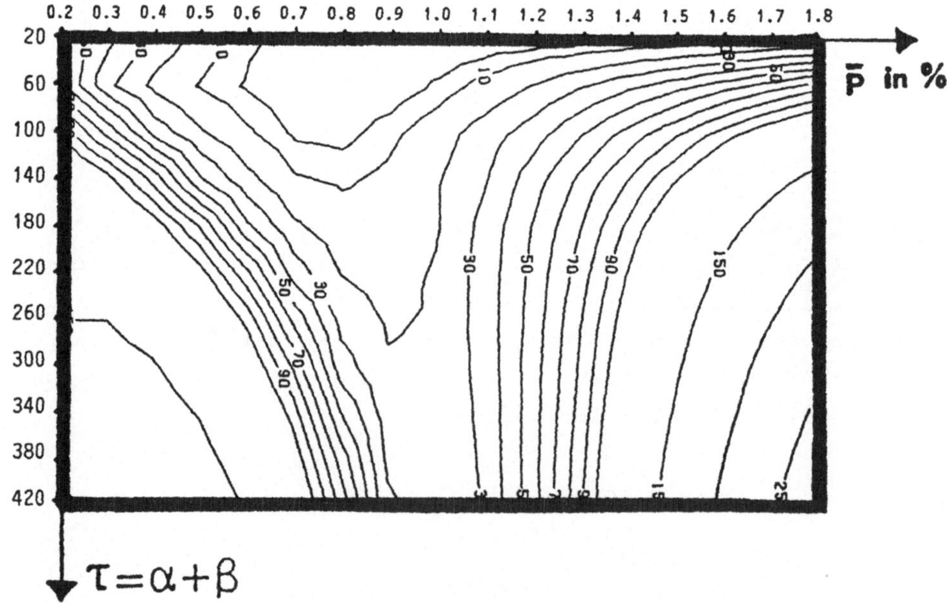

Abb. 3.5.b : Isolinien von $100 * \ell_{N_L}(\bar{p},\tau|\bar{p}_3,\tau_3)$ $\bar{p}_3 = 1.0\%$ $\tau_3 = 20$

Bayesplan unter $(\bar{p}_3,\tau_3)$: [125,1]
Trennqualitaet : 1.8*0.65%=1.17%
Losumfang : 2000

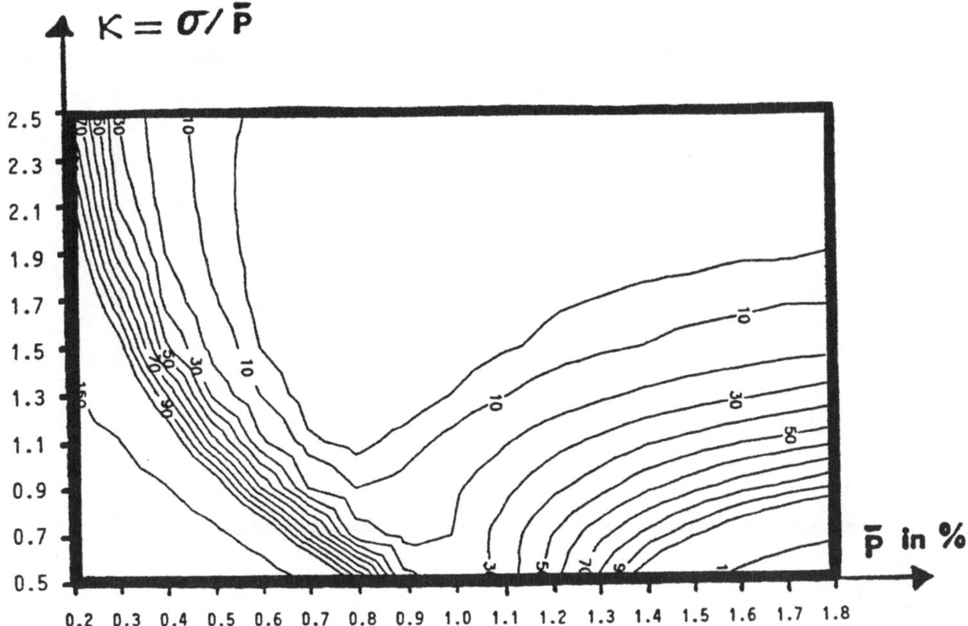

Abb. 3.5.c : Isolinien von $100 * \ell_{N_L}(\bar{p},\kappa|\bar{p}_3,\kappa_3)$ $\bar{P}_3 = 1.0\%$ $\kappa_3 = 2.26$

Bayesplan unter ($\bar{p}_3,\kappa_3$) : [125,1]
Trennqualitaet : 1.8*0.65%=1.17%
Losumfang : 2000

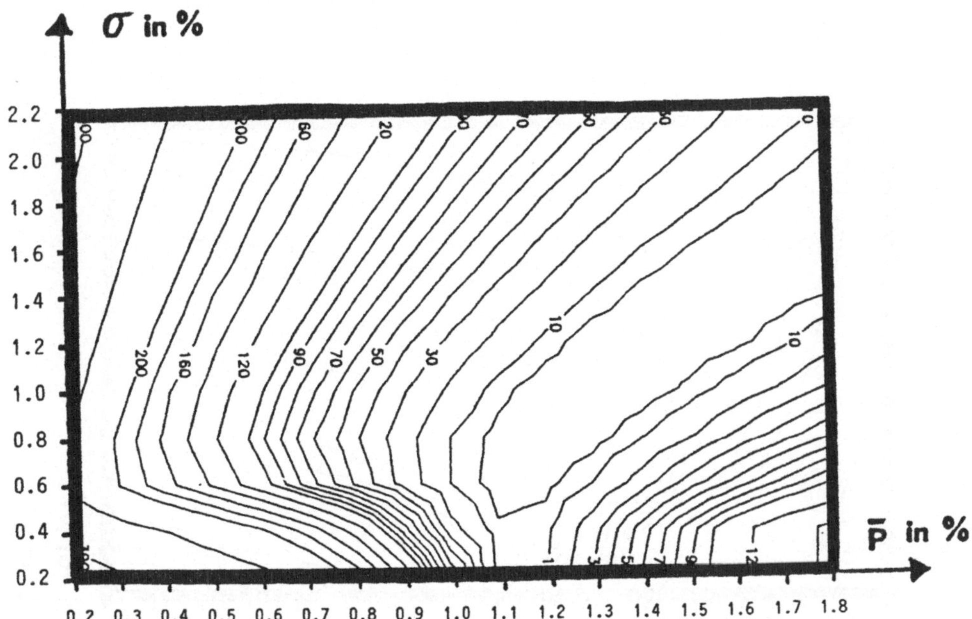

Abb. 3.6.a : Isolinien von $100 * \ell_{N_L}(\bar{p},\sigma|\bar{p}_4,\sigma_4)$ $\bar{P}_4 = 1.3\%$ $\sigma_4 = 1.0\%$

Bayesplan unter ($\bar{p}_4,\sigma_4$) : [313,3]
Trennqualitaet : 1.8*0.65%=1.17%
Losumfang : 2000

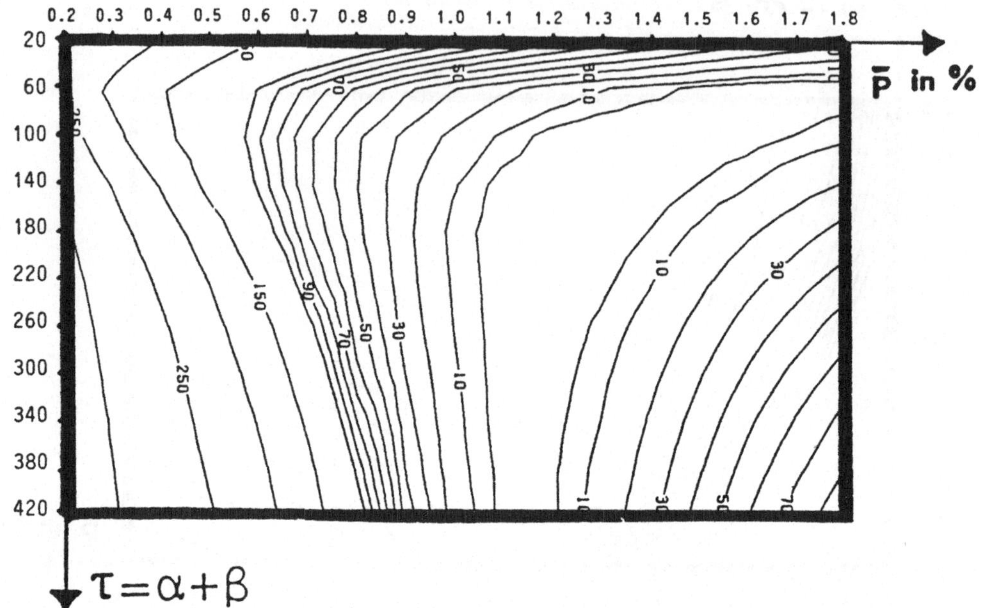

Abb. 3.6.b : Isolinien von 100* $\ell_{N_L}(\bar{p},\tau\,|\,\bar{p}_4,\tau_4)$ $\bar{p}_4$ = 1.3% τ_4 = 127

Bayesplan unter ($\bar{p}_4,\tau_4$) : [313,3]
Trennqualitaet : 1.8*0.65%=1.17%
Losumfang : 2000

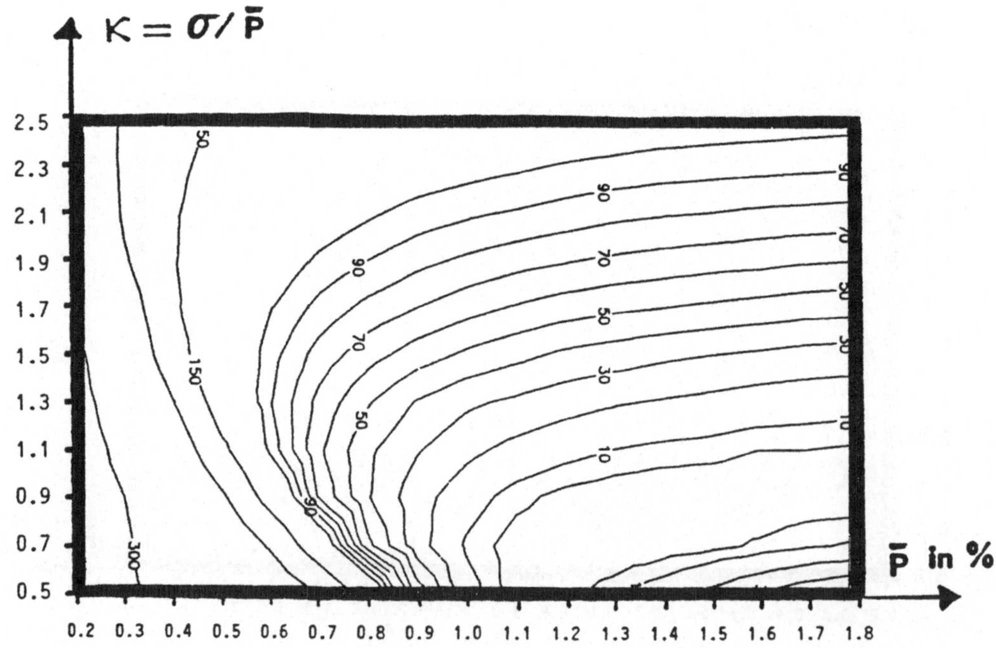

Abb. 3.6.c : Isolinien von 100* $\ell_{N_L}(\bar{p},\kappa\,|\,\bar{p}_4,\kappa_4)$ $\bar{p}_4$ = 1.3% κ_4 = 0.77

Bayesplan unter ($\bar{p}_4,\kappa_4$) : [313,3]
Trennqualitaet : 1.8*0.65%=1.17%
Losumfang : 2000

3.2 Das asymptotische Verhalten des Distanzmaßes

Wir wollen in diesem Abschnitt das Verhalten von $\ell_{N_L}(w|w_S)$ für $N_L \to \infty$ untersuchen. Wir schreiben zu diesem Zweck $R([n,c],w)$ in der Form:

$$R([n,c],w) = n\, d_r(w) + (N_L - n)\, d([n,c],w) \tag{3.8}$$

wobei:

$$d_r(w) := \int_0^{p_r} (p_r - p)\, w(p)\, dp \tag{3.9}$$

$$d([n,c],w) := d_r(w) + \int_0^1 \sum_{x=0}^{c} b(x|n,p)(p - p_r)\, w(p)\, dp \tag{3.10}$$

$d([n,c],w)$ kann als der erwartete vermeidbare Verlust pro Einzelstück im Restlos bei Vorliegen der Prozeßkurve w und Benutzung des Prüfplans $[n,c]$ interpretiert werden.

Für $c = hn$ läßt sich $d([n,hn],w)$ in eine Reihe der Form

$$d([n,hn],w) = d_r(w) + g_0(h) + g_1(h)n^{-1} + O(n^{-2}) \tag{3.11}$$

entwickeln (vgl. Hald (1981), p. 355). Für $N_L \to \infty$ muß $h = p_r$ gelten und man erhält (vgl. Hald (1981), p. 356):

$$d([n,np_r],w) = \frac{p_r(1-p_r)w(p_r)}{2n} + O(n^{-2}) \tag{3.12}$$

Folglich hängt der vermeidbare Verlust durch falsche Entscheidungen über das Restlos asymptotisch nur von dem lokalen Verhalten der Prozeßkurve an der Stelle p_r ab. (Berücksichtigt man in (3.12) noch Terme der Ordnung n^{-2}, so kommen noch die 1. und 2. Ableitungen von $w(p)$ an der Stelle p_r in Betracht.)

Berücksichtigt man in (3.11) nur den Term mit n^{-1}, so liefert

$$\frac{\partial}{\partial n} R([n,p_r n],w)\Big|_{n^*} = 0$$

die Gleichungen:

$$(3.13) \qquad n^* = \left(N_L \frac{p_r(1-p_r)w(p_r)}{2d_r(w)}\right)^{1/2}$$

$$(3.14) \qquad \min_{[n,c]} R([n,c],w) = R([n^*,p_r n^*],w) = 2n^* d_r(w)$$

Folglich ist für einen bayesoptimalen Prüfplan der vermeidbare Verlust durch irrtümliche Stichprobenentnahme für $N_L \to \infty$ gleich dem vermeidbaren Verlust, der durch falsche Entscheidungen über das Restlos entsteht.

Für die asymptotische Effizienz des Prüfplans $[n_S,c_S]$ unter einer Prozeßkurve $w(p)$ erhält man (vgl. Hald (1981), p. 362):

$$(3.15) \qquad e([n_S,c_S],w) := \frac{R([n^*,c^*],w)}{R([n_S,c_S],w)} \xrightarrow[N_L \to \infty]{} \frac{2}{\frac{n_S}{n^*} + \frac{n^*}{n_S}}$$

Folglich erhalten wir für große Werte von N_L folgende Näherung für das Distanzmaß $\ell_{N_L}(w|w_S)$:

$$\ell_{N_L}(w|w_S) = \left(\frac{1}{e([n_S,c_S],w)} - 1\right) R([n^*,c^*]\ w)$$

$$(3.16) \qquad \approx \left(\frac{\frac{n_S}{n^*} + \frac{n^*}{n_S}}{2} - 1\right) 2n^* d_r(w)$$

Folglich ist der asymptotische Verlust, der entsteht, wenn der Plan $[n_S, c_S]$ unter der Prozeßkurve $w(p)$ benutzt wird, eine Funktion von $\frac{n^*}{n_S}$ und $n^* d_r(w)$. Es gilt mit (3.13) und (3.14):

$$(3.17) \quad \frac{n^*}{n_S} \approx \left(\frac{w(p_r)}{w_S(p_r)} \; \frac{\int_0^{p_r} (p_r - p) w_S(p)\,dp}{\int_0^{p_r} (p_r - p) w(p)\,dp} \right)^{1/2}$$

$$(3.18) \quad 2n^* d_r(w) \approx \left(\frac{N_L}{2} \, p_r (1 - p_r) w(p_r) \int_0^{p_r} (p_r - p) w(p)\,dp \right)^{1/2}$$

Setzt man (3.17) und (3.18) in (3.16) ein, so erhält man nach einigen Umformungen die Näherung:

$$(3.19) \quad \ell_\infty(w \mid w_S) := \frac{1}{2} \left(\frac{N_L}{2} \, p_r (1 - p_r) \right)^{1/2} \cdot \left(w(p_r)^{1/2} \left(\frac{d_r(w_S)}{w_S(p_r)} \right)^{1/4} - d_r^{1/2}(w) \left(\frac{w_S(p_r)}{d_r(w_S)} \right)^{1/4} \right)^2$$

Ist $w_S(p)$ die Dichte einer Betaverteilung mit den Parametern α_S und β_S, so erhält man für $\frac{d_r(w_S)}{w_S(p_r)}$:

$$(3.20) \quad \frac{d_r(w_S)}{w_S(p_r)} = \int_0^{p_r} (p_r - p) \left(\frac{p}{p_r} \right)^{\alpha_S - 1} \left(\frac{1-p}{1-p_r} \right)^{\beta_S - 1} dp$$

Die Abbildungen 3.7. a -c bis 3.10. a -c zeigen die Isolinien von $\ell_\infty(w \mid w_i)$ $(i=1,2,3,4)$ in $(\bar{p}, \sigma)$, $(\bar{p}, \tau)$ und $(\bar{p}, \kappa)$ Koordinaten, wobei die Prozeßkurven $w_i(p)$ durch Tabelle 3.1 gegeben sind.

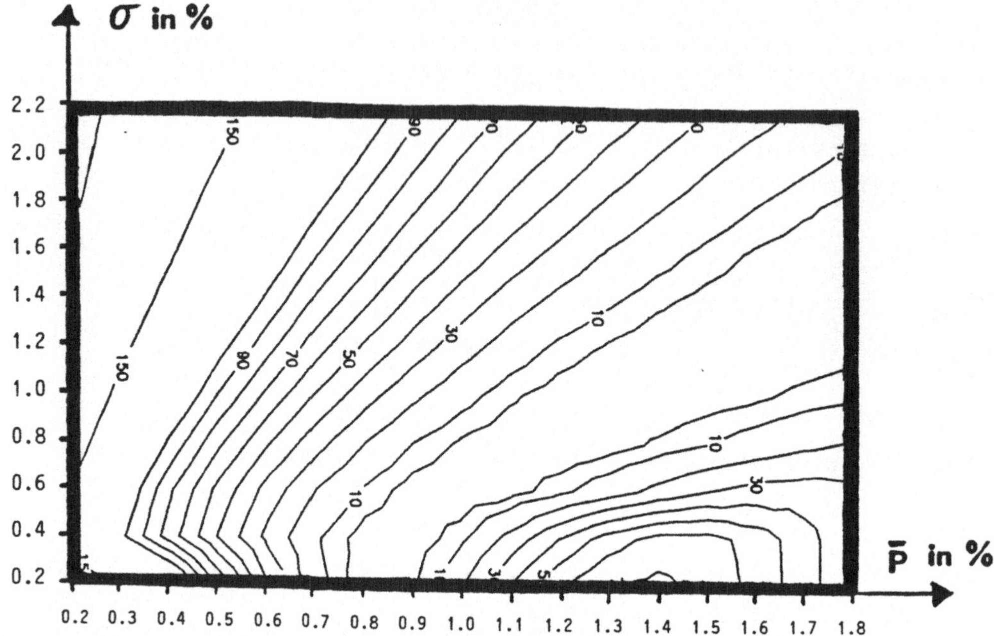

Abb. 3.7.a : Isolinien von $100*\ell_\infty(\bar{p},\sigma|\bar{p}_1,\sigma_1)$ $\bar{p}_1 = 0.9\%$ $\sigma_1 = 0.47\%$

Bayesplan unter $(\bar{p}_1,\sigma_1)$: [125,2]
Trennqualitaet : 1.8*0.65%=1.17%
Losumfang : 2000

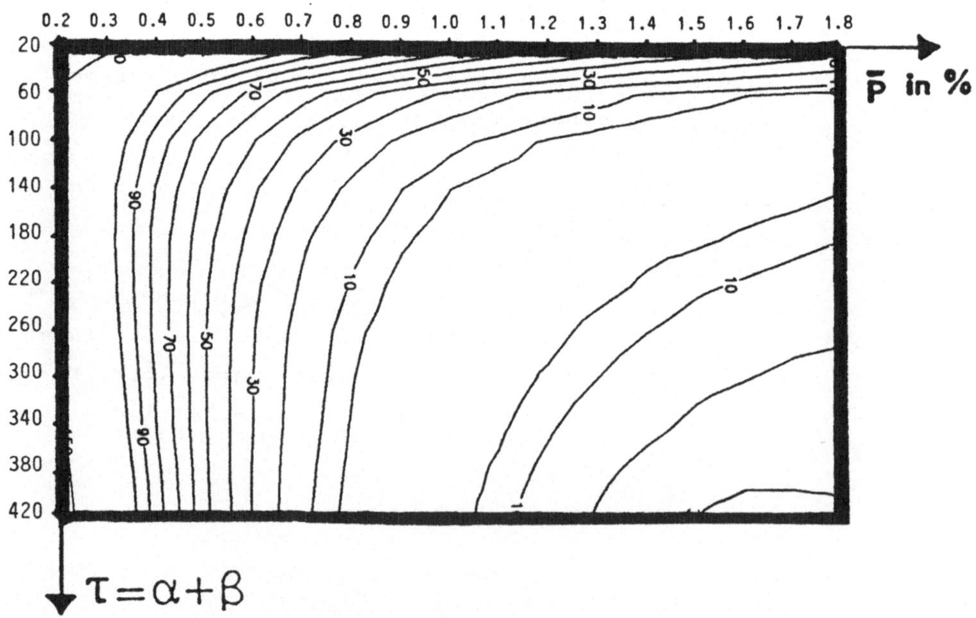

Abb. 3.7.b : Isolinien von $100*\ell_\infty(\bar{p},\tau|\bar{p}_1,\tau_1)$ $\bar{p}_1 = 0.9\%$ $\tau_1 = 403$

Bayesplan unter $(\bar{p}_1,\tau_1)$: [125,2]
Trennqualitaet : 1.8*0.65%=1.17%
Losumfang : 2000

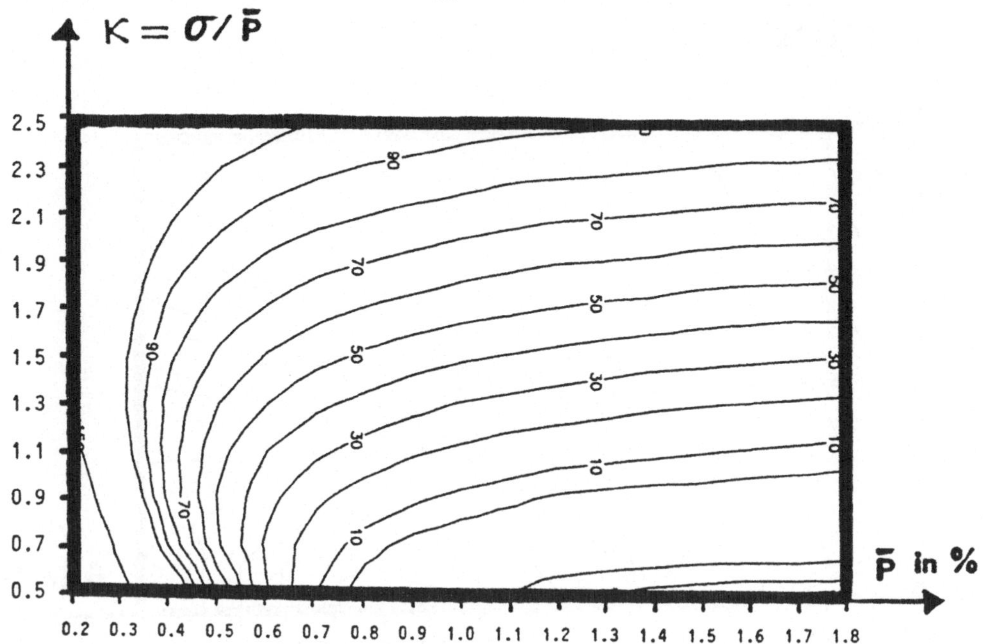

Abb. 3.7.c : Isolinien von $100 * \ell_\infty(\bar{p},\kappa|\bar{p}_1,\kappa_1)$ $\bar{p}_1 = 0.9\%$ $\kappa_1 = 0.52$
Bayesplan unter $(\bar{p}_1,\kappa_1)$: [125,2]
Trennqualitaet : 1.8*0.65%=1.17%
Losumfang : 2000

In der Beschreibung durch die $(\bar{p},\kappa)$ Koordinaten zeigt $\ell_\infty(\bar{p},\kappa|\bar{p}_S,\kappa_S)$ durchgängig das folgende Verhalten: Für $\bar{p} > \bar{p}_S$ ist $\ell_\infty(\bar{p},\kappa|\bar{p}_S,\kappa_S)$ auf der Halbgraden $\kappa = \text{const}$ kaum von Null verschieden. Dieses Ergebnis besagt, daß für alle Prozeßkurven mit $\bar{p} > \bar{p}_i$ und $\kappa = \kappa_i$ der zu $(\bar{p}_i,\kappa_i)$ zugehörige Bayesplan $[n_i,c_i]$ (i=1,2,3,4) für $N_L \to \infty$ fast bayesoptimal ist.

Für i=1,2 ist die Richtung des steilsten Anstiegs von $\ell_\infty(\bar{p},\tau|\bar{p}_i,\tau_i)$ wieder ungefähr durch die Gerade $\tau = \tau_i$ (i=1,2) gegeben (vgl. Abb. 3.7.b und 3.8.b).

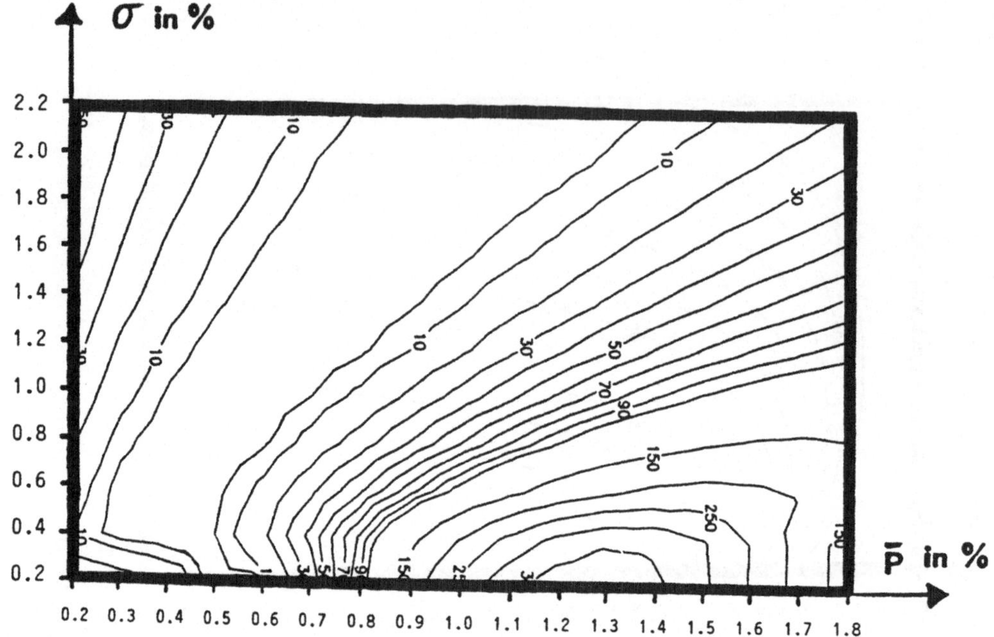

Abb. 3.8.a : Isolinien von $100*\ell_{\infty}(\bar{p},\sigma|\bar{p}_2,\sigma_2)$ $\bar{p}_2 = 0.4\%$ $\sigma_2 = 0.6\%$

Bayesplan unter $(\bar{p}_2,\sigma_2)$: [50,1]

Trennqualitaet : 1.8*0.65%=1.17%

Losumfang : 2000

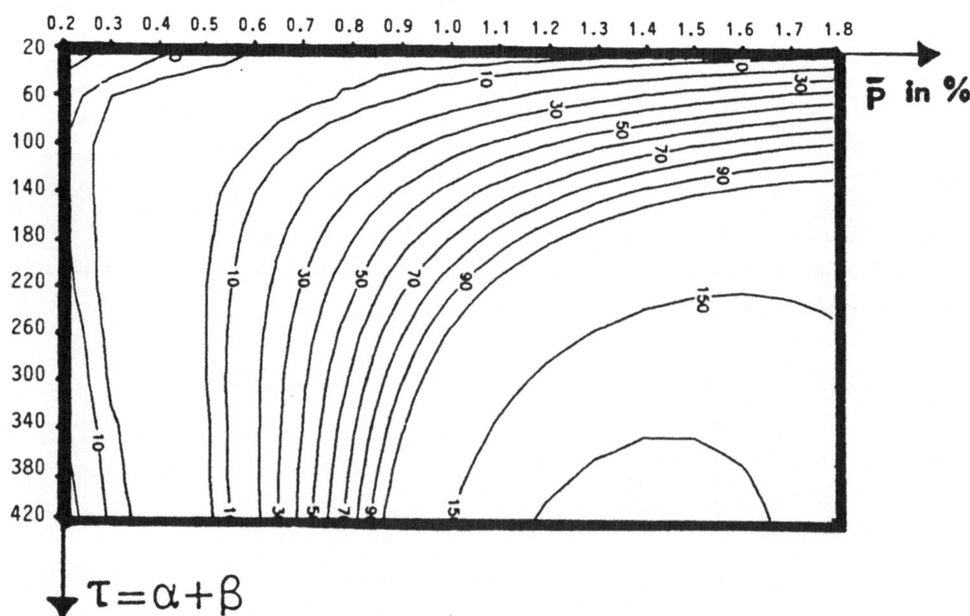

Abb. 3.8.b : Isolinien von $100*\ell_{\infty}(\bar{p},\tau|\bar{p}_2,\tau_2)$ $\bar{p}_2 = 0.4\%$ $\tau_2 = 110$

Bayesplan unter $(\bar{p}_2,\tau_2)$: [50,1]

Trennqualitaet : 1.8*0.65%=1.17%

Losumfang : 2000

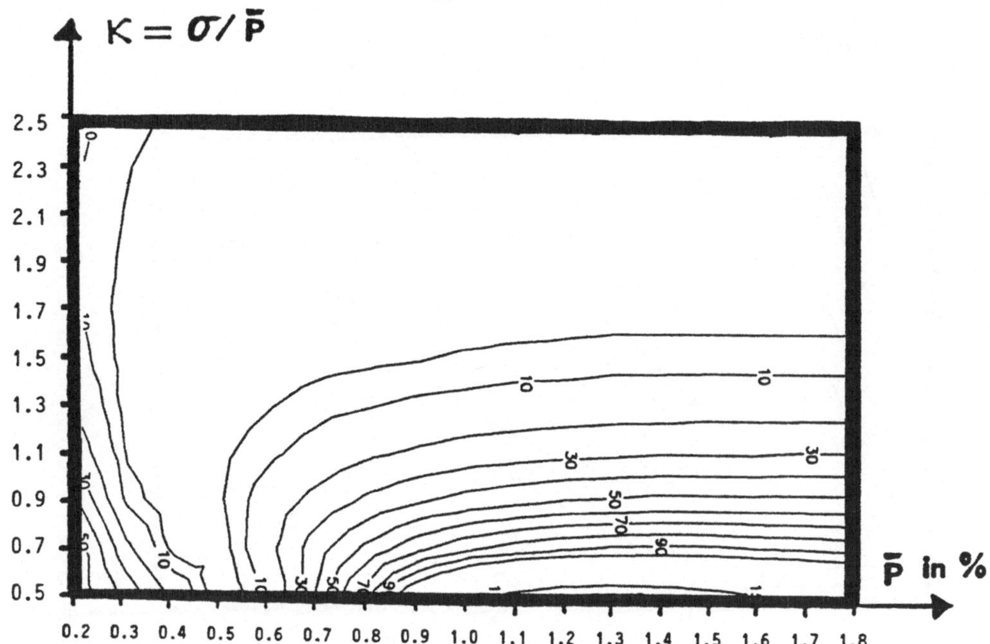

Abb. 3.8.c : Isolinien von $100*\ell_\infty(\bar{p},\kappa|\bar{p}_2,\kappa_2)$ $\bar{p}_2 = 0.4\%$ $\kappa_2 = 1.50$
Bayesplan unter $(\bar{p}_2,\kappa_2)$: [50,1]
Trennqualitaet : 1.8*0.65%=1.17%
Losumfang : 2000

Für alle Prozeßkurven $w_i(p)$ mit kleinen Annahmezahlen $(c_i \leq 2)$ ist die Approximation von $\ell_{N_L}(w|w_i)$ durch $\ell_\infty(w|w_i)$ in 2-facher Hinsicht unbefriedigend: Zum einen wird das globale Verhalten von $\ell_{N_L}(w|w_i)$ durch $\ell_\infty(w|w_i)$ nicht wiedergegeben (vgl. zum Beispiel Abb. 3.3.a und Abb. 3.7.a). Zum anderen gilt $\ell_{N_L}(w|w_i) \gg \ell_\infty(w|w_i)$. Dieser Unterschied beruht auf der Annahme $\frac{c}{n} \approx p_r$ bei der Herleitung von $\ell_\infty(w|w_s)$ in (3.12). Lediglich bei $[n_4,c_4] = [313,3]$ ist diese Annahme mit $\frac{3}{313} = 0.96\% \approx p_r = 1.17\%$ annähernd erfüllt. Dies ist auch der einzige Fall, wo das globale Verhalten von $\ell_{N_L}(w|w_4)$ gut durch $\ell_\infty(w|w_4)$ beschrieben wird.

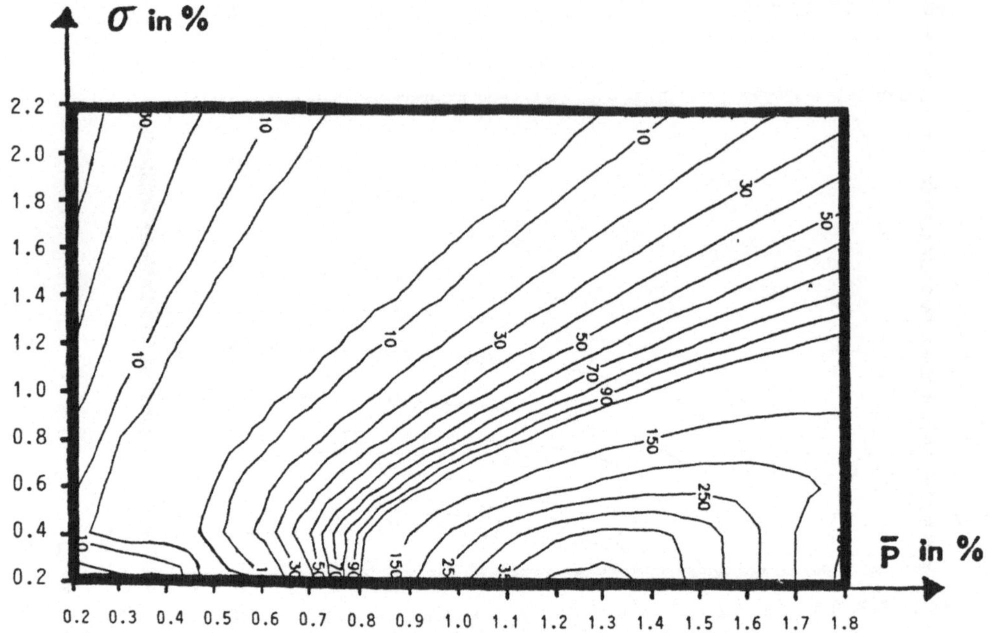

Abb. 3.9.a : Isolinien von 100*$\ell_\infty(\bar{p},\sigma|\bar{p}_3,\sigma_3)$ $\bar{p}_3$= 1.0% σ_3= 2.2%

Bayesplan unter $(\bar{p}_3,\sigma_3)$: [125,1]
Trennqualitaet : 1.8*0.65%=1.17%
Losumfang : 2000

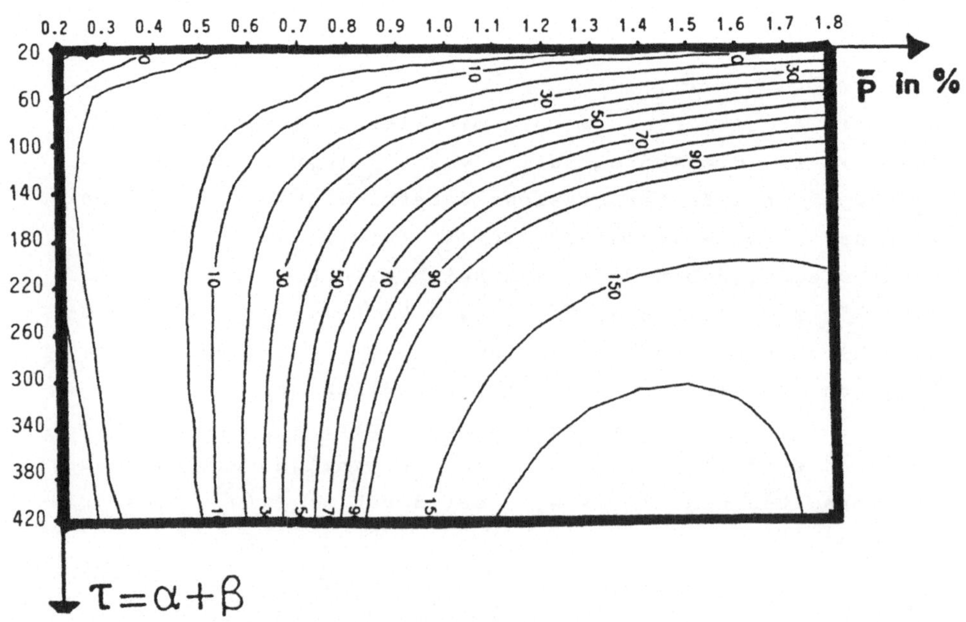

Abb. 3.9.b : Isolinien von 100*$\ell_\infty(p,\tau|p_3,\tau_3)$ p_3= 1.0% τ_3= 20

Bayesplan unter $(\bar{p}_3,\tau_3)$: [125,1]
Trennqualitaet : 1.8*0.65%=1.17%
Losumfang : 2000

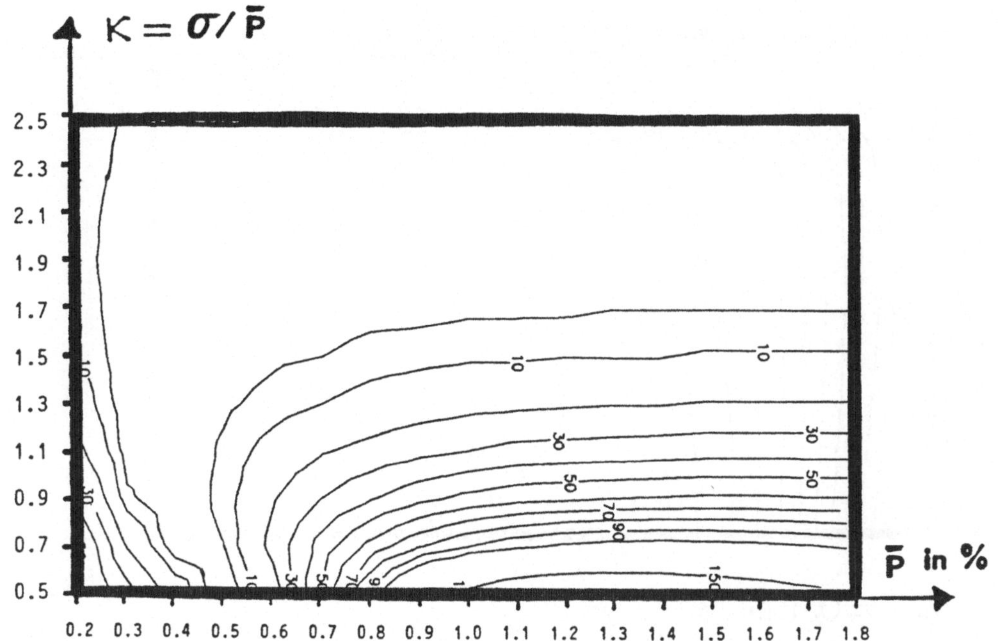

Abb. 3.9.c : Isolinien von $100 * \ell_\infty(\bar{p},\kappa|\bar{p}_3,\kappa_3)$ $\bar{P}_3 = 1.0\%$ $\kappa_3 = 2.26$

Bayesplan unter $(\bar{p}_3,\kappa_3)$: [125,1]
Trennqualitaet : 1.8*0.65%=1.17%
Losumfang : 2000

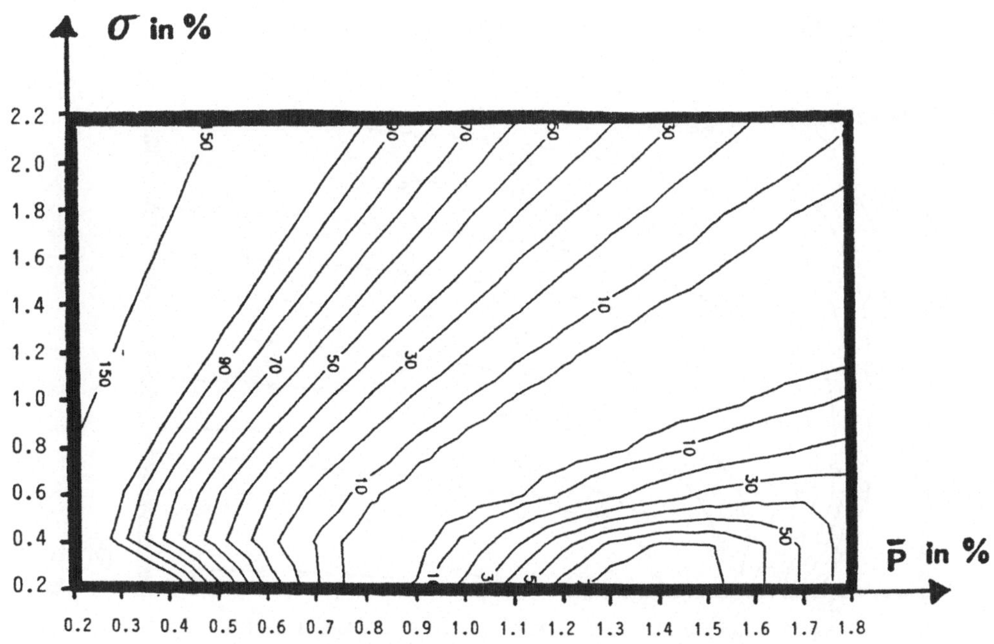

Abb. 3.10.a : Isolinien von $100 * \ell_\infty(\bar{p},\sigma|\bar{p}_4,\sigma_4)$ $\bar{P}_4 = 1.3\%$ $\sigma_4 = 1.0\%$

Bayesplan unter $(\bar{p}_4,\sigma_4)$: [313,3]
Trennqualitaet : 1.8*0.65%=1.17%
Losumfang : 2000

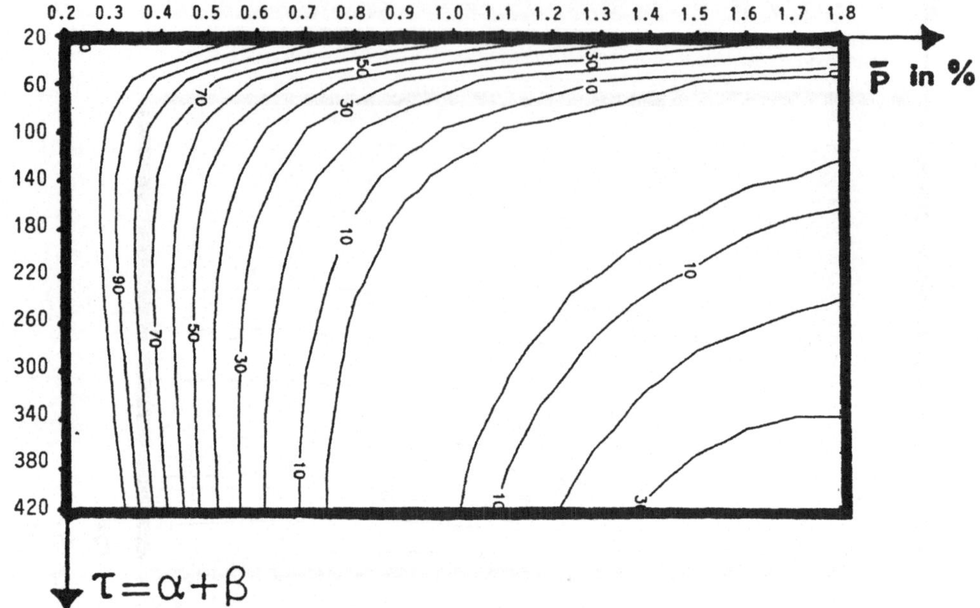

Abb. 3.10.b : Isolinien von $100 * \ell_\infty(\bar{p}, \tau | \bar{p}_4, \tau_4)$ $\bar{P}_4 = 1.3\%$ $\tau_4 = 127$

Bayesplan unter $(\bar{p}_4, \tau_4)$: [313,3]

Trennqualitaet : 1.8*0.65%=1.17%

Losumfang : 2000

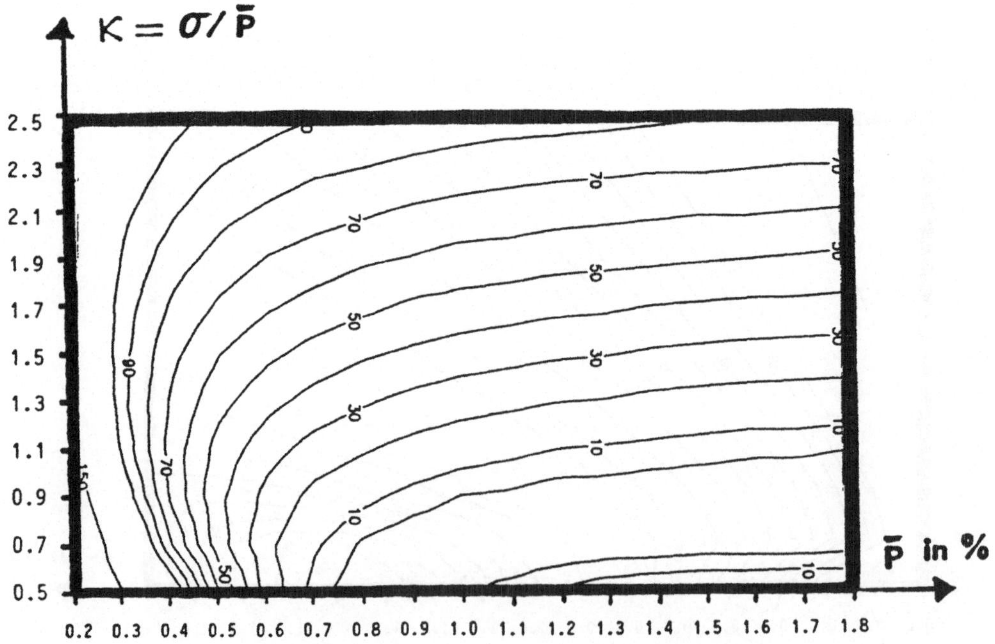

Abb. 3.10.c : Isolinien von $100 * \ell_\infty(\bar{p}, \kappa | \bar{p}_4, \kappa_4)$ $\bar{P}_4 = 1.3\%$ $\kappa_4 = 0.77$

Bayesplan unter $(\bar{p}_4, \kappa_4)$: [313,3]

Trennqualitaet : 1.8*0.65%=1.17%

Losumfang : 2000

3.3 Näherungen für das Distanzmaß

Unter Benutzung von (2.24) läßt sich der durchschnittliche Regret $R([n,c],w)$ schreiben als:

$$R([n,c],w) = \int_0^1 R_{n,c}(p)\; w(p)\; dp \tag{3.21}$$

wobei $R_{n,c}(p)$ gegeben ist durch:

$$R_{n,c}(p) = \begin{cases} n(p_r-p) + (N_L-n)(p_r-p)\left(1 - \sum_{x=0}^{c} b(x|n,p)\right) & p \leq p_r \\ (N_L-n)(p-p_r) \sum_{x=c+1}^{n} b(x|n,p) & p > p_r \end{cases} \tag{3.22}$$

Die Abbildungen 3.11 bis 3.13 zeigen 3 Prozeßkurven und die zu dem jeweiligen Bayesplan zugehörige Regretfunktion $R_{n,c}(p)$.

$R_{n,c}(p)$ besitzt links und rechts von p_r zwei lokale Maxima. Die Existenz dieser Maxima beweist man analog zu Uhlmann (1970).

<u>FALL I:</u> Abbildung 3.11 zeigt eine Situation, in der eine Änderung der Prozeßkurve im Bereich $[0,p_r]$ wenig Auswirkung auf den durchschnittlichen Regret $R([n,c],w)$ in (3.21) hat. Allerdings hätte eine Vergrößerung von $w(p)$ im Bereich $p \geq 1.3\%$ eine wesentliche Vergrößerung von $R([n,c],w)$ zur Folge.

<u>FALL II:</u> Abbildung 3.12 zeigt eine Situation in der eine Änderung der Prozeßkurve im Bereich $[p_r,1]$ nur geringe Auswirkungen auf $R([n,c],w)$ hat. Im Bereich $p \leq 0.9\%$ erzeugt eine Vergrößerung von $w(p)$ jedoch hohe Verluste bezüglich $R_{n,c}(p)$.

<u>FALL III:</u> Im 3. Beispiel (vgl. Abbildung 3.13) befinden wir uns in einer Situation, wo Prozeßkurvenänderungen nur in der Nähe von p_r kaum Verluste verursachen. Bei Änderungen ausserhalb eines Bereichs $p_\ell < p_r < p_u$ führt ein Nichtanpassen

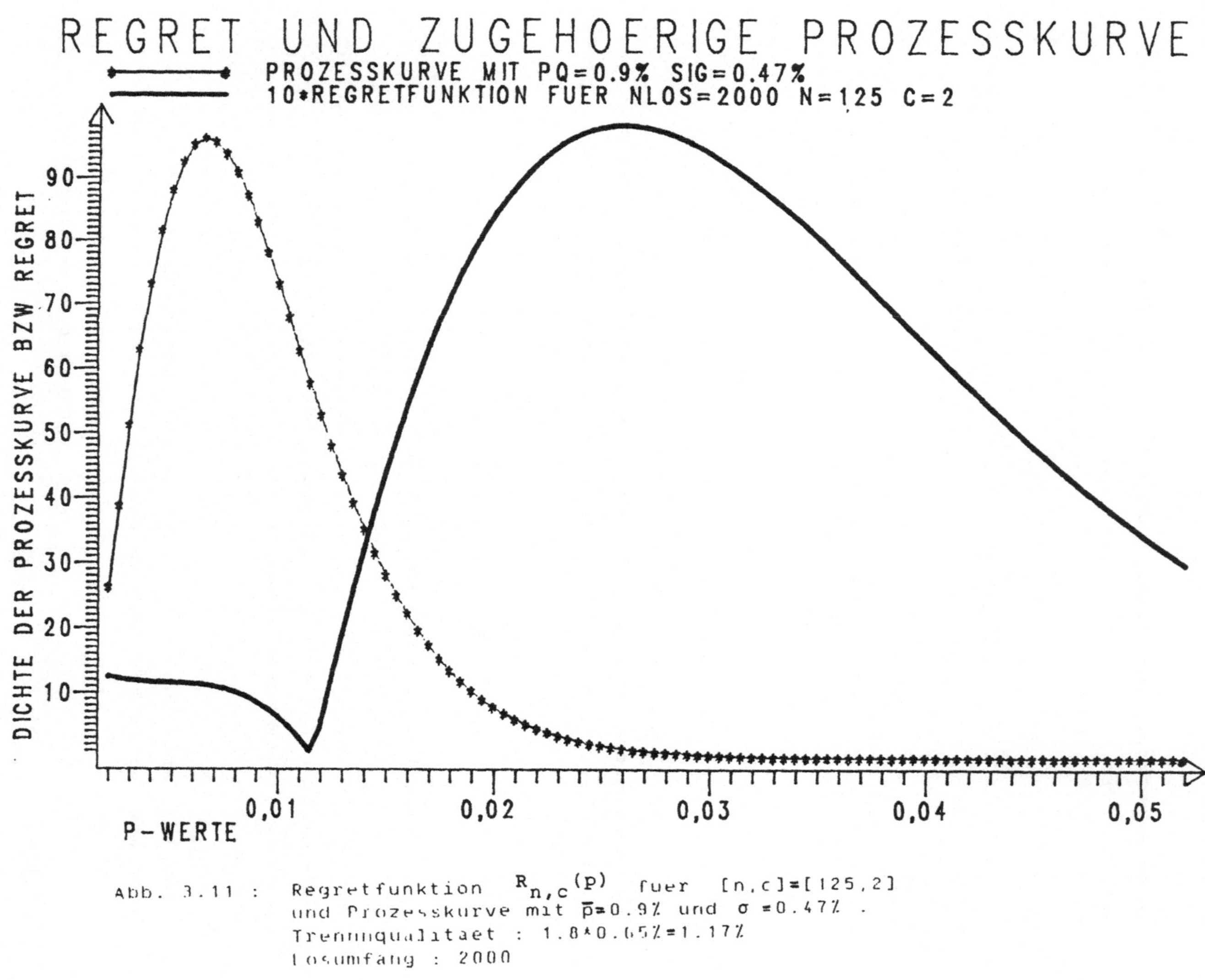

Abb. 3.11 : Regretfunktion $R_{n,c}(p)$ fuer $[n,c]=[125,2]$ und Prozesskurve mit $\bar{p}=0.9\%$ und $\sigma=0.47\%$.
Trennqualitaet : $1.8*0.65\%=1.17\%$
Losumfang : 2000

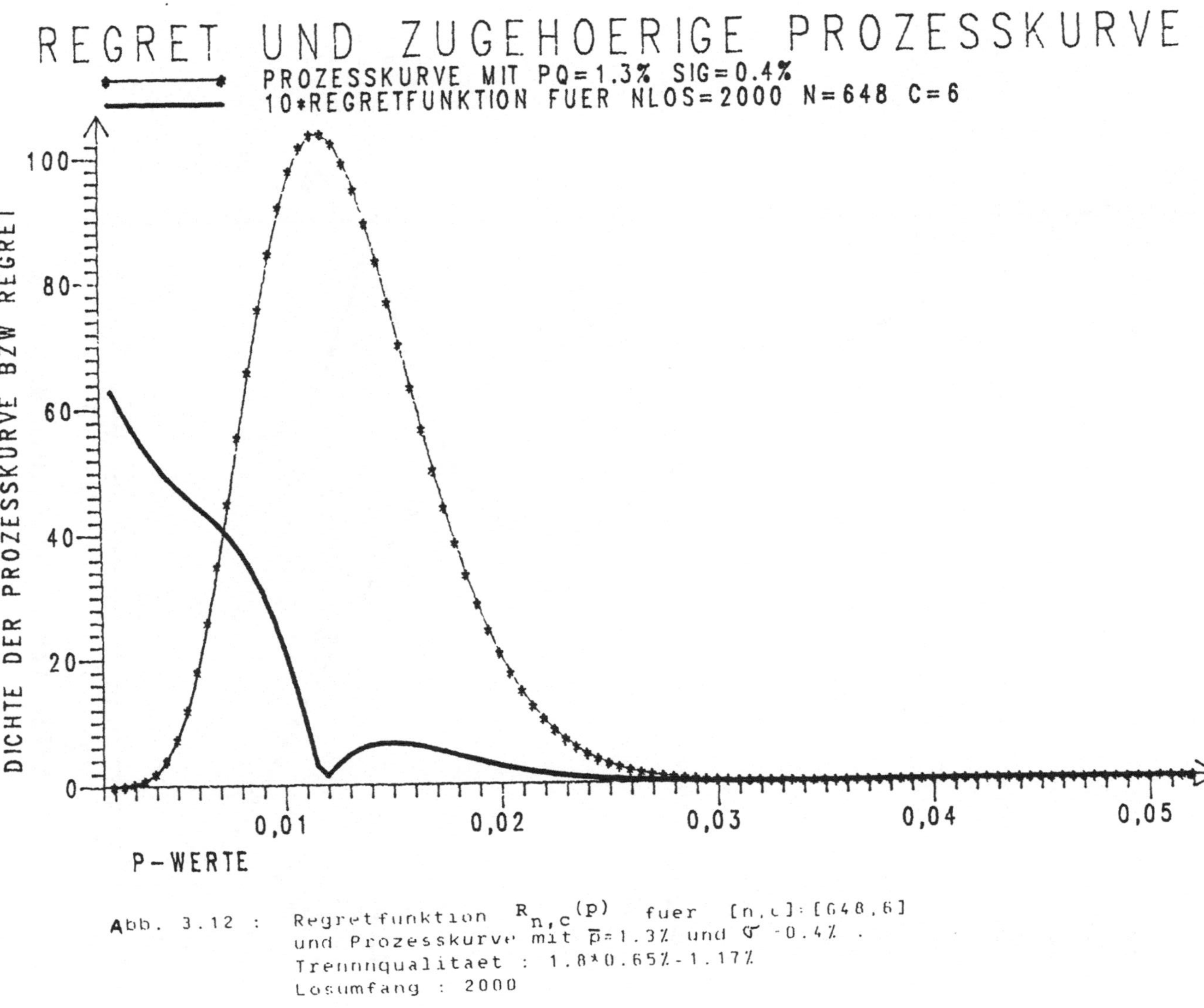

Abb. 3.12 : Regretfunktion $R_{n,c}(p)$ fuer $[n,c]=[648,6]$ und Prozesskurve mit $\bar{p}=1.3\%$ und $\sigma=0.4\%$.
Trennqualitaet : 1.8*0.65%-1.17%
Losumfang : 2000

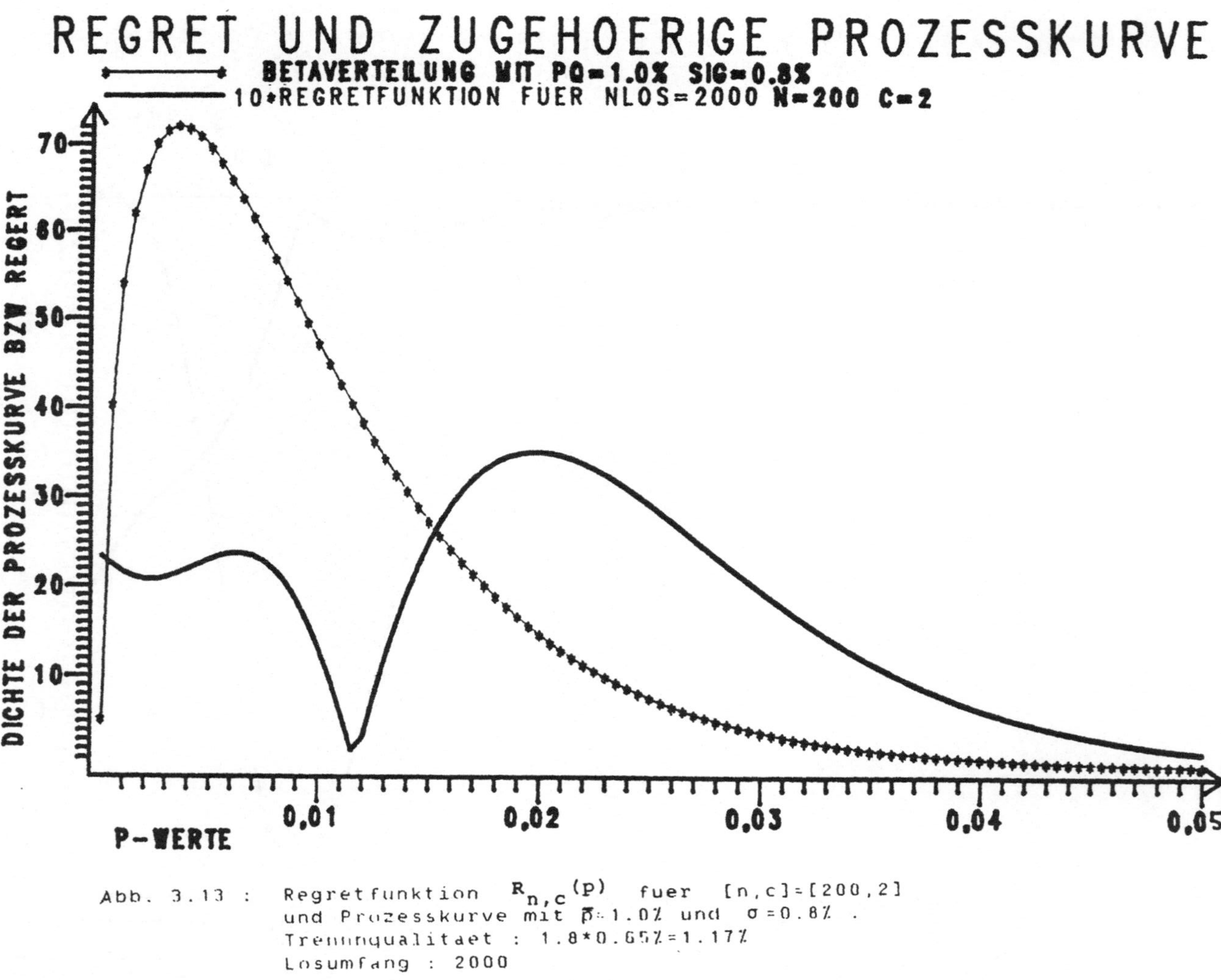

Abb. 3.13 : Regretfunktion $R_{n,c}(p)$ fuer $[n,c]=[200,2]$ und Prozesskurve mit $\bar{p}=1.0\%$ und $\sigma=0.8\%$. Trennqualitaet : 1.8*0.65%=1.17% Losumfang : 2000

zwar nicht notwendig zu einem Anwachsen von $R([n,c],w)$, jedoch ließe sich ein anderer Prüfplan $[n^*,c^*]$ angeben, der ein erheblich geringeres Bayesrisiko $R([n^*,c^*],w)$ hat. In diesem Fall steigt also $\ell_{N_L}(w|w_s) = R([n_s,c_s],w) - R([n^*,c^*],w)$ stark an.

Wir betrachten zunächst die Möglichkeit, Unterschiede zwischen Prozeßkurven nur hinsichtlich ihres Schlechtanteils

$$(3.23) \qquad w_r := \int_{p_r}^{1} w(p)\,dp$$

zu beurteilen. Eine solche Betrachtungsweise erscheint in den Fällen I und II gerechtfertigt.

Abbildung 3.14.a - b zeigt die Isolinien von $1 - w_r = \int_0^{p_r} w(p)\,dp$ in Abhängigkeit von $\bar{p}$ und σ bzw. $\bar{p}$ und τ.

Wir sehen, daß $1 - w_r$ (- und damit auch w_r -) im Bereich $\tau \geq 60$ im wesentlichen nur von $\bar{p}$ abhängt und in der τ-Koordinate fast konstant ist. Folglich ist $|w_r - w_r(i)|$ $(i=1,2,3,4)$ längs der τ-Koordinate im Bereich $\tau \geq 60$ nahezu konstant (vgl. Abbildung 3.15.a - d).

Für $i=1,2,4$ stimmen die Bereiche mit $|w_r - w_r(i)| \leq 0.05$ ungefähr mit den Bereichen $\ell_{N_L}(w|w_i)$ = klein überein. Insbesondere kann die Bedingung τ=const für die kritischen Parameteränderungen (vgl. (3.5)) jetzt anschaulich interpretiert werden als die Richtung mit der größten Veränderung von w_r.

Eine Ausnahme bildet lediglich der Fall $w_4(p)$ mit $[n_4,c_4] = [125,1]$ (vgl. Abb. 3.5.b und Abb. 3.15.c). Die Funktion $R_{125,1}(p)$ besitzt analog zu Fall III zwei ausgeprägte Maxima links und rechts von p_r.

Der Fall III legt ein Vorgehen nahe, bei der das Intervall $[0,1]$ in 3 Teilintervalle I_ℓ, I_m und I_u zerlegt wird, wobei

$$I_\ell := [0,p_\ell] \qquad I_m := (p_\ell,p_u) \qquad I_u := [p_u,1]$$

und $p_\ell < p_r < p_u$.

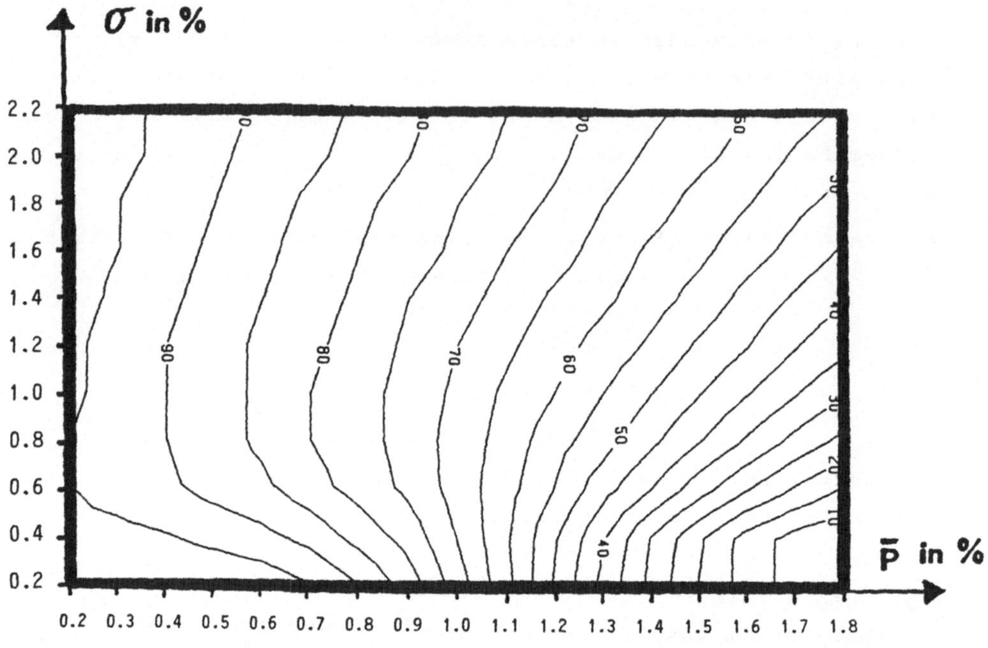

Abb. 3.14.a : Isolinien von $100*(1-w_r)=100*\int_0^{p_r} w(p)\,dp$ in $(\bar{p},\sigma)$-Koordinaten
Trennqualitaet : 1.8*0.65%=1.17%

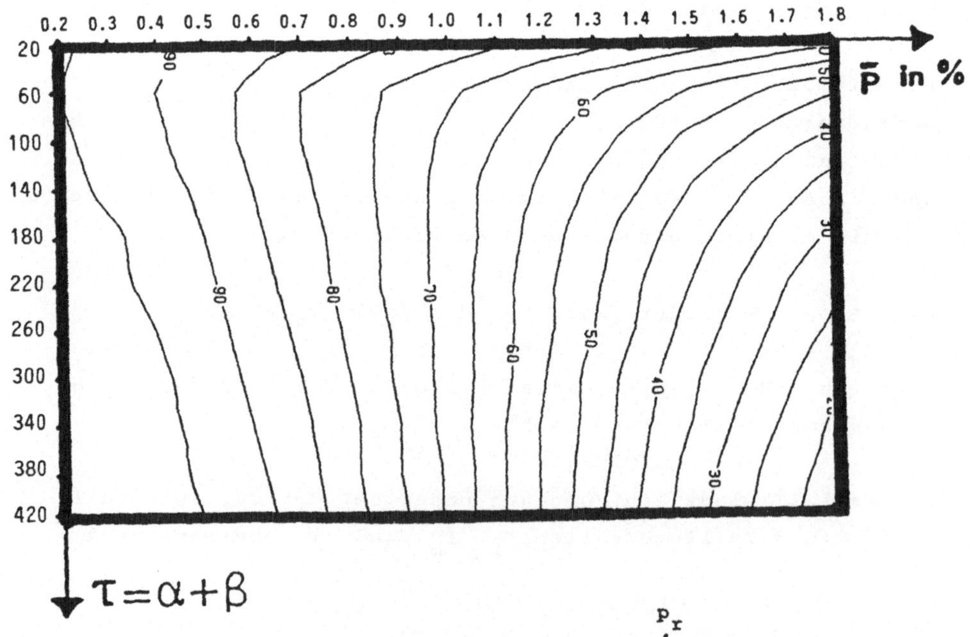

Abb. 3.14.b: Isolinien von $100*(1-w_r)=100*\int_0^{p_r} w(p)\,dp$ in $(\bar{p},\tau)$-Koordinaten
Trennqualitaet : 1.8*0.65%=1.17%

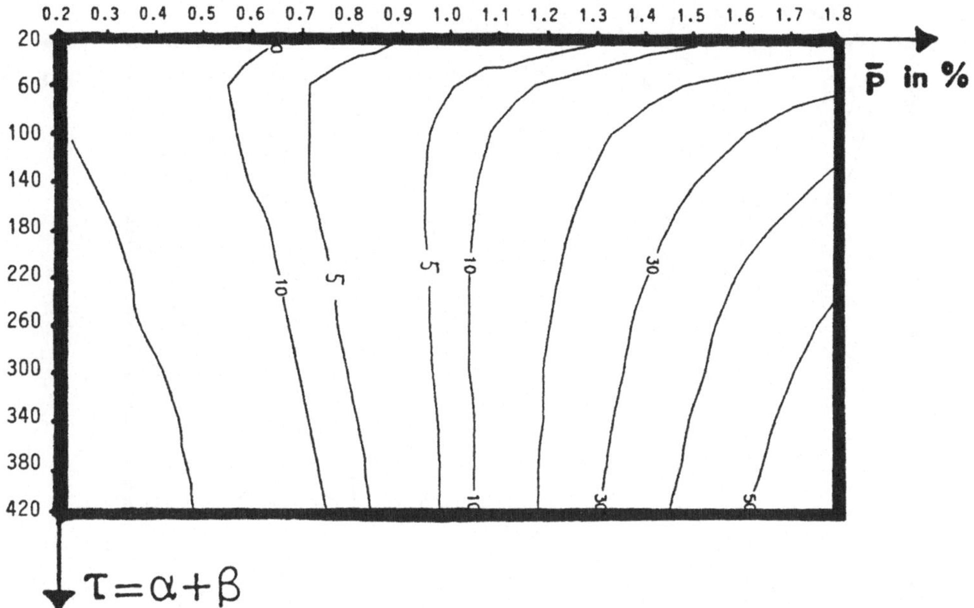

Abb. 3.15.a : Isolinien von 100*ABS($w_r - w_r^{(1)}$) in ($\bar{p}$,τ)-Koordinaten
Trennqualitaet : 1.8*0.65%=1.17%

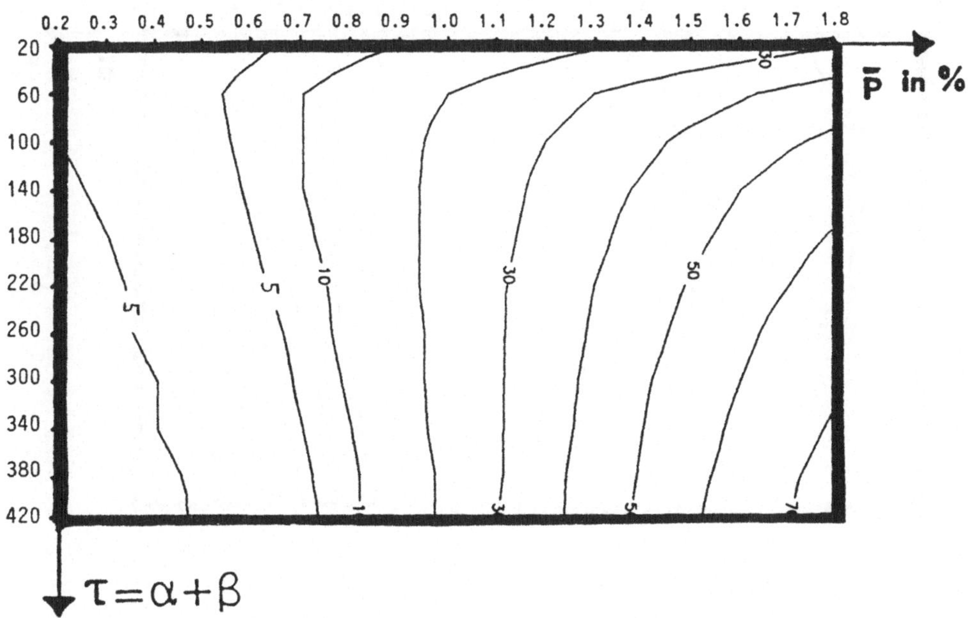

Abb. 3.15.b : Isolinien von 100*ABS($w_r - w_r^{(2)}$) in ($\bar{p}$,τ)-Koordinaten
Trennqualitaet : 1.8*0.65%=1.17%

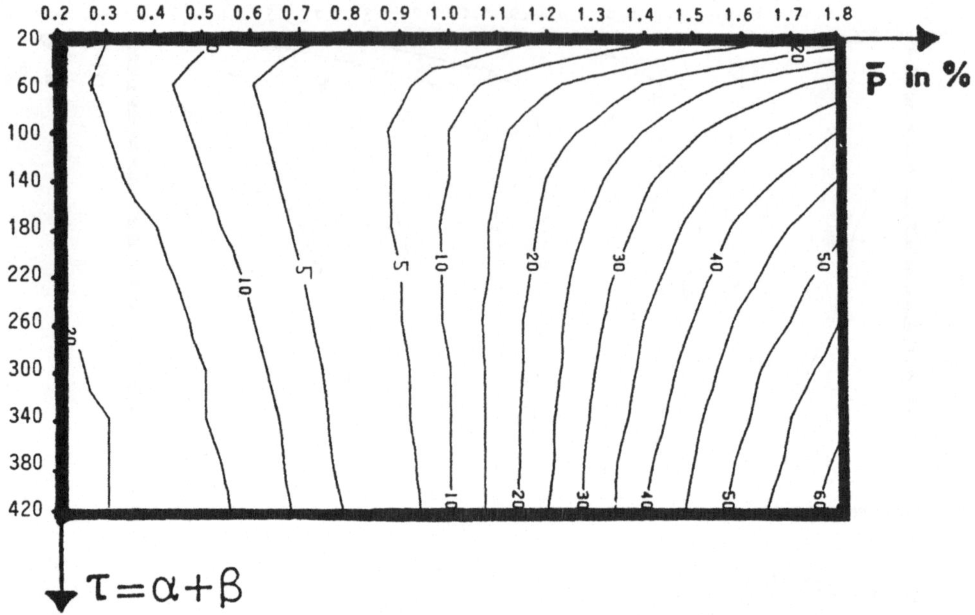

Abb. 3.15.c : Isolinien von 100*ABS($w_r - w_r(3)$) in
($\bar{p}$,τ)-Koordinaten
Trennqualitaet : 1.8*0.65%=1.17%

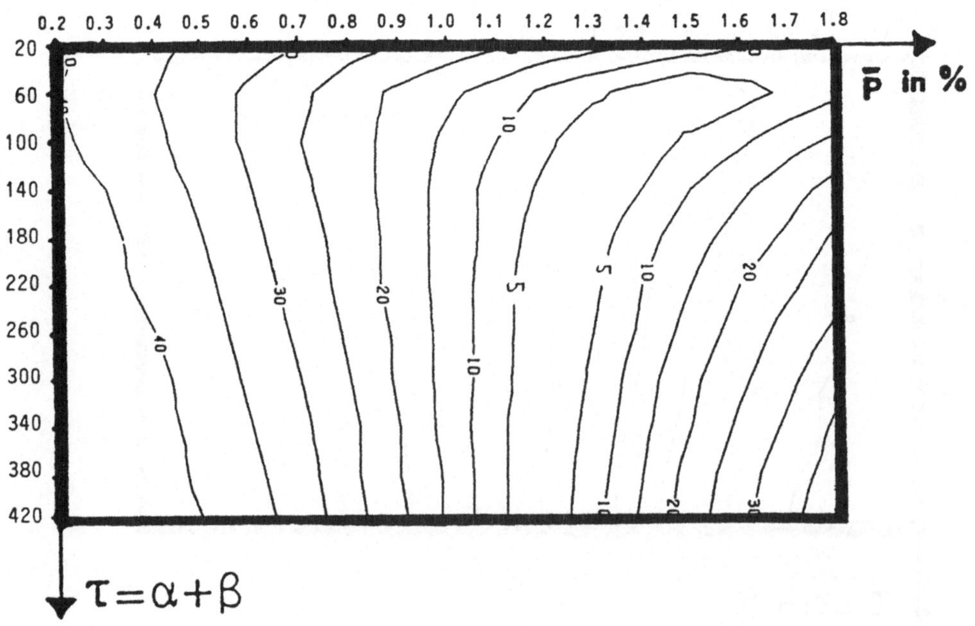

Abb. 3.15.d : Isolinien von 100*ABS($w_r - w_r(4)$) in
($\bar{p}$,τ)-Koordinaten
Trennqualitaet : 1.8*0.65%=1.17%

Zu den 3 Teilintervallen lassen sich zu jeder Prozeßkurve $w(p)$ 3 Wahrscheinlichkeiten w_ℓ, w_m und w_u gemäß

$$(3.24) \qquad w_j := \int_{I_j} w(p)\,dp \qquad j \in \{\ell, m, u\}$$

zuordnen.

Wir wollen jetzt $\ell_{N_L}(w|w_S)$ durch eine Funktion der Form:

$$(3.25) \qquad \tilde{\ell}_{N_L}(w|w_S) = \sum_{j\in\{\ell,m,u\}} c_j[w_j - w_j(S)]^2$$

approximieren, wobei c_ℓ, c_m und c_u noch zu wählende Konstanten sind.

Im Fall I (vgl. Abb. 3.11) sollte der c_u groß im Verhältnis zu c_ℓ sein.

Im Fall II (vgl. Abb. 3.12) sollte c_ℓ groß im Verhältnis zu c_u sein.

Typischerweise besteht zwischen der Prozeßkurve $w_S(p)$ und der zu dem Bayesplan $[n_S, c_S]$ gehörenden Regretfunktion $R_{n_S,c_S}(p)$ die Beziehung, daß $R_{n_S,c_S}(p)$ dort groß ist, wo $w_S(p)$ klein ist und umgekehrt. Dies liefert den folgenden Ansatz für die Gewichte in (3.25).

$$(3.26) \qquad c_\ell = \frac{1}{w_\ell(S)} \qquad c_m = \frac{1}{w_m(S)} \qquad c_u = \frac{1}{w_u(S)}$$

Mit dieser Wahl ist $\tilde{\ell}_{N_L}(w\ w_S)$ identisch mit dem χ^2-Abstandsmaß zwischen den Dichten $w(p)$ und $w_S(p)$. Die Schätzung der unbekannten Wahrscheinlichkeiten w_ℓ, w_m und w_u durch die relativen Häufigkeiten der Beobachtungen in den Intervallen I_u, I_m und I_ℓ führt auf einen χ^2-Test mit 2 Freiheitsgraden.

Beispiel 3.1: $N_L = 2000$, $p_r = 1.8 * 0.65\% = 1.17\%$

Für $p_\ell = 0.9\%$ und $p_u = 1.3\%$ erhält man für die in Tabelle 3.1 aufgelisteten Prozeßkurven die folgenden Werte für $w_j(S)$ und c_j $j \in \{\ell, m, u\}$:

Parameter der Prozeßkurve		$w_\ell(S)$	$w_m(S)$	$w_u(S)$	c_ℓ	c_m	c_u	$\frac{c_u}{c_1}$
$\bar{p}_1 = 0.9\%$	$\sigma_1 = 0.47\%$	0.57	0.25	0.18	1.75	3.95	5.7	3.26
$\bar{p}_2 = 0.4\%$	$\sigma_2 = 0.6\%$	0.86	0.06	0.08	1.16	16.9	13.3	11.46
$\bar{p}_3 = 1.0\%$	$\sigma_3 = 2.2\%$	0.75	0.05	0.20	1.33	21.3	5.02	3.77
$\bar{p}_4 = 1.3\%$	$\sigma_4 = 1.0\%$	0.43	0.17	0.40	2.32	5.74	2.53	2.09

Tabelle 3.2: Bestimmung der Soll-Wahrscheinlichkeiten für die Zellenbesetzungen unter 4 Prozeßkurven

Die Abbildungen 3.16.a - b bis 3.19.a - b zeigen die Höhenlinien von $\tilde{\ell}_{N_L}(w|w_S)$, wobei als Intervallgrenzen $p_\ell = 0.9\%$ und $p_u = 1.3\%$ gewählt wurden. Die Abbildungen 3.16.a - 3.19.a zeigen die Isolinien von $\tilde{\ell}_{N_L}(w|w_S)$ in $(\bar{p},\sigma)$ Koordinaten, während die Abbildungen 3.16.b - 3.19.b diese Isolinien in $(\bar{p},\tau)$ Koordinaten darstellen. Als $w_S(p)$ werden wieder die durch $\bar{p}_i$ und σ_i $(i=1,2,3,4)$ charakterisierten Prozeßkurven benutzt.

Ein Vergleich mit den Abbildungen 3.3.a + b - 3.6.a + b zeigt, daß das Verhalten von $\ell_{N_L}(w|w_S)$ qualitativ recht gut von $\tilde{\ell}_{N_L}(w|w_S)$ beschrieben wird. Das gilt auch für den Fall $w_3(p)$, bei dem vorher der Vergleich über den Schlechtanteil der Prozeßkurve versagte (vgl. Abb. 3.15.c) □

Die Bestimmung der Intervallgrenzen p_ℓ und p_u erfolgte im obigen Beispiel relativ willkürlich. Ein möglicher **Ansatz** für die Wahl von p_ℓ und p_u besteht darin, p_ℓ und p_u

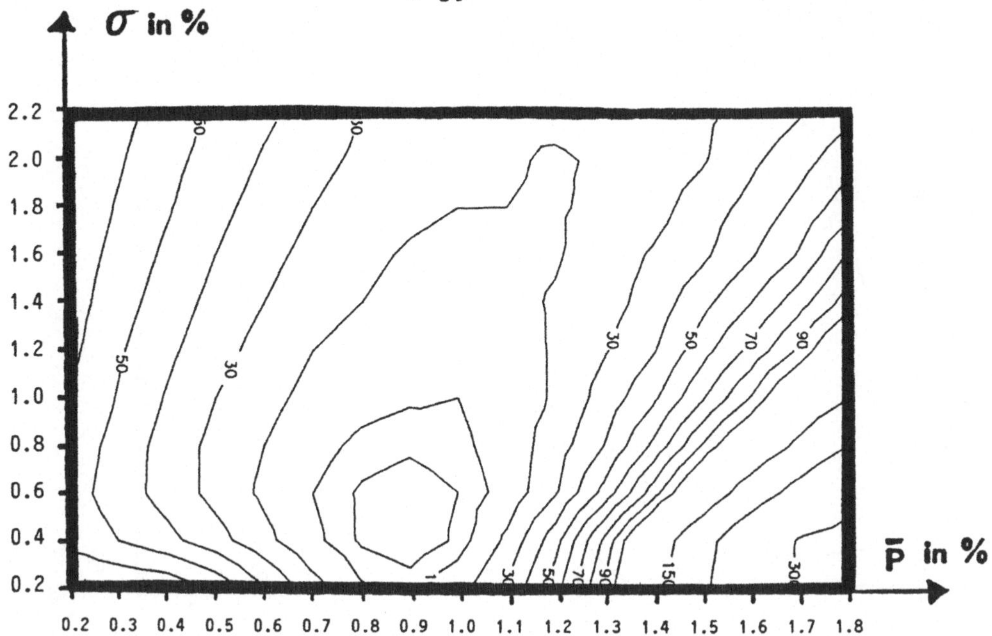

Abb. 3.16.a : Isolinien von $100 * \tilde{\ell}_{N_L}(w|w_1)$ in $(\bar{p},\sigma)$-Koordinaten
$\bar{p}_1 = 0.9\%$ $\sigma_1 = 0.47\%$
Trennqualitaet : 1.8*0.65%=1.17%

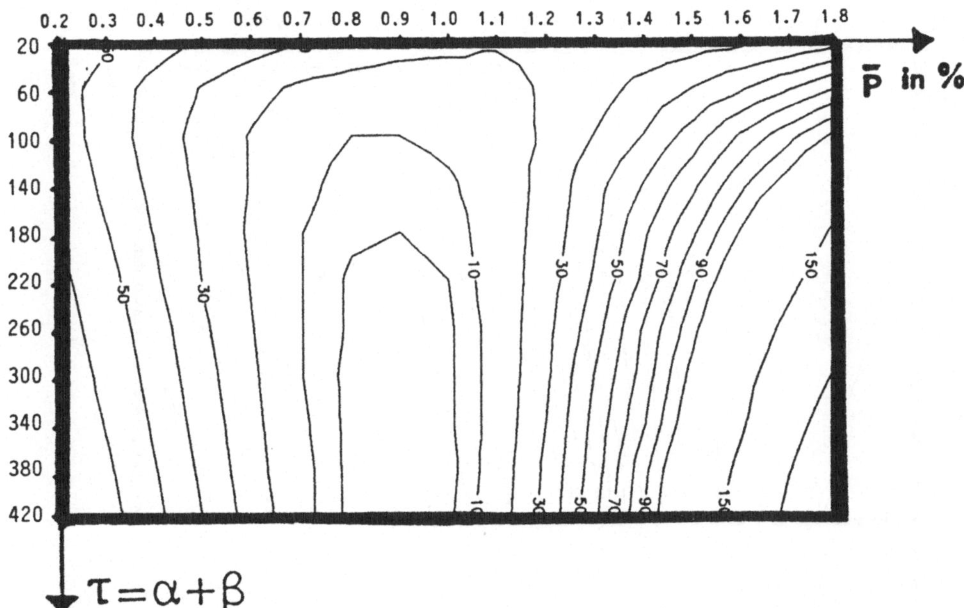

Abb. 3.16.b : Isolinien von $100 * \tilde{\ell}_{N_L}(w|w_1)$ in $(\bar{p},\tau)$-Koordinaten
$\bar{p}_1 = 0.9\%$ $\tau_1 = 403$
Trennqualitaet : 1.8*0.65%=1.17%

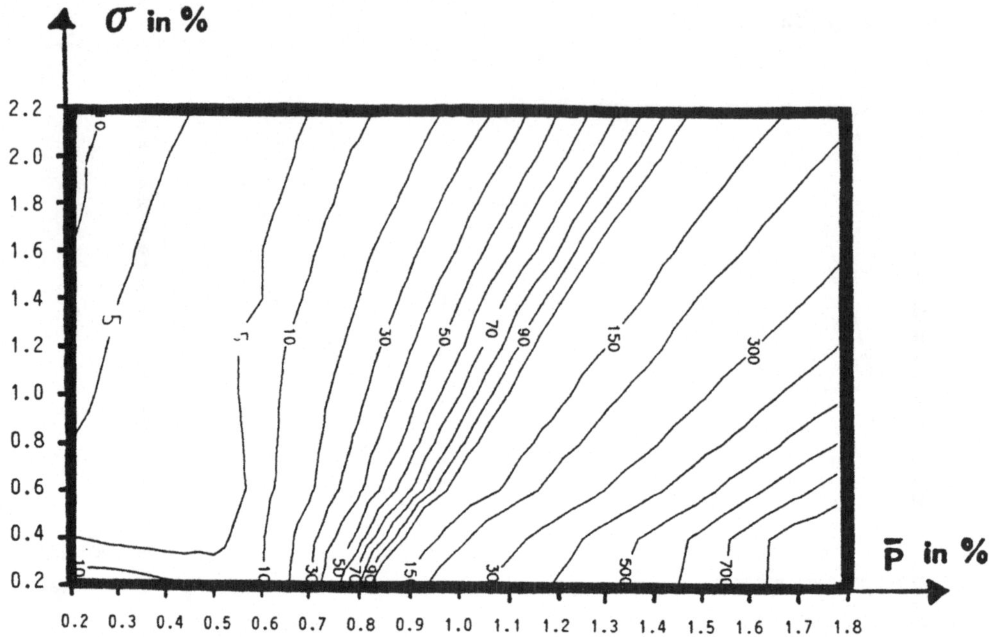

Abb. 3.17.a : Isolinien von $100 * \tilde{\ell}_{N_L}(w|w_2)$ in $(\bar{p},\sigma)$-Koordinaten

$\bar{P}_2 = 0.4\%$ $\sigma_2 = 0.6\%$

Trennqualitaet : 1.8*0.65%=1.17%

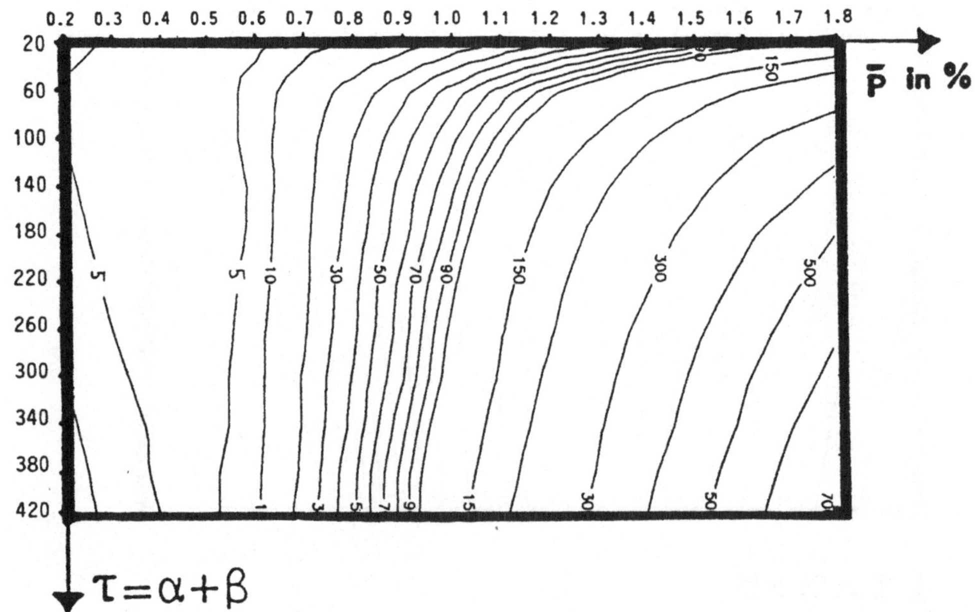

Abb. 3.17.b : Isolinien von $100 * \tilde{\ell}_{N_L}(w|w_2)$ in $(\bar{p},\tau)$-Koordinaten

$\bar{P}_2 = 0.4\%$ $\tau_2 = 110$

Trennqualitaet : 1.8*0.65%=1.17%

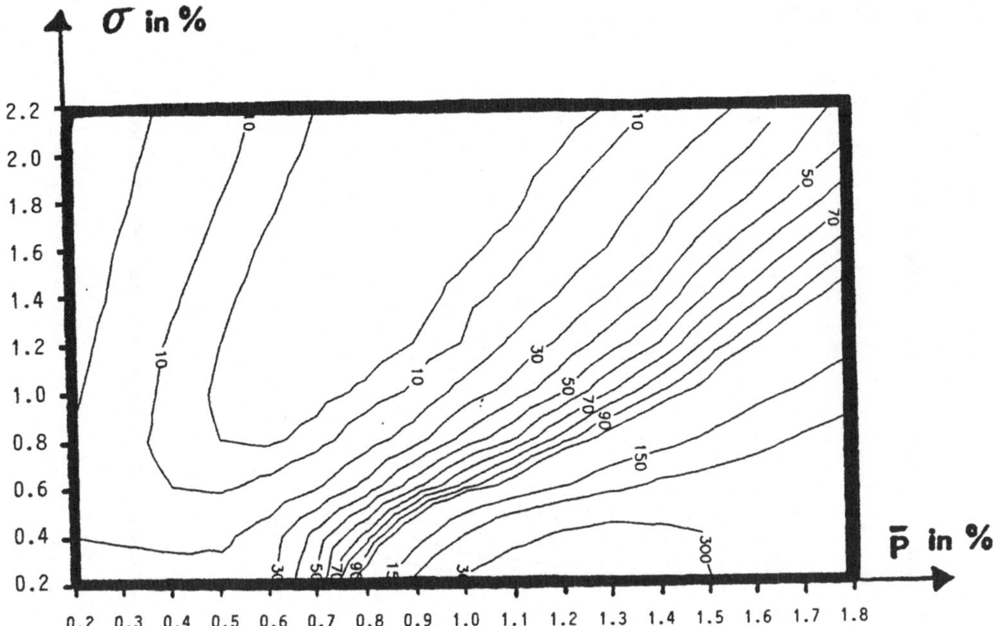

Abb. 3.18.a : Isolinien von $100 * \tilde{\ell}_{N_L}(w|w_3)$ in $(\bar{p},\sigma)$-Koordinaten
$\bar{p}_3$= 1.0% σ_3= 2.2%
Trennqualitaet : 1.8*0.65%=1.17%

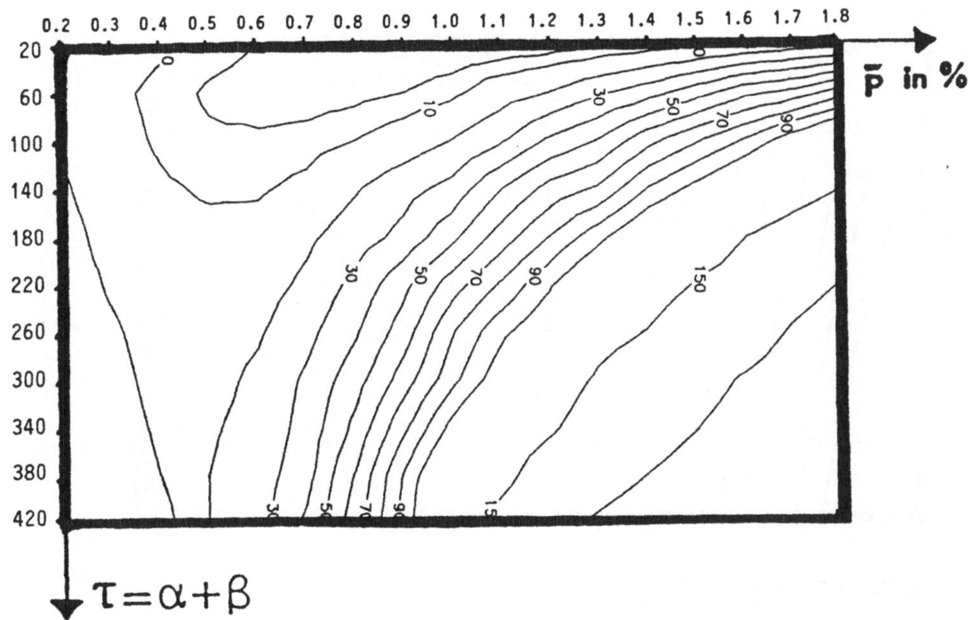

Abb. 3.18.b : Isolinien von $100 * \tilde{\ell}_{N_L}(w|w_3)$ in $(\bar{p},\tau)$-Koordinaten
$\bar{p}_3$= 1.0% τ_3 = 20
Trennqualitaet : 1.8*0.65%=1.17%

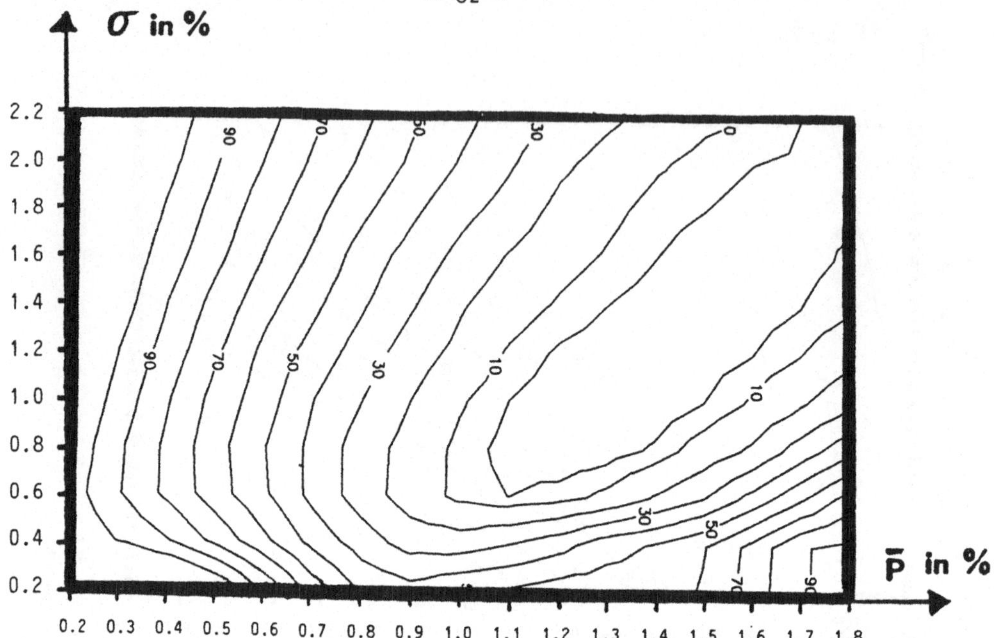

Abb. 3.19.a : Isolinien von $100 * \tilde{\ell}_{N_L}(w|w)$ in $(\bar{p},\sigma)$-Koordinaten
$\bar{p}_4 = 1.3\%$ $\sigma_4 = 1.0\%$
Trennqualitaet : 1.8*0.65%=1.17%

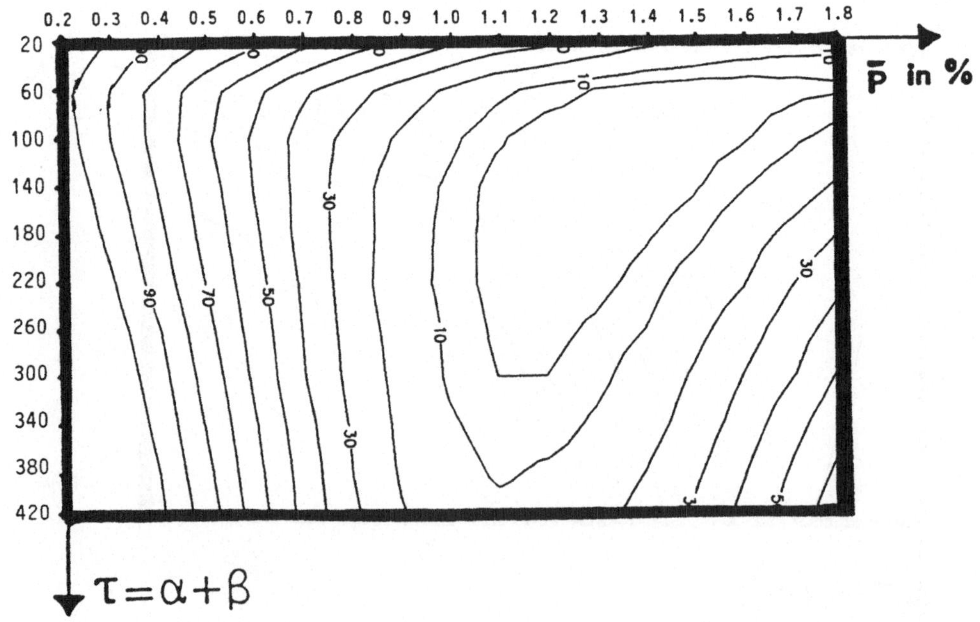

Abb. 3.19.b : Isolinien von $100 * \tilde{\ell}_{N_L}(w|w)$ in $(\bar{p},\tau)$-Koordinaten
$\bar{p}_4 = 1.3\%$ $\tau_4 = 127$
Trennqualitaet : 1.8*0.65%=1.17%

so zu wählen, daß sich die Gewichte c_ℓ und c_u verhalten wie die linken und rechten Maxima Max_ℓ und Max_u der Regretfunktion $R_{n_S,c_S}(p)$:

$$\frac{c_\ell}{c_u} = \frac{Max_\ell}{Max_u} \tag{3.27}$$

Zu einem vorgegebenen Wert für $c_m = \frac{1}{w_m(S)}$ man dann:

$$w_\ell(S) = \frac{1 - \frac{1}{c_m}}{1 + \frac{Max_\ell}{Max_u}} = \int_0^{p_\ell} w_S(p)\, dp \tag{3.28}$$

Über (3.28) ist p_ℓ eindeutig bestimmt. p_u ist dann durch

$$w_\ell(S) + w_m(S) = \int_0^{p_u} w_S(p)\, dp \tag{3.29}$$

bestimmt.

<u>Beispiel 3.2:</u> $N_L = 2000$, $p_r = 1.8 \cdot 0.65\% = 1.17\%$
Für $w_1(p)$ mit $\bar{p}_1 = 0.9\%$ und $\sigma_1 = 0.47\%$ ist $[n_1, c_1] = [125, 2]$ bayesoptimal.

Für $R_{125,2}(p)$ erhält man $Max_\ell = 1.46$ und $Max_u = 9.81$ (vgl. Abb. 3.11). Dies liefert

$$\frac{c_\ell}{c_u} = \frac{Max_\ell}{Max_u} = 0.15$$

In Abhängigkeit von $w_m(S) = \frac{1}{c_m}$ erhält man über (3.28) und (3.29) folgende Werte für p_ℓ und p_u:

$w_m(S)$	$w_\ell(S)$	p_ℓ	$w_u(S)$	p_u
0.20	0.69	1.00%	0.11	1.51%
0.30	0.60	0.94%	0.10	1.55%
0.40	0.52	0.85%	0.08	1.60%

□

4. Adaptive Stichprobensysteme zur Kontrolle der Prozeßkurve

4.1 Kontrollverfahren mit Hilfe von CUSUM-Karten

Wir nehmen an, daß die Prozeßkurve w_t bei der Produktion des t. Loses eine Beta-Dichte mit Erwartungswert $\bar{p}_t$ und Varianz σ_t^2 ist. Die zugehörigen Funktionalparameter seien mit α_t und β_t (vgl. (2.4) - (2.6)) bezeichnet.

Der Losumfang, mit dem das t. Los geprüft wird, sei $n_t \in \{0,1,\ldots,N_L\}$. Die Anzahl $X_t := X_t^S(n_t)$ defekter Stücke in der t. Stichprobe ist dann gemäß (2.1) gemischt-binomialverteilt mit:

$$E(X_t|n_t,\bar{p}_t,\sigma_t^2) = n_t\bar{p}_t \tag{4.1.1}$$

$$VAR(X_t|n_t,\bar{p}_t,\sigma_t^2) = n_t\bar{p}_t(1-\bar{p}_t) + n_t(n_t-1)\sigma_t^2 \tag{4.1.2}$$

Es sei $w_S(p)$ mit $\bar{p}_S$ und σ_S^2 die bei Start des Prüfvorgangs angenommene Prozeßkurve und $[n_S,c_S]$ der zu dieser Prozeßkurve gehörige Bayesplan. Wir nehmen dabei $n_S > 0$ an.

Es sei weiterhin $w_A(p)$ mit $\bar{p}_A$ und σ_A^2 eine Prozeßkurve, bei deren Vorliegen wir den Prüfplan $[n_S,c_S]$ zugunsten von $[n_A,c_A]$ ändern würden. Typischerweise sollte w_A so gewählt sein, daß das Distanzmaß $\ell_{N_L}(w_A|w_S)$ groß ist (vgl. Abschnitt 3.1).

Unter der Verteilungsannahme

- Die X_t $(t \in \mathbb{N})$ sind unabhängig

- $$(\bar{p}_t,\sigma_t^2) = \begin{cases} (\bar{p}_S,\sigma_S^2) & t \leq T \\ (\bar{p}_A,\sigma_A^2) & t > T \end{cases}$$

  und T sei eine feste, unbekannte Zahl

werden bei Rendtel (1985), Kapitel 2, CUSUM-Kontrollkarten als "natürliche" Parameterkontrollverfahren hergeleitet.

Es bezeichne $f(x|n,\bar{p},\sigma^2)$ $x=0,1,\ldots,n$ die Wahrscheinlichkeit, genau x schlechte Stücke in einer Stichprobe vom Umfang n zu finden, wenn die Prozeßkurve eine Beta-Dichte mit Erwartungswert $\bar{p}$ und Varianz σ^2 ist.

Für einen vorgegebenen Wert h^Q ist das CUSUM-Schema von der Form:

(4.1.3) $$Q_0 = 1$$

$$Q_t = \max \{1, Q_{t-1} \frac{f(X_t|n_S,\bar{p}_A,\sigma_A^2)}{f(X_t|n_S,\bar{p}_S,\sigma_S^2)}\} \qquad t \geq 1$$

wobei eine Anpassung der Prozeßkurve und damit eine Änderung des Prüfplans erfolgt, falls:

(4.1.4) $$Q_t \geq h^Q \qquad t \geq 1$$

Durch die Transformation $CU_t := \ln Q_t$ läßt sich das CUSUM-Schema auf die folgende äquivalente Form bringen:

(4.1.5) $$CU_0 = 0$$

$$CU_t = \max \{0, CU_{t-1} + Z_t\} \qquad t \geq 1$$

wobei $Z_t := \ln \dfrac{f(X_t|n_S,\bar{p}_A,\sigma_A^2)}{f(X_t|n_S,\bar{p}_S,\sigma_S^2)}$.

Eine Änderung der Prozeßkurve und damit des Prüfplans erfolgt falls:

(4.1.6) $$CU_t \geq h^{CU}$$

wobei $h^{CU} := \ln (h^Q)$.

Die Beobachtungsdaten $X_t, X_{t-1}, \ldots,$ die in die Berechnung von Q_t (bzw. CU_t) mit eingehen, bestimmen sich so, daß

$$(4.1.7) \quad q_t(\ell) := \begin{cases} \prod_{t'=t-\ell+1}^{t} \dfrac{f(X_{t'}|n_S,\bar{p}_A,\sigma_A^2)}{f(X_{t'}|n_S,\bar{p}_S,\sigma_S^2)} & \ell \in \{1,\ldots,t\} \\ 1 & \ell = 0 \end{cases}$$

maximal wird. Es gilt nämlich (vgl. Rendtel (1985)):

$$(4.1.8) \quad Q_t = \max_{0 \le \ell \le t} q_t(\ell) = q_t(L_t) \qquad t \ge 0$$

Daher ist die Anzahl L_t der zurückliegenden Stichprobenergebnisse, die in die Bestimmung der CUSUM-Karte Q_t eingehen, eine Zufallsgröße. Die Steuerung dieser Datenbasis erfolgt so, daß die maximale Information - im Sinne des Likelihoodprinzips - gegen das Vorliegen einer Prozeßkurve mit $(\bar{p}_S, \sigma_S^2)$ aus den zurückliegenden Daten erreicht wird.

<u>Bemerkung 4.1.1</u>: Das CUSUM-Verfahren ist äquivalent mit einer Folge von Sequentialquotiententests (SPRT's) mit der Obergrenze h^Q und der Untergrenze 1. Jedesmal wenn Q_t die Untergrenze 1 erreicht, wird das Vorliegen des Sollzustands w_S für den zurückliegenden Zeitabschnitt angenommen und ein neuer SPRT gestartet, bis der letzte SPRT die Obergrenze h^Q überschreitet, was zur Annahme der Alternative w_A für die letzten L_t zurückliegenden Daten führt. □

<u>Bemerkung 4.1.2</u>: Im Fall der Ablehnung eines Loses wird dieses durchgemustert (Totalkontrolle). Wir können diese zusätzliche Information bei der Bildung des Likelihoodquotienten in (4.1.3) mitberücksichtigen, indem wir in diesem Fall

$$\frac{f(X_t|n_S,\bar{p}_A,\sigma_A^2)}{f(X_t|n_S,\bar{p}_S,\sigma_S^2)} \quad \text{durch} \quad \frac{f(X_t^L|N_L,\bar{p}_A,\sigma_A^2)}{f(X_t^L|N_L,\bar{p}_S,\sigma_S^2)} \quad \text{ersetzen.}$$

Wegen (2.9) gilt:

$$(4.1.9) \qquad \frac{f(X_t^L | N_L, \bar{p}_A, \sigma_A^2)}{f(X_t^L | N_L, \bar{p}_S, \sigma_S^2)} \approx \frac{w_A(p_t)}{w_S(p_t)} \qquad \text{wobei} \quad p_t = \frac{X_t^L}{N_L} . \qquad \square$$

Bei der Kontrolle der Prozeßkurve gegen mögliche Abweichungen vom angenommenen Sollwert w_S wird man meistens mehrere Alternativen w_{A_i} $(i=1,...,N_A)$ mit den Parametern $(\bar{p}_{A_i}, \sigma^2_{A_i})$ $(i=1,...,N_A)$ in Betracht ziehen.

In diesem Fall kann man N_A einzelne CUSUM-Karten simultan führen. Dies führt auf das Kontrollschema:

$$(4.1.10) \qquad CU_o[i] = 0 \qquad\qquad i=1,...,N_A$$

$$CU_t[i] = \max\{0, CU_t[i] + Z_t[i]\} \qquad t \geq 1 \qquad i=1,...,N_A$$

$$\text{wobei} \quad Z_t[i] := \ln \frac{f(X_t | n_S, \bar{p}_{A_i}, \sigma^2_{A_i})}{f(X_t | n_S, \bar{p}_S, \sigma^2_S)} \qquad i=1,...,N_A$$

Eine Änderung der Prozeßkurve erfolgt, falls eine der $CU_t[i]$ Kontrollkarten ihren vorgegebenen kritischen Wert $h^{CU}[i]$ $(i=1,...,N_A)$ überschreitet.

Für den Fall, daß eine Anpassung der Prozeßkurve erfolgen soll, stellt sich die Frage, welche der Alternativen w_{A_i} $(i=1,...,N_A)$ als neue Prozeßkurve gewählt werden soll.

Eine mögliche Wahl besteht darin, diejenige Alternative $w_{A_{i_{max}(t)}}$ zu wählen, deren zugehörige CUSUM-Karte $CU_t[i_{max}(t)]$ im Alarmzeitpunkt den höchsten Wert hat:

$$(4.1.11) \qquad CU_t[i_{max}(t)] := \max_{i \in \{1,...,N_A\}} CU_t[i]$$

Unter der Bezeichnung

$$q_t[i](\ell) := \begin{cases} \prod\limits_{t'=t-\ell+1}^{t} \dfrac{f(X_{t'} | n_S, \bar{p}_{A_i}, \sigma^2_{A_i})}{f(X_{t'} | n_S, \bar{p}_S, \sigma^2_S)} & \ell \in \{1,...,t\} \\ 1 & \ell = 0 \end{cases}$$

erhält man (vgl. Rendtel (1985)):

$$(4.1.12)\quad Q_t[i_{max}(t)] = \max_{0\le\ell\le t}\,[\max_{i=1,\dots,N_A} q_t[i](\ell)] \qquad t \ge 0 \ .$$

Die Wahl

$$(4.1.13)\quad w_t(p) = w_{A_{i_{max}(t)}}(p)$$

ist damit eine ML-Schätzung zwischen den Alternativen w_{A_i} $(i=1,\dots,N_A)$, wobei die in die Schätzung eingehenden Stichprobenergebnisse $X_t, X_{t-1},\dots,X_{t-L_t+1}$ gemäß (4.1.12) bestimmt werden.

Bemerkung 4.1.3: Statt einer ML-Schätzung auf Basis der letzten L_t Stichprobenergebnisse, kann man auch andere Schätzverfahren (vgl. Kapitel 5) auf diese Stichprobenergebnisse anwenden. □

Bei Rendtel (1985), Kapitel 6, wird beschrieben, wie Verbesserungen bzw. Verschlechterungen des Produktionsprozesses und damit Veränderungen der Prozeßkurve durch Veränderungen der Funktionalparameter α und β der Prozeßkurve modelliert werden können.

α kann interpretiert werden als Anzahl schlechter Stücke bei einer fiktiven Stichprobe vom Umfang $(\alpha+\beta)$. Die Entscheidung über die Annahme oder Ablehnung eines Loses mit x defekten Stücken in einer Stichprobe vom Umfang n beruht in der Zusammenfassung der fiktiven und der tatsächlichen Stichprobe. Das Los wird angenommen (abgelehnt) falls der posteriori Erwartungswert für den Prozentsatz schlechter Stücke im Restlos:

$$(4.1.14)\quad E\,[\frac{Y}{N_L-n}\,|\,x,n] = \frac{\alpha+\beta}{\alpha+\beta+n} \;\underset{(\ge)}{<}\; p_r$$

Eine Prozeßverschlechterung kann dann dadurch beschrieben werden, daß die fiktive Stichprobe ein defektes Stück mehr enthält:

(4.1.15) $$\alpha_{A_1} = \alpha_S + 1 \qquad \beta_{A_1} = \beta_S$$

Ähnlich kann eine Prozeßverbesserung dadurch beschrieben werden, daß α sich verringert. Da α_S häufig kleiner als 1 ist, ist eine Parametrisierung über

(4.1.16) $$\alpha_{A_2} = k_S\, \alpha_S \qquad \beta_{A_2} = \beta_S$$

mit $0 < k_\alpha < 1$ angebracht.

Wegen $\alpha_S \ll \beta_S$ und $1 - \bar{p}_S \approx 1$ erhält man:

(4.1.17) $$\bar{p}_{A_1} = \frac{\alpha_{A_1}}{\alpha_{A_1} + \beta_{A_1}} = \frac{\alpha_S + 1}{\alpha_S + 1 + \beta_S} \approx \bar{p}_S + \frac{1}{\alpha_S + \beta_S}$$

(4.1.18) $$\bar{p}_{A_2} = \frac{\alpha_{A_2}}{\alpha_{A_2} + \beta_{A_2}} = k_\alpha \frac{\alpha_S}{k_\alpha \alpha_S + \beta_S} \approx k_\alpha \bar{p}_S$$

(4.1.19) $$\frac{\sigma^2_{A_i}}{\sigma^2_S} \approx \frac{\bar{p}_{A_i}(1-\bar{p}_{A_i})}{\bar{p}_S(1-\bar{p}_S)} \approx \frac{\bar{p}_{A_i}}{\bar{p}_S} \qquad i=1,2$$

Bemerkung 4.1.4: Die Modellierung der Prozeßverbesserung bzw. Prozeßverschlechterung über die Veränderung von α bewirkt eine Veränderung von $\bar{p}$, während $\tau_{A_i} = \alpha_{A_i} + \beta_{A_i} \approx \alpha_S + \beta_S = \tau_S$ ungefähr konstant bleibt.

Ist $\tau_S \approx \beta_S$ groß, so zeigen die Ergebnisse aus Abschnitt 3.1, daß diese Prozeßkurvenänderungen in Richtung des steilsten Anstiegs von $\ell_{N_L}(w|w_S)$ liegen. □

Die zu α_{A_1} und β_{A_1} gehörende CUSUM-Karte Q_t hat wegen:

$$(4.1.20)\quad \frac{f(x|n,\alpha_S+1,\beta_S)}{f(x|n,\alpha_S,\beta_S)} = \frac{\alpha_S+\beta}{\alpha_S} \cdot \frac{\alpha_S+x}{\alpha_S+\beta_S+n} = \frac{E[\frac{Y}{N_L-n}|x,n]}{\bar{p}_S} \qquad x=0,1,\ldots,n$$

eine besonders einfache und leicht zu interpretierende Gestalt:

$$(4.1.21)\quad \begin{aligned} Q_o &= 1 \\ Q_t &= \max\left\{1, Q_{t-1}\,\frac{E(\frac{Y}{N_L-n}|x_t,n)}{\bar{p}_S}\right\} \qquad t \geq 1 \end{aligned}$$

Für die zu α_{A_2} und β_{A_2} gehörende CUSUM-Karte existiert eine solche einfache Darstellung im allgemeinen nicht. Es gilt (vgl. Rendtel (1985), Kapitel 6):

$$(4.1.22)\quad \frac{f(x|n,\alpha_A,\beta_A)}{f(x|n,\alpha_S,\beta_S)} = \frac{(\alpha_S+\beta_S+n-1)\ \ldots\ (\alpha_S+\beta_S)}{(\alpha_A+\beta_A+n-1)\ \ldots\ (\alpha_A+\beta_A)} \cdot \frac{(\alpha_A+x-1)\ \ldots\ \alpha_A}{(\alpha_S+x-1)\ \ldots\ \alpha_S} \cdot \frac{(\beta_A+n-x-1)\ \ldots\ \beta_A}{(\beta_S+n-x-1)\ \ldots\ \beta_S}$$

Benutzt man die zu α_{A_i} und $\beta_{A_i} = \beta_S$ $(i=1,2)$ gehörenden CUSUM-Karten simultan, so läßt sich das im folgenden mit 'α-CUSUM' bezeichnete Adaptionsschema aufstellen. Man benötigt hierzu die Werte $\bar{p}_S$ und σ_S^2 der Prozeßkurve bei Start des Verfahrens, den Faktor k_α und die kritischen Werte $h^Q[1]$ und $h^Q[2]$ für die beiden CUSUM-Karten. Häufig wird man $h^Q = h^Q[1] = h^Q[2]$ wählen.

Abbildung 4.1.1 dokumentiert das Stichprobensystem 'α-CUSUM' in einem Pseudocode.

Bemerkung 4.1.5: Wichtig ist noch die Behandlung des Falles, daß der bayesoptimale Prüfplan zu einer neu geschätzten Prozeßkurve entartet ist (d.h. $n_S=0$). In diesem Fall könnte das Stichprobenverfahren keine weiteren Informationen aus Stichprobendaten sammeln.

```
Pruefverfahren 'ALPHA-CUSUM' im Pseudocode
==========================================

Fuehren von 2 CUSUM-Karten bei Variation des ALPHA Parameters -


PROGRAM ALPHA-CUSUM
READ    Parameter
        Prozesskurvenparameter des Startzustands : p̄S,σS
        Kritischer Wert : WKRIT
BEGIN          (" Initialisierung des Verfahrens ")
        Berechnung des optimalen Pruefplans [n,c] im Startzustand
        Berechnung der  α-Funktionalparameter fuer die 1 und 2 Alternative
                   ALPHA(1)=ALPHA(S)+1
                   ALPHA(2)=0.5*ALPHA(S)
        Setzen der CUSUM-Karten CU1 und CU2 auf 1
WHILE ( t ≤ NZEIT ) DO       (" Schleife ueber NZEIT Lose ")
        Ziehen einer Stichprobe vom Umfang n
        Pruefung des Loses mit Plan [n,c]
        Berechne Beta-Binomial-Likelihoodquotienten : RATIO1 ,RATIO2
        Aufdatieren der CUSUM-Karten CU1 ,CU2
        IF ( CU1/2 ≥ WKRIT) THEN   (" Alarm aufgrund der CUSUM-Karte CU1/2 ")
             Neuer Sollzustand [p̄neu ,σneu ]=[p̄1/2,σ1/2 ]
             Re-Initialisierung bei [p̄, σ ]=[p̄neu , σneu]
             IF ( nneu = 0 )  THEN
                 [nneu ,cneu ]=[nmin ,cmin ]
             ENDIF
        ENDIF
        Erhoehung des Losindex t
ENDWHILE                                         (" Ende der Lospruefung ")
END
```

Abb. 4.1.1 : Dokumentation des Stichprobenverfahrens ' α-CUSUM'

In diesem Fall ist es nötig, statt der bayesoptimal Entscheidung einen fast bayesoptimalen echten Prüfplan $[n_{min}, c_{min}]$ mit $n_{min} > 0$ zu wählen. □

Benutzt man die in Bemerkung 2.3 beschriebene Approximation der Beta-Binomial-Verteilung durch eine Gamma-Poisson-Verteilung und benutzt die Parameteridentifikation $s = \alpha$ und $\tau = \alpha+\beta$ so läßt sich eine Prozeßverbesserung durch

$$s_{A_1} = s_S \qquad \tau_{A_1} > \tau_S \tag{4.1.23}$$

und eine Prozeßverschlechterung über

$$s_{A_2} = s_S \qquad \tau_{A_2} < \tau_S \tag{4.1.24}$$

modellieren.

In diesem Fall sind die zugehörigen CUSUM-Karten besonders einfach zu berechnen. Unter Benutzung von (2.16) hat der Likelihoodquotient in (4.1.3) die Gestalt:

$$\frac{f(x|n,s_S,\tau_A)}{f(x|n,s_S,\tau_S)} = \left(\frac{\tau_A(n+\tau_S)}{(n+\tau_A)\tau_S}\right)^{s_S} \left(\frac{n+\tau_S}{n+\tau_A}\right)^{x} \qquad x=0,1,... \tag{4.1.25}$$

Durch Logarithmieren und Division durch $\ln\left(\frac{n+\tau_S}{n+\tau_A}\right)$ läßt sich das CUSUM-Schema für $\tau_A < \tau_S$ auf

$$\begin{aligned} K_o^+ &:= 0 \\ K_t^+ &:= \max\{0, K_{t-1}^+ + X_t - k\} \qquad t \geq 1 \end{aligned} \tag{4.1.26}$$

transformieren, wobei k durch

$$k := \frac{-s \ln\left(\frac{\tau_A(n+\tau_S)}{\tau_S(n+\tau_A)}\right)}{\ln\left(\frac{n+\tau_S}{n+\tau_A}\right)} \tag{4.1.27}$$

definiert ist. Eine Anpassung des Prüfplans aufgrund der transformierten CUSUM-Regel erfolgt, falls:

(4.1.28) $$K_t^+ \geq h^{K^+} := \frac{\ln (h^Q)}{\ln \frac{n+\tau_S}{n+\tau_A}}$$

Für $\tau_A > \tau_S$ erhält man das transformierte Schema (vgl. Satz 2.2 bei Rendtel (1985)):

(4.1.29)
$$K_O^- = 0$$
$$K_t^- = \min \{0, K_{t-1}^- + X_t + k\} \qquad t \geq 1$$

wobei k durch (4.1.27) gegeben ist. Eine Anpassung der Prozeßkurve erfolgt, falls:

(4.1.30) $$K_t^- \leq - h^{K^-} := \frac{\ln (h^Q)}{\ln \frac{n+\tau_S}{n+\tau_A}} \qquad t \geq 1$$

Die transformierten CUSUM-Karten K_t^+ und K_t^- lassen sich damit sehr einfach berechnen.

Wählt man den Faktor $k_\tau > 1$ und setzt

$$\tau_{A_1} = \frac{\tau_S}{k_\tau} \qquad \tau_{A_2} = k_\tau \tau_S$$

so erhält man unter Benutzung von (2.14) und (2.15):

(4.1.31) $$\bar{p}_{A_1} = \frac{s_{A_1}}{\tau_{A_1}} = k_\tau \bar{p}_S$$

(4.1.32) $$\bar{p}_{A_2} = \frac{s_{A_2}}{\tau_{A_2}} = \frac{1}{k_\tau} \bar{p}_S$$

$$\frac{\sigma_{A_i}}{\bar{p}_{A_i}} = \frac{\sigma_S}{\bar{p}_S} = \frac{1}{\sqrt{s_S}} \qquad (i=1,2) \tag{4.1.33}$$

Bemerkung 4.1.6: Die hier betrachteten Prozeßkurvenalternativen lassen den Variationskoeffizienten $\kappa = \frac{\sigma}{\bar{p}}$ der Prozeßkurve konstant.

Für 2 der Beispiele aus Abschnitt 3.1 (i=3,4) ist für $\bar{p}_A > \bar{p}_S$ der Anstieg von $\ell_{N_L}(w|w_S)$ in Richtung $\kappa = \kappa_S = \text{const}$ am geringsten (vgl. Abb. 3.5c und 3.6.c). Für $N_L \to \infty$ gilt diese Aussage generell (vgl. Abschnitt 3.2).

Dieses Stichprobensystem betrachtet also in vielen Fällen gerade die Prozeßkurvenänderungen, die nicht kostenrelevant sind. □

Durch die Angabe der Werte für $\bar{p}_S$ und σ_S^2, des Faktors k_τ und des kritischen Werts $h_1^Q = h_2^Q = h^Q$ ist das im folgenden mit 'τ-CUSUM' bezeichnete Stichprobenverfahren wohlbestimmt.

Die Abbildung 4.1.2 dokumentiert das Verfahren 'τ-CUSUM' in einem Pseudocode. Wie beim Verfahren 'α-CUSUM' ist für den Fall $n_S = 0$ eine Prüfplanwahl $[n_{min}, c_{min}]$ erforderlich.

Bei den Verfahren 'α-CUSUM' und 'τ- CUSUM' wurden die Prozeßkurven nach ihren α bzw. τ Parametern geordnet.

In Abschnitt 3.3 wurde die Möglichkeit untersucht, $\ell_{N_L}(w|w_S)$ durch die Differenz des Schlechtanteils $w_r = \int_{p_r}^{1} w(p)\,dp$ der Prozeßkurven w und w_S auszudrücken. Dies liefert die Idee, die Prozeßkurven gemäß ihres Werts für w_r zu ordnen und eine Prozeßverschlechterung (-verbesserung) durch einen höheren (niedrigen) Wert von w_r zu definieren.

Bemerkung 4.1.7: Abbildung 3.14.b zeigt, daß für $\tau \geq 60$ der Schlechtanteil w_r der Prozeßkurve fast unabhängig von τ ist und nur noch von $\bar{p}$ abhängt. Von daher sind die im Verfahren

Pruefverfahren 'TAU-CUSUM' im Pseudocode

Fuehren von 2 CUSUM-Karten bei Variation des TAU Parameters

```
PROGRAM TAU-CUSUM
READ    Parameter
        Prozesskurvenparameter des Startzustands :(p̄S,σS)
        Faktor zur Bestimmung der 1 und 2 Alternative : KTAU
                  TAU(1)=TAU(S)/KTAU
                  TAU(2)=TAU(S)*KTAU
        Kritischer Wert : WKRIT
BEGIN           (" Initialisierung des Verfahrens ")
        Berechnung des optimalen Pruefplans [n,c] im Startzustand
        Berechnung der s und tau Funktionalparameter fuer die 1 und 2 Alter-
        Setzen der CUSUM-Karten CU1 und CU2 auf 1                      native
WHILE ( t ≤ NZEIT ) DO      (" Schleife ueber NZEIT Lose ")
        Ziehen einer Stichprobe vom Umfang n
        Pruefung des Loses mit Plan [n,c]
        Berechne Gamma-Poisson-Likelihoodquotienten : RATIO1 ,RATIO2
        Aufdatieren der CUSUM-Karten CU1 ,CU2
        IF ( CU1/2 ≥ WKRIT ) THEN   (" Alarm aufgrund der CUSUM-Karte CU1/2 ")
            Neuer Sollzustand [p̄neu ,σneu ]=[p̄1/2,σ1/2 ]
            Re-Initialisierung bei [p̄, σ ]=[p̄neu , σneu]
            IF ( nneu = 0 )  THEN
                [nneu ,cneu ]=[nmin ,cmin ]
            ENDIF
        ENDIF
        Erhoehung des Losindex t
ENDWHILE                                        (" Ende der Lospruefung ")
END
```

Abb. 4.1.2 : Dokumentation des Stichprobenverfahrens 'τ-CUSUM'

'α-CUSUM' behandelten Prozeßkurvenveränderungen äquivalent zu Veränderungen von w_r unter der Nebenbedingung $\tau \approx$ const. □

Im allgemeinen besitzt jedoch der Likelihoodquotient

$$\frac{f(x|n,\bar{p},\sigma^2)}{f(x|n,\bar{p}_S,\sigma_S^2)}$$

nicht für alle Prozeßkurven mit $w_r = w_r(S) = \text{const}$ den gleichen Wert. Damit ist jedoch ein CUSUM-Verfahren ausgeschlossen, wo die Alternative durch alle Prozeßkurven mit

$$\int_{p_r}^{1} w(p)\,dp = w_r(A)$$

gegeben ist.

Hier bietet sich der folgende Ausweg an: Wegen (2.1) gilt analog zu (2.9):

$$P[\frac{x}{n} > p_r] \xrightarrow[n\to\infty]{} \int_{p_r}^{1} w(p)\,dp = w_r \tag{4.1.34}$$

Wir berechnen daher:

$$PR := \sum_{x=[p_r n]+1}^{n} f(x|n,\bar{p},\sigma^2)$$

Die Zufallsgröße

$$Y_t := \begin{cases} 1 & \text{falls} \quad X_t \geq [p_r n]+1 \\ 0 & \text{sonst} \end{cases}$$

ist unter einer Prozeßkurve $w(p)$ mit $\bar{p}$ und σ^2 eine Bernoulli-Variable mit Erfolgswahrscheinlichkeit PR.

Eine Prozeßverschlechterung sei dann durch $PR_{A_1} > PR_S$ und eine Prozeßverbesserung durch $PR_{A_2} < PR_S$ beschreiben.

Für den zugehörigen Likelihoodquotienten in (4.1.3) bei der Berechnung der CUSUM-Karten erhält man:

$$\frac{f(Y_t | PR_{A_i})}{f(Y_t | PR_S)} = \left(\frac{PR_{A_i}}{PR_S}\right)^{Y_t} \left(\frac{1-PR_{A_i}}{1-PR_S}\right)^{1-Y_t} \qquad (i=1,2) \tag{4.1.35}$$

Bei diesem Stichprobenverfahren (Bez.: 'BERNOULLI-CUSUM') fehlt jedoch im Falle eines Alarms durch eine der beiden CUSUM-Karten im Gegensatz zu den bisher genannten Verfahren die Angabe einer alternativen Prozeßkurve, die als neue Prozeßkurve gewählt wird. In diesem Fall ist es nötig, gemäß Bemerkung 4.1.1, die neue Prozeßkurve aus denjenigen Stichprobenergebnissen zu schätzen, die in den letzten SPRT bei der Berechnung von Q_t eingegangen sind.

Beschränkt man sich auf Alternativen der Form

$$\begin{aligned} PR_{A_1} &= k_{PR}\, PR_S \\ PR_{A_2} &= \frac{1}{k_{PR}}\, PR_S \end{aligned} \tag{4.1.36}$$

wobei $1 < k_{PR} < \frac{1}{PR_S}$ vorgegeben wird und setzt $h_1^Q = h_2^Q = h^Q$, so ist das Verfahren 'BERNOULLI-CUSUM' vollständig bestimmt (vgl. Abb. 4.1.3).

Noch einfacher wird das Verfahren, wenn man statt "$X \gtrless p_r n$" die Annahme-/Ablehnungsentscheidung über das Los als Bernoulli-Variable wählt.

Man erhält in diesem Fall:

$$Y_t := \begin{cases} 1 & \text{t. Los angenommen} \\ 0 & \text{t. Los abgelehnt} \end{cases}$$

Pruefverfahren 'BERNOULLI-CUSUM' im Pseudocode

- Fuehren von 2 CUSUM-Karten von Bernoulli-verteilten Beobachtungen -

```
PROGRAM  BERNOULLI-CUSUM
READ     Parameter
         Prozesskurvenparamter des Startzustands : [p̄S,σS]
         Typ der 0-1 Abfrage : VTYP      (* VTYP=1  Ann./Ablehnungs Entsch.
                                            VTYP=2  Schlechtant. in Stichp.
                                                    ≥Trennqualitaet *)
         Faktor zur Bestimmung der 1 bzw 2 Alternative : FAKTOR
         Kritischer Wert : WKRIT
BEGIN    (* Initialisierung des Verfahrens *)
         Berechnung des opt. Pruefplans [n,c] zum Startzustand [p̄S,σS]
         Berechnung von P(S)=P[Y=1] im Startzustand
         Bestimmung der Alternativen P(1)=FAKTOR*P(S)
                                     P(2)=P(S)/FAKTOR
         Setzen der CUSUM-Karten CU1 und CU2 auf 1
         Setzen der Zaehler Z1 und Z2 auf 0
WHILE  ( t ≤ NZEIT )                     (* Schleife ueber NZEIT Lose *)
         Ziehen einer Stichprobe vom Umfang n
         Pruefung des Loses mit Plan [n,c]
         IF ( VTYP=1 ) THEN  (* Bestimmung der Bern.-Var. ueber Ann./Abl.*)
              IF ( Los angenommen )  THEN
                   Y=1
              ELSE (* Los abgelehnt *)
                   Y=0
              ENDIF
         ELSE ( VTYP=2 )          ( Schlechtanteil in Stichprobe ≥ Trennqual. *)
              IF ( X(t)/n ≥ Trennqualitaet ) THEN
                   Y=1
              ELSE
                   Y=0
              ENDIF
         ENDIF
         Berechnung der Bernoulli-Likelihoodquotienten RATIO1,RATIO2
         Aufdatieren der CUSUM-Karten CU1, CU2
         IF ( CU1/2 ≤1)  THEN              (* Sollzustand angenommen *)
              Z1/2 =0
         ELSE                           (* CUSUM-Lauf um 1 verlaengert *)
              Z1/2 wird um 1 erhoeht
         ENDIF
         IF ( CU1/2 ≥ WKRIT ) THEN             (* Fall : Alarmmeldung *)
              Alarm aufgrund der CUSUM-Karte CU1/2
              Schaetzung des neuen Sollzustands [p̄neu,σneu] auf Basis
               der letzten Z1/2 Stichprobenergebnisse
              Re-Initialisierung des Verfahrens bei [p̄, σ]=[p̄neu,σneu]
               IF ( nneu = 0 )  THEN
                    [nneu ,cneu ]=[nmin ,cmin ]
               ENDIF
         ENDIF
         Erhoehung des Losindex t um 1
ENDWHILE  (* Ende der Lospruefung *)
END
```

Abb. 4.1.3 : Dokumentation des Stichprobenverfahrens 'BERNOULLI-CUSUM'

Die Erfolgswahrscheinlichkeit $P[Y=1] = PANN$ ist durch

$$PANN := \sum_{x=0}^{c_S} f(x|n_S,\bar{p},\sigma^2)$$

gegegen.

<u>Bemerkung 4.1.8:</u> Für $[n_S p_r] \neq c_S$ sind die oben beschriebenen Stichprobenverfahren nicht identisch. Beispielsweise erhält man für $[n_S,c_S] = [125,2]$ und $p_r = 1.17\%$:

$$[n_S p_r] = [1.46] = 1 \neq 2 = c_S$$

Asymptotisch gilt jedoch für Bayespläne (vgl. Hald (1981)):

$$\frac{c_S}{n_S} \xrightarrow[N_L \to \infty]{} p_r \tag{4.1.37}$$

Folglich sind beide Verfahren für sehr große Losumfänge identisch. □

Aufwendiger als der Fall zweier simultan geführter CUSUM-Karten ist das gleichzeitige Führen mehrerer CUSUM-Karten.

Die Auswahl der Alternativen $(\bar{p}_{A_i},\sigma^2_{A_i})$ $i=0,1,\ldots,N_A$ kann erfolgen:

- aufgrund von Vorinformationen, daß nur bestimmte Prozeßkurven während der Produktionsphase auftreten.
- aufgrund der Überlegung, für jede mögliche Prozeßkurve mit $(\bar{p},\sigma^2)$ innerhalb eines sinnvollen Bereichs einen fast bayesoptimalen Prüfplan aus einer Menge von vorgegebenen Prüfplänen $[n_i,c_i]$ zu finden $(i=0,1,\ldots,N_A)$. Die Wahl der w_{A_i} mit $(\bar{p}_{A_i},\sigma^2_{A_i})$ erfolgt so, daß die Prüfpläne $[n_i,c_i]$ bayesoptimal bezüglich der w_{A_i} $(i=0,1,\ldots,N_A)$ sind.

Das letztgenannte Verfahren ist äquivalent damit, Prozeßkurven w_{A_i} $(i=0,1,\ldots,N_A)$ zu finden, so daß die Vereinigung der Bereiche $U_i(\varepsilon)$ mit

$$U_i(\varepsilon) := \{(\bar{p},\sigma^2) \mid \ell_{N_L}(\bar{p},\sigma^2 \mid \bar{p}_{A_i},\sigma^2_{A_i}) \leq \varepsilon\} \qquad i=0,1,\ldots,N_A$$

den betrachteten Bereich möglicher Parameterwerte für die Prozeßkurve ganz überdecken.

Beispiel 4.1.1: Die Prüfpläne (125,2), (50,1), (125,1) und (313,3) sind für die in Tabelle 3.1 aufgelisteten Prozeßkurven w_{A_i} (i=0,1,2,3) bayesoptimal.

Abbildung 4.1.4 a + b zeigt die $U_i(\varepsilon=0.2)$-Bereiche und die Lage von w_{A_i} in $(\bar{p},\sigma^2)$- und $(\bar{p},\tau)$-Koordinaten (i=0,1,2,3). Mit Ausnahme der Bereiche entarteter Prüfpläne d.h. $\bar{p}$ wesentlich kleiner (oder größer) als p_r und σ^2 klein, wird der gesamte Bereich sinnvoller Werte für $(\bar{p},\tau)$ abgedeckt. Lediglich der Parameterbereich mit kleinen Werten für $\bar{p}$ und hohen Prozeßvarianten σ^2 wird nicht ganz von den $U_i(\varepsilon=0.2)$-Bereichen abgedeckt. □

Ist der Anfangszustand $(\bar{p},\sigma^2)$ unter den $(\bar{p}_{A_i},\sigma^2_{A_i})$, so setze man $\bar{p}_{A_o} = \bar{p}_S$ und $\sigma^2_{A_o} = \sigma^2_S$. Ist die Prozeßkurve w_S bei Start des Verfahrens nicht unter den w_{A_i}, so wähle als Startwert für das Stichprobensystem diejenige Alternative, die $\ell_{N_L}(w_S \mid w_{A_i})$ minimiert $(i=0,1,\ldots,N_A)$.

Dieses Adaptionsverfahren (Bez.: 'MULT-CUSUM') ist durch die Angabe von $(\bar{p}_{A_i},\sigma_{A_i})$ $(i=0,1,\ldots,N_A)$ und die Angabe eines kritischen Werts h^Q festgelegt, falls alle h^Q_i $(i=1,\ldots,N_A)$ gleichgesetzt werden.

Abbildung 4.1.5 dokumentiert das Verfahren 'MULT-CUSUM' in einem Pseudocode.

Bei dem Verfahren 'MULT-CUSUM' werden alle Alternativen und die zugehörigen CUSUM-Karten gleich stark berücksichtigt. Keine Berücksichtigung finden die Verluste $v_{i,j} = \ell_{N_L}(w_{A_i} \mid w_{A_j})$ $(i=1,\ldots,N_A)$, die mit einem Nichterkennen der Alternative w_{A_i} verbunden sind.

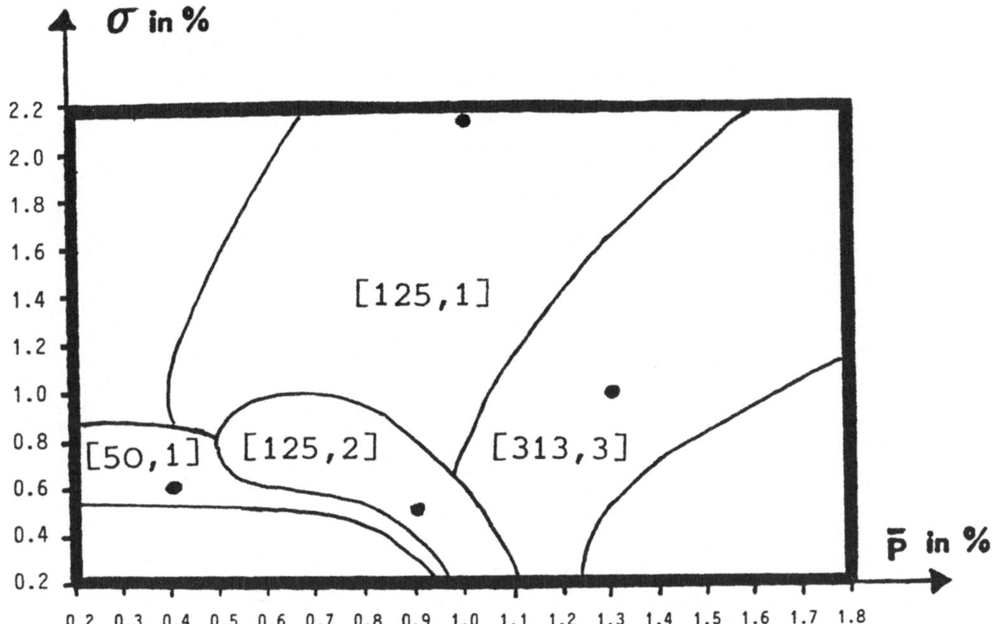

Abb. 4.1.4a : Vereinigung der Bereiche U_i(eps=0.2) (i=0,1,2,3) in $(\bar{p},\sigma)$-Koordinaten . Die eingezeichneten Punkte zeigen die Lage die Prozesskurven w_i i=0,1,2,3 . Die angegebenen Pruefplaene sind jeweils fuer w_i bayesoptimal .

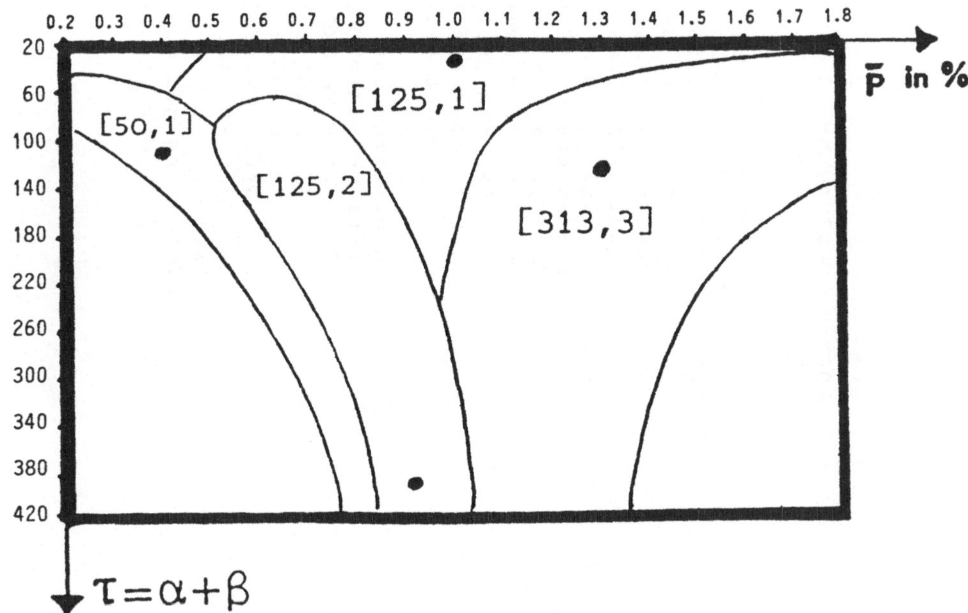

Abb. 4.1.4b : Vereinigung der Bereiche U_i(eps=0.2) (i=0,1,2,3) in $(\bar{p},\tau)$-Koordinaten . Die eingezeichneten Punkte zeigen die Lage die Prozesskurven w_i i=0,1,2,3 Die angegebenen Pruefplaene sind jeweils fuer w bayesoptimal

Pruefverfahren 'MULT-CUSUM' im Pseudocode

- Simultanes Fuehren mehrer CUSUM-Karten -

```
PROGRAM  MULT-CUSUM
READ     Parameter
         Anzahl der alternativen Prozesskurven :  NA
         Prozesskurvenparameter : [p̄(i), σ(i)] i=0,1,...NA
         Kritischer Wert : WKRIT
BEGIN    (" Initialisierung des Verfahrens ")
         Berechnung der optimalen Pruefplaene [n(i),c(i)] i=0,1,...NA
         Bestimmung des Startzustands z ∈ {0,1,...NA}
         Setzen aller CUSUM-Karten CU(i) auf 1  {i=1,...NA}
WHILE ( t ≤ NZEIT )  DO                   (" Schleife ueber NZEIT Lose ")
         Ziehen einer Stichprobe vom Umfang n(z)
         Pruefung mit Plan [n(z),c(z)]
         IF ( Los angenommen ) THEN
              Berechne Beta-Binomial-Likelihoodquotienten RATIO(i) i=1,NA
         ELSE (" Los abgelehnt und Totalkontrolle ")
              Berechne Beta-Likelihoodquotienten  RATIO(i) i=1,NA
         ENDIF
         Aufdatieren der CUSUM-Karten CU(i) i=1,NA
         Bestimme MAXIMUM der CU(i) i=1,NA  mit Index imax
         IF ( MAXIMUM ≥ WKRIT )  THEN
              Alarm aufgrund der CUSUM-Karte CU(imax)
              Neuer Sollzustand z=imax
              Neuer Pruefplan [n(z),c(z)]=[n(imax),c(imax)]
              Setzen aller CUSUM-Karten auf 1
         ENDIF
         Erhoehung des Losindex t um 1
ENDWHILE (" Ende der Lospruefung ")
END
```

Abb. 4.1.5 : Dokumentation des Stichprobenverfahrens 'MULT-CUSUM'

<u>Beispiel 4.1.2:</u> Mit den Werten von Beispiel 4.1.1 sei $w_S = w_{A_o}$ mit $\bar{p}_S = 0.9\%$ und $\sigma_S = 0.47\%$. Unter w_{A_1} mit $\bar{p}_{A_1} = 0.4\%$ und $\sigma_S = 0.6\%$ erhält man für $N_L = 2000$ und $p_r = 1.17\%$ $\ell_{N_L}(w_{A_1}|w_S) = 0.31$. Für w_{A_2} mit $\bar{p}_{A_2} = 1.0\%$ und $\sigma_{A_2} = 2.2\%$ gilt $\ell_{N_L}(w_{A_2}|w_S) = 0.39$. Jedoch erhält man für w_{A_3} mit $\bar{p}_{A_3} = 1.3\%$ und $= 1.0\%$ den Wert $\ell_{N_L}(w_{A_3}|w_S) = 1.45$. □

Diese Überlegung führt auf den Ansatz, statt der simultan durchgeführten SPRT's bei den CUSUM-Karten einen Bayes-Test zu benutzen. Als Teststatistik dient hierbei der Quotient von erwarteten Kosten durch eine Nichtanpassung der Prozeßkurve und den erwarteten Kosten durch einen falschen Alarm.

Jedes Mal, wenn das Verhältnis

$$Q := \frac{\text{Erwartete Kosten bei Nichtanpassung}}{\text{Erwartete Kosten bei falschem Alarm}}$$

kleiner als bei Start des Verfahrens wird, werden die zurückliegenden Daten analog zur Vorgehensweise bei den CUSUM-Karten nicht weiter berücksichtigt.

Ist Q größer als 1, so findet eine Anpassung der Prozeßkurve statt.

Es bezeichne im folgenden:

v_o := Verlust, der durch Auslösen eines falschen Alarms ensteht.

$v_{i,j} = \ell_{N_L}(w_{A_i}|w_{A_j})$ $(i,j=0,1,...,N_A)$
= Verlust (pro Los), der entsteht, wenn die i-te Prozeßalternative eingetreten ist, jedoch der Prüfplan zur j-ten Prozeßalternative benutzt wird.

$\Pi_i (i=0,1,...,N_A)$ = Prior-Information über die Prozeßalternativen bei Beginn des Verfahrens.

$\Pi_i(x_t,x_{t-1},\dots,x_{t'})$ = Posteriori-Information über die Prozeßalternativen gegeben die Startprior und
$(i=0,1,\dots,N_A)$ die Stichprobenergebnisse $x_t,x_{t-1},\dots,x_{t'}$

Es gilt:

$$\Pi_i(x_t,x_{t-1},\dots,x_{t'}) \propto \Pi_i \prod_{\ell=t'}^{t} f(x_\ell \mid n_S,\bar{p}_{A_i},\sigma^2_{A_i}) \qquad (4.1.38)$$

$$i=0,1,\dots,N_A$$

Dabei seien die Prozeßkurven so numeriert, daß $w_S = w_{A_o}$ gilt.

Das Verhältnis $Q(x_t,x_{t-1},\dots,x_{t'})$ der erwarteten Kosten bei Nichtanpassung zu den erwarteten Kosten bei einem falschen Alarm beträgt bei Berücksichtigung der Stichprobenergebnisse $x_t,x_{t-1},\dots,x_{t'}$:

$$Q(x_t,x_{t-1},\dots,x_{t'}) = \frac{\sum_{i=1}^{N_A} v_{i,o}\Pi_i(x_t,x_{t-1},\dots,x_{t'})}{v_o\Pi_o(x_t,x_{t-1},\dots,x_{t'})}$$

$$= \sum_{i=1}^{N_A} \frac{v_{i,o}\Pi_i}{v_o\Pi_i} \prod_{\ell=t'}^{t} \frac{f(x_\ell \mid n_S,\bar{p}_{A_i},\sigma^2_{A_i})}{f(x \mid n_S,\bar{p}_{A_o},\sigma^2_{A_o})}$$

Bei Start des Verfahrens hat dieses Verhältnis den Wert Q^{start}:

$$Q^{start} = \sum_{i=1}^{N_A} \frac{v_{i,o}\Pi_i}{v_o\Pi_o} \qquad (4.1.40)$$

Man erhält:

$$Q(x_t,x_{t-1},\dots,x_{t'}) \leq Q^{start}$$

$$\Longleftrightarrow \qquad (4.1.41)$$

$$\sum_{i=1}^{N_A} \kappa_i \prod_{\ell=t'}^{t} \frac{f(x_\ell \mid n_S,\bar{p}_{A_i},\sigma^2_{A_i})}{f(x_\ell \mid n_S,\bar{p}_{A_o},\sigma^2_{A_o})} \leq 1$$

wobei $\kappa_i = \dfrac{v_{i,o}\Pi_i}{\sum_{i=1}^{N_A} v_{i,o}\Pi_i} \qquad (i=1,\dots,N_A)$

<u>Bemerkung 4.1.9:</u> Die Steuerung der in die Berechnung von Q eingehenden Stichprobendaten erfolgt damit ganz analog zu einer einfachen CUSUM-Karte. Allerdings werden hier die Dichtefunktionen der Alternativen noch mit den κ_i $(i=1,\ldots,N_A)$ gemittelt. Für $N_A = 1$ ist das Verfahren mit einer einfachen CUSUM-Karte identisch. □

Formal läßt sich das oben skizzierte Adaptionsverfahren (Bez.: 'BAYES-CUSUM') folgendermaßen beschreiben:

$$L_o := 1$$

(4.1.42) $$Q_t := Q(X_t, X_{t-1}, \ldots, X_{t-L_{t-1}+1}) \qquad (t \geq 1)$$

(4.1.43) $$L_t := \begin{cases} 1 & \text{falls } Q_t \leq Q^{start} \\ L_{t-1}+1 & \text{sonst} \end{cases} \qquad (t \geq 1)$$

Eine Alarmmeldung erfolgt, falls:

(4.1.44) $$Q_t \geq 1 \qquad (t \geq 1)$$

Um das Verfahren über mehrere Adaptionsstufen führen zu können, müssen noch 2 Probleme gelöst werden:

- Welche der Prozeßalternativen w_{A_i} $(i=0,1,\ldots,N_A)$ soll im Fall einer Alarmmeldung als neue Prozeßkurve gewählt werden?
- Welche Priorverteilung wird als neue Startverteilung Π_i' $(i=0,1,\ldots,N_A)$ für die Prozeßalternativen gewählt?

Eine sinnvolle Wahl für Π_i' $(i=0,1,\ldots,N_A)$ ist die in der Posterioriverteilung $\Pi_i'(X_t, X_{t-1}, \ldots, X_{t-L_{t-1}+1})$ $(i=0,1,\ldots,N_A)$ gesammelte Information über die Prozeßalternativen. In diese Posterior-Verteilung sind genau die Stichprobenergebnisse eingegangen, die zur Ablehnung des letzten Bayes-Tests beigetragen haben. Diese Wahl ist daher analog zu dem Vorgehen bei den CUSUM-Karten, wo die Stichprobenergebnisse des jeweils letzten SPRT zur Schätzung der neuen Prozeßkurve verwendet werden.

Als neue Prozeßkurve $\hat{w}$ wird man diejenige Alternative $w_{A_{i_{max}}}$ wählen, die unter Π' den kleinsten erwarteten Verlust hat. Dies liefert:

$$\sum_{i=0}^{N_A} v_{i,i_{max}} \Pi_i' = \min_{j\in\{0,1,\ldots,N_A\}} \sum_{i=0}^{N_A} v_{i,j} \Pi_i' \tag{4.1.45}$$

Verteilt man bei Start des Verfahrens die Masse $1-\Pi_o$ gleichmäßig auf die übrigen Prozeßalternativen w_{A_i} $(i=1,\ldots,N_A)$, so ist das Verfahren 'BAYES-CUSUM' durch die Angabe von $(\bar{p}_S,\sigma_S^2)$, $(\bar{p}_{A_i},\sigma_{A_i}^2)$ $(i=1,\ldots,N_A)$, v_o und Π_o festgelegt.

Abbildung 4.1.6 dokumentiert das Verfahren 'BAYES-CUSUM' in einem Pseudocode.

4.2 Kontrollverfahren mit gleitender Datenbasis

Die CUSUM-Kontrollverfahren sind dadurch gekennzeichnet, daß die Anzahl L_t der zurückliegenden Stichprobenergebnisse, die in die Entscheidung über eine Prüfplanänderung eingehen, eine Zufallsgröße ist. Setzt man nun $L_t = L = \text{const}$, so erhält man zu jedem CUSUM-Kontrollverfahren ein Kontrollverfahren mit gleitender Datenbasis der Länge L.

Entsprechend der Konstruktion des Verfahrens liegt es nahe, die neuen Parameter der Prozeßkurve aufgrund der letzten L Stichprobendaten zu schätzen. Ergibt die Schätzung eine Prozeßkurve, deren zugehöriger bayesoptimaler Prüfplan entartet ist (d.h. $n^* = 0$), so muß man analog zu Bemerkung 4.1.5 einen fast bayesoptimalen Prüfplan $[n_{min}, c_{min}]$ wählen, um weitere In-

Pruefverfahren 'BAYES-CUSUM' im Pseudocode

- Kontrolle des erwarteten Verlusts bei Nichtanpassung -

```
PROGRAM BAYES-CUSUM
READ    Parameter
        Anzahl der Prozesskurvenalternativen : NA
        Prozesskurvenparameter : [p̄(i),σ(i)] i=0,1,...NA
        Priorgewicht auf dem Startzustand [p(z),σ(z)] : PI0
        Verlust bei falschem Alarm : V0
BEGIN                (* Initialisierung des Verfahrens *)
        Berechnung der optimalen Pruefplaene [n(i),c(i)] i=0,1,...NA
                                 unter den jeweiligen Alternativen
        Berechnung der Verlustmatrix V(z_true,z_used)  z_true,z_used ∈ {0,1,...NA}
        Bestimmung des Startzustands [p̄(z),σ(z)]  z {0,1,...NA}
        Verteilung der restlichen Priormasse 1-PI  auf die uebrigen Zust.
        Merken der Startverteilung PISTART(i)=PI(i) i=0,1,...NAI
        Berechnung des Quotienten
              QSTART= Erwarteter Verlust bei Nichtanp./
                      Erwarteter Verlust bei falsch. Al.
 WHILE ( t≤NZEIT ) DO    (* Schleife ueber NZEIT Lose *)
         Ziehen einer Stichprobe vom Umfang n(z)
         Pruefung des Loses mit Plan [n(z),c(z)]
         IF ( Los angenommen ) THEN
             Berechne Posteriorvert. PIPOST(i) i=0,NA
                    ueber Beta-Binom.-Vert
         ELSE  (* Los abgelehnt und Totolkontrolle *)
             Berechne Posteriorvert. PIPOST(i) I=0,NA
                    ueber Beta-Vert.
        ENDIF
        Berechnung des erw.Verlusts durch Nichtanpassen bzgl.
                Posterior-Vert auf den Prozesskurvenzustaenden
                                                   i=0,...NA
       IF ( Erw. Verlust durch Nichtanp.   ≥
            Erw. Verlust durch falschen Alarm )  THEN     (* Alarm *)
                                             NA
            Bestimme neuen Zustand z_neu =z :  Σ  V(i,z)*PIPOST(i)=MIN !
                                             i=0
            Neuer Pruefplan [n(z),c(z)]=[n(z_neu),c(z_neu)]
            Posterior wird neue Startprior
                           PISTART(i)=PIPOST(i)  i=0,1,...NA
           Neuberechnung von QSTART bzgl. Startprior
      ELSEIF ( Erw. Verlust durch Nichtanp /
               Erw. Verlust durch falschen Alarm ≤ QSTART ) THEN
               Sollzustand angenommen und Uebergang zur
                           Ausgangsinformation :
                           PI(i)=PISTART(i) i=0,NA
      ELSE
          Priorinformation fortschreiben : PI(i)=PIPOST(i) i=0,NA
      ENDIF
      Erhoehung des Losindex t um 1
ENDWHILE  (* Ende der Lospruefung *)
END
```

Abb. 4.1.6 : Dokumentation des Stichprobenverfahrens 'BAYES-CUSUM'

formationen über das zeitliche Verhalten der Prozeßkurve zu gewinnen.

Bei der dem Verfahren 'BERNOULLI-CUSUM' entsprechenden Version 'BERNOULLI-GLEIT' wurde statt des Likelihoodquotienten (4.1.35) die äquivalente Teststatistik

$$Z_t := \sum_{\ell=1}^{L} Y_{t-\ell+1} \qquad t \geq L$$

gewählt, wobei Y_t die beobachtete Bernoulli-Variable ist. Z_t ist also entweder die Summe der angenommenen Lose unter den jeweils L letzten Losen oder die Summe der Stichproben mit einem Schlechtanteil größer als die Trennqualität p_r unter den jeweils L letzten Stichproben.

Wenn Z_t zu klein ist, wird man im Fall der angenommenen Lose auf eine Prozeßverschlechterung schließen und wenn Z_t zu groß ist, wird man eine Verbesserung des Produktionsprozesses vermuten.

Ein Ansatz obere und untere Alarmgrenzen c_ℓ und c_u zu bestimmen, besteht darin, den besten, unverfälschten Test für das 2-seitige Testproblem

$$P[Y=1] =: P \neq P_S$$

zu betrachten. Für dieses Testproblem existiert ein (möglicherweise randomisierter) bester, unverfälschter α-Test ϕ^*. Die Teststatistik dieses UMPU-Test ist Z_t.

Der UMPU-Test ϕ^* ist dadurch charakterisiert (vgl. Lehmann (1959), p. 126), daß seine Gütefunktion $\beta^*(P)$ $0 \leq P \leq 1$ an der Stelle P_S den Wert α annimmt und dort ein relatives Minimum hat. D.h. es gilt:

(4.1.1) $$\frac{\partial}{\partial P} \beta^*(P) \Big|_{P = P_S} = 0$$

Da wir uns auf nichtrandomisierte Entscheidungsregeln beschränken wollen, werden wir im allgemeinen keinen Test ϕ^* mit kritischen Werten c_ℓ und c_u finden, der das Niveau α einhält und die Bedingung (4.2.1) erfüllt.

Da P_S typischerweise nahe bei 0.9 (im Fall der mittleren Annahmewahrscheinlichkeit eines Loses) bzw. nahe bei 0.1 (im Fall des Stichprobenschlechtanteils) liegt, darf man nicht erwarten, daß ϕ^* symmetrisch ist, d.h. $P[L_t \le c_\ell] \approx P[L_t \ge c_u] \approx \frac{\alpha}{2}$.

Beispiel 4.2.1: Der Prüfplan (50,1) ist bayesoptimal zu einer Prozeßkurve mit $\bar{p}_S = 0.4\%$ und $\sigma_S = 0.6\%$.

Unter dieser Prozeßkurve beträgt die Annahmewahrscheinlichkeit eines Loses $P[X \le 1] = 0.96$. Der erwartete Anteil von Stichproben mit einem Schlechtanteil größer als die Trennqualität $p_r = 1.17\%$ beträgt $P[X \ge 1] = 0.16$. □

Die Gütefunktion $\beta_{c_\ell,c_u}(P)$ zu einem Test mit den kritischen Werten c_ℓ und c_u ist gegeben durch:

$$\beta_{c_\ell,c_u}(P) = \sum_{Z \le c_\ell} \binom{L}{Z} P^Z (1-P)^{L-Z} + \sum_{Z \ge c_u} \binom{L}{Z} P^Z (1-P)^{L-Z} \tag{4.2.2}$$

Für die Ableitung $\frac{\partial}{\partial P} \beta_{c_\ell,c_u}(P)$ erhält man (vgl. Hald (1981), p. 192, (9.5.9)):

$$\frac{\partial}{\partial P} \beta_{c_\ell,c_u}(P) = - \frac{L-c_\ell}{1-P} \binom{L}{c_\ell} P^{c_\ell} (1-P)^{L-c_\ell} + \frac{c_u}{P} \binom{L}{c_u} P^{c_u} (1-P)^{L-c_u} \tag{4.2.3}$$

Unter allen Test mit kritischen Werten c_ℓ und c_u, die bei $P = P_S$ ein vorgegebenes α-Niveau einhalten, wird dann derjenige Test ausgewählt wo:

$$\left|\frac{\partial}{\partial P} \beta_{c_\ell,c_u}(P_S)\right| = \min! \tag{4.2.4}$$

Das Auswahlkriterium unter (4.2.4) ist jedoch nur dann sinnvoll, wenn genügend viele 2-seitige α-Tests mit c_ℓ und c_u existieren. Dies ist dann der Fall, wenn entweder L groß genug ist oder P_S in der Nähe von 0.5 liegt.

Bei dem Verfahren 'BERNOULLI-GLEIT' müssen mindestens 2 nicht entartete 2-seitige Tests existieren, die unter (4.2.4) verglichen werden. Andernfalls wird sonst das einseitige Testproblem behandelt, und zwar:

$P < P_S$ falls P_S nahe bei 1

oder:

$P > P_S$ falls P_S nahe bei 0

Mit den Werten von Beispiel 4.2.1 erhält man nach dieser Vorschrift:

		erreichtes Niveau	c_ℓ	c_u
L=10	α=0.1	0.06	8	11
	α=0.2	0.06	8	11
	α=0.4	0.34	9	11
L=20	α=0.1	0.04	17	21
	α=0.2	0.19	18	21
	α=0.4	0.19	18	21

Testen der Annahmewahrscheinlichkeit P_S =0.96

		erreichtes Niveau	c_ℓ	c_u
L=10	α=0.1	0.06	-1	4
	α=0.2	0.06	-1	4
	α=0.4	0.21	-1	3
L=20	α=0.1	0.08	-1	6
	α=0.2	0.11	0	6
	α=0.4	0.35	1	5

Testen des Schlechtanteils P_S =0.16 in der Stichprobe vom Umfang n=50

Tabelle 4.2.1 : Bestimmung der kritischen Werte c_ℓ und c_u beim Verfahren 'BERNOULLI-GLEIT'

Das Verfahren 'BERNOULLI-GLEIT' ist durch die Angabe von $(\bar{p}_S, \sigma_S^2)$, die Länge L und das Niveau α des 2-seitigen Tests $P = P_S$ festgelegt.

Abbildung 4.2.1 dokumentiert das Verfahren 'BERNOULLI-GLEIT' in einem Pseudocode.

Das Analogon zum Verfahren 'MULT-CUSUM' (Bez.: 'MULT-GLEIT') benutzt die Darstellung über das Produkt der jeweils L letzten Likelihoodquotienten aus den Stichprobenergebnissen. Wegen der direkten Interpretierbarkeit des Likelihoodquotienten erfolgt eine Alarmmeldung auch schon dann, wenn einer der Likelihoodquotienten bei weniger als L Stichprobendaten die Alarmgrenze überschreitet. Es ist also nicht notwendig bei Start des Verfahrens zunächst L Lose abzuwarten, bevor der Prüfplan abgeändert werden kann.

Das Verfahren 'MULT-GLEIT' ist damit durch die Angabe von $(\bar{p}_{A_i}, \sigma_{A_i}^2)$ $(i=0,1,\ldots,N_A)$, die Wahl des kritischen Werts h^Q für die Likelihoodquotienten und L festgelegt. Abbildung 4.2.2 dokumentiert das Verfahren 'MULT-GLEIT' in einem Pseudocode.

Das Analogon zum Verfahren 'BAYES-CUSUM' (Bez.: 'BAYES-GLEIT') benutzt zum Zeitpunkt $t \leq L$ die Posterior-Information:

$$\Pi_i(X_t, X_{t-1}, \ldots, X_1) \propto \Pi_i \prod_{\ell=1}^{t} f(X_\ell | n, \bar{p}_{A_i}, \sigma_{A_i}^2) \qquad (i=0,1,\ldots,N_A)$$

Für $t > L$ basiert die Berechnung des Quotienten von erwarteten Verlust durch Nichtanpassung und erwarteten Verlust durch Fehlalarm auf der Posterior-Information:

$$\Pi_i(X_t, X_{t-1}, \ldots, X_{t-L+1}) \propto \prod_{\ell=t-L+1}^{t} f(X_\ell | n, \bar{p}_{A_i}, \sigma_{A_i}^2)$$

Pruefverfahren 'BERNOULLI-GLEIT im Pseudocode

- Durchfuehrung eines 2-seitigen Bernoulli-Tests -

```
PROGRAM BERNOULLI-GLEIT
READ    Parameter
        Prozesskurvenparameter bei Start : [p̄S,σS]
        Laenge der gleitenden Datenbasis : LAENGE
        Typ der getesteten Bernoulli-Variablen Y : VTYP
                     (" VTYP=1 : Annahme/Ablehnungsentscheidung
                   VTYP=2 : Schlechtant. in Stichpr. ≥ Trennqual.")
        Niveau des 2-seitigen Tests P ≠ P(S)   : ALPHA
BEGIN          (" Initialisierung des Verfahrens ")
        Bestimmung des optimalen Pruefplans [n,c]
        IF ( VTYP = 1 ) THEN
             Berechnung der mittleren Annahmewahrscheinlichkeit eines
             Loses im Sollzustand
        ELSEIF ( VTYP =2 )
             Berechnung der Wahrscheinlichkeit von " x/n ≥ Trennqual.
             im Sollzustand
        ELSE   (" allgemeiner Fall ")
             P(S)=P[Y=1]
        ENDIF
        Bestimmung der kritischen Werte XLOW u. XUP des besten
        unverfaelschten  2-seitigen Test P≠P(S) auf Basis von LAENGE
        Beobachtungen zum Niveau ALPHA
        tau=1
WHILE ( t≤NZEIT )   DO              (" Schleife ueber NZEIT Lose ")
        WHILE ( tau ≤ LAENGE ) DO     (" Auffuellen der Datenbasis ")
               Ziehe Stichprobe X(t) vom Umfang n
               IF ( VTYP=1 ) THEN
                    Y(t)=1 falls Los angenommen
               ELSEIF ( VTYP=2 )
                    Y(t)=1 falls X(t)/n ≥ Trennqual.
               ELSE   (" allgemeiner Fall ")
                    Bestimmung von Y(t)
               ENDIF
               Erhoehen von tau und Losindex t um 1
        ENDWHILE     (" Datenbasis aufgefuellt ")
        Ziehe Stichprobe vom Umfang n
        Bestimme Y(t)
        Berechne Teststatistik TEST auf Basis der letzten LAENGE Y(t)
        IF ( {TEST≤XLOW} OR {TEST≥XUP} ) THEN     (" Alarm ")
              Schaetzung der neuen Prozesskurvenparameter [p̄neu,σneu]
              auf Basis der letzten LAENGE Stichprobenergebnisse
              Re-Initialisierung des Verfahrens bei [p̄, σ]=[p̄neu,σneu]
              IF ( nneu= 0 )  THEN
                  [nneu,cneu]=[nmin,cmin]
              ENDIF
              tau=1      (" Loeschen der alten Datenbasis . Auffuellen
                                              einer neuen Datenbasis ")
        ELSE     (" kein Alarm ")
              Aufdatieren der gleitenden Datenbasis
        ENDIF
        Erhoehung des Losindex t um 1
ENDWHILE        (" Ende der Lospruefung  ")
END
```

Abb. 4.2.1 : Dokumentation des Stichprobenverfahrens 'BERNOULLI-GLEIT'

```
Pruefverfahren 'MULT-GLEIT' im Pseudocode
=========================================

Berechnung mehrerer Likelihoodquotienten auf gleitender Datenbasis -


PROGRAM MULT-GLEIT
READ    Parameter
        Anzahl der Prozesskurvenalternativen : NA
        Prozesskurvenparameter : [p̄(i),σ(i)] i=0,1,...NA
        Anzahl der maximal in die Berechnung des Likelihood-
               quotienten einbezogenen Pruefergeb. : LAENGE
        Kritischer Wert : WKRIT
BEGIN              (" Initialisierung des Verfahrens ")
        Berechnung der optimalen Pruefplaene [n(i),c(i)] i=0,1,...NA
        Bestimmung des Startzustands z ∈ {0,1,...NA}
        tau  = 0
WHILE ( t≤NZEIT )  DO      (" Schleife ueber NZEIT Lose ")
        Ziehen einer Stichprobe Vom Umfang n(z)
        Pruefung mit Plan [n(z),c(z)]
        IF ( Los angenommen ) THEN
             Berechne Beta-Binomial-Dichten : DICHTE(i) i=0,NA
        ELSE      (" Los abgelehnt und Totalkontrolle ")
             Berechne Beta-Dichten : DICHTE(i) i=0,NA
        ENDIF
        IF ( tau < LAENGE ) THEN
             Aufmultiplizieren der letzt.tau Dichtewerte : PRODUKT(i) i=0,NA
        ELSE
             Aufmultiplizieren der letzt.LAENGE Dichtew.: PRODUKT(i) i=0,NA
        ENDIF
        Berechnung der Likelihoodquotienten : LQ(i) i=1,NA
        Bestimme MAXIMUM der LQ(i) i=1,NA mit Index imax
        IF ( MAXIMUM ≥ WKRIT ) THEN
             Alarm aufgrund des Likelihoodquotienten LQ(imax)
             Neuer Sollzustand  : z=imax
             Neuer Pruefplan   : [n(z),c(z)]=[n(imax),c(imax)]
        ENDIF
        Erhoehung des Losindex t um 1
ENDWHILE                  (" Ende der Lospruefung ")
END
```

Abb. 4.2.2 : Dokumentation des Stichprobenverfahrens 'MULT-GLEIT'

Das Verfahren 'BAYES-GLEIT' ist damit durch die Angabe von $(\bar{p}_{A_i}, \sigma^2_{A_i})$ $(i=0,1,\ldots,N_a)$, und die Festlegung von Π_o, v_o sowie L bestimmt. Abbildung 4.2.3 dokumentiert das Verfahren 'BAYES-GLEIT' in einem Pseudocode.

Im 3. Kapitel haben wir das Distanzmaß

$$\tilde{\lambda}_{N_L}(w \mid w_S) = \sum_{j \in \{\ell,m,u\}} \frac{(w_j - w_j(S))^2}{w_j(S)} \tag{4.2.5}$$

studiert. Hierbei sind zu vorgegebenen Intervallen $I_\ell = [0, p_\ell]$, $I_m = (p_\ell, p_u)$ und $I_n = [p_u, 1]$ die Werte von w_j $(j=\ell,m,u)$ gegeben durch:

$$w_j = \int_{I_j} w(p)\, dp \qquad j=\ell,m,u \tag{4.2.6}$$

Wegen

$$P[\frac{X}{n} \in I_j] \xrightarrow[n\to\infty]{} w_j \qquad j=\ell,m,n \tag{4.2.7}$$

kann man in (4.2.5) die unbekannten Werte für w_j durch die Schätzungen $\frac{N_j(t)}{L}$ ersetzen, wobei $N_j(t)$ für $t \geq L$ definiert durch:

$$N_j(t) := \text{Anzahl der Stichproben mit } \frac{X_{t-\ell+1}}{n} \in I_j \qquad (\ell=1,\ldots,L)$$

Ersetzt man die $w_j(S)$ $(j=\ell,m,u)$ durch die exakten Wahrscheinlichkeiten $\tilde{w}_j(S)$ mit denen die $\frac{X_t}{n}$ in das Intervall I_j $(j=\ell,m,u)$ fallen, so gilt:

$$\tilde{w}_j(S) = \sum_{\frac{x}{n} \in I_j} f(x, n, \bar{p}_S, \sigma^2_S) \qquad (j=\ell,m,u) \tag{4.2.8}$$

und $\tilde{\ell}_{N_L}(w|w_S)$ ist dann proportional zu der χ^2-Teststatistik T mit:

$$(4.2.9) \qquad T(X_t, X_{t-1}, \ldots, X_{t-L+1}) = \sum_{j\in\{\ell,u,m\}} \frac{(N_j(t) - L\tilde{w}_j(S))^2}{L\tilde{w}_j(S)}$$

Wir haben auf diese Weise einen χ^2-Anpassungstest mit 3 Beobachtungsklassen erhalten, der auf die jeweils L letzten Stichprobendaten angewandt wird.

Ein Problem besteht darin, daß die beobachteten X_t ganzzahlig sind und $I_m = (p_\ell n, p_u n)$ eine ganze Zahl enthalten muß. Dies ist für kleine Werte von n nicht immer gegeben.

<u>Beispiel 4.2.2:</u> $N_L = 2000$, $p_r = 1.17\%$. Die Prozeßkurve $w_S(p)$ sei durch $\bar{p}_S = 0.4\%$ und $\sigma_S = 0.6\%$ gegeben. Zu dieser Prozeßkurve ist der Prüfplan [50,1] bayesoptimal.

Im Abschnitt 3.3 wurde $p_\ell = 0.9\%$ und $p_u = 1.3\%$ benutzt. Jedoch gilt

$$p_\ell \cdot n = 0.45 \qquad\qquad p_u \cdot n = 0.65$$

Benutzt man die unter (3.28) und (3.29) angegebene Festlegung der Werte für $w_j(S)$ $(j=\ell,m,u)$ über die Werte der Nebenmaxima Max_ℓ und Max_u der Regretfunktion $R_{[50,1]}(p)$, so erhält man unter der Vorgabe $w_m(S) = 0.2$:

$$\frac{w_u(S)}{w_\ell(S)} = \frac{Max_u}{Max_\ell} = \frac{0.69}{22.1} = 0.03$$

und:

$$w_\ell(S) = 0.775 \qquad w_m(S) = 0.20 \qquad w_u(S) = 0.025$$

Die beobachteten Zufallsgrößen X_t sind jedoch diskret und es ist nicht möglich eine Klasseneinteilung der Stichprobenergebnisse zu finden, so daß $\tilde{w}_j(S)$ $(j=\ell,m,u)$ mit den vor-

Pruefverfahren 'BAYES-GLEIT' im Pseudocode

- Kontrolle des erwarteten Verlusts bei Nichtanpassung -

```
PROGRAM BAYES-GLEIT
READ    Parameter
        Anzahl der Prozesskurvenalternativen : NA
        Prozesskurvenparameter : [p̄(i),σ(i)] i=0,1,...NA
        Priorgewicht auf dem Startzustand [p̄(z),σ(z)] : PI0
        Verlust bei falschem Alarm : V0
        Laenge der gleitenden Datenbasis : LAENGE
BEGIN                    (* Initialisierung des Verfahrens *)
        Berechnung der optimalen Pruefplaene [n(i),c(i)] i=0,1,...NA
                                  unter den jeweiligen Alternativen
        Berechnung der Verlustmatrix V(z_true, z_used)  z_true,z_used ∈ {0,1,...NA}
        Bestimmung des Startzustands [p̄(z),σ(z)]  z∈{0,1,...NA}
        Verteilung der restlichen Priormasse 1-PI  auf die uebrigen Zust.
        tau=1
WHILE ( t≤NZEIT ) DO     (* Schleife ueber NZEIT Lose *)
        Ziehen einer Stichprobe vom Umfang n(z)
        Pruefung des Loses mit Plan [n(z),c(z)]
        IF ( Los angenommen ) THEN
             Berechne Beta-Binomial-Dichten : DICHTE(i) i=0,NA
        ELSE  (* Los abgelehnt und Totolkontrolle *)
             Berechne Beta-Dichten : DICHTE(i)  i=0,NA
        ENDIF
        IF ( tau≤NLAENGE ) THEN
             Berechne Posteriorverteilung unter Einbeziehung der Prior
              und der letzten tau Dichtewerte
        ELSE
             Berechne Posteriorverteilung unter Einbeziehung der
              letzten LAENGE Dichtewerte
        ENDIF
        Berechnung des erw.Verlusts durch Nichtanpassen bzgl.
                                                        Posterior-Vert
        IF ( Erw. Verlust durch Nichtanp   ≥
             Erw. Verlust durch falschen Alarm )   THEN        (* Alarm *)
                                                NA
             Bestimme neuen Zustand z_neu =z :  Σ   V(i,z)*PIPOST(i)=MIN !
                                               i=0
             Neuer Pruefplan [n(z),c(z)]=[n(z_neu),c(z_neu)]
        ENDIF
        Erhoehe tau und Losindex t um 1
ENDWHILE  (* Ende der Lospruefung *)
END
```

Abb. 4.2.3 : Dokumentation des Stichprobensystems 'BAYES-GLEIT'

gegebenen Worten $w_j(S)$ übereinstimmen. Man erhält unter der Prozeßkurve $w_S(p)$:

$$P[X=0] = \tilde{w}_\ell(S) = 0.84$$
$$P[X=1] = \tilde{w}_m(S) = 0.12$$
$$P[X\geq 2] = \tilde{w}_u(S) = 0.04$$

Im gewisser Weise ist diese Einteilung der Stichprobenergebnisse in 3 Klassen die einzig sinnvolle. □

<u>Bemerkung 4.2.1:</u> Das obige Beispiel zeigt, daß wir noch eine Strategie benötigen, wie wir $x_\ell := p_\ell n$ und $x_u := p_u n$ bestimmen, um die $\tilde{w}_j(S)$ $(j=\ell,m,u)$ möglichst gut an die vorgegebenen Werte $w_j(S)$ $(j=\ell,m,u)$ anzupassen.

Bei dem in Abbildung 4.2.4 dokumentierten Verfahren 'CHISQUARE' wurde die untere Klassengrenze $x_\ell \geq 0$ maximal so gewählt, daß

$$P[X\leq x_\ell] = \tilde{w}_\ell(S) \leq w_\ell(S)$$

gilt. Falls $P[X=0] > w_\ell(S)$ gilt, wird $X_\ell = 0$ gesetzt.

Die Bestimmung einer oberen Klassengrenze $x_u > x_\ell + 1$ erfolgt so, daß x_u der maximale Wert ist mit:

$$P[X < x_u] \leq w_\ell(S) + w_m(S)$$

Gilt $P[X\leq x_\ell + 1] > w_\ell(S) + w_m(S)$, so wird $x_u = x_\ell + 2$ gesetzt. □

Das in Bemerkung 4.2.1 geschilderte Verfahren für die Bestimmung von x_ℓ und x_u liefert mit den Werten von Beispiel 4.2.2 die Werte $x_\ell = 0$ und $x_u = 2$.

Das Verfahren 'CHISQUARE' ist damit durch die Angabe von $L, w_m(S)$ und eines kritischen Werts für die Teststatistik T festgelegt. Die Abbildung 4.2.4 dokumentiert das Verfahren 'CHISQUARE' in einem Pseudocode.

Pruefverfahren 'CHISQUARE' im Pseudocode

- Anwendung des Chi2-Anpassungstests mit 3 Klassen -

```
PROGRAM CHISQUARE
READ    Parameter
        Prozesskurvenparameter bei Start des Verfahrens : [p̄S,σS]
        Laenge der gleitenden Datenbasis : LAENGE
        W.-keit fuer die Besetzung der mittl. Klasse : WMI
        Kritischer Wert fuer die Testentscheidung : WKRIT
BEGIN                  (* Initialisierung des Verfahrens *)
        Berechnung des optimalen Pruefplans [n,c] zur gegebenen
                                                  Prozesskurve
        Bestimmung der Klassengrenzen
                 Bestimmung der linken u. rechten Nebenminima der
                                                   Regretfunktion
                 Festlegen der W.-keiten Wlow u. Wup fuer die linke
                  u. rechte Klasse umgekehrt proportional zum Ver-
                  haeltnis der Nebenminima

                 Festlegen der Klassengrenzen Xlow bzw Xup des
                  linken bzw rechten Intervalls
        Setzen aller Zellenbesetzungen auf 0
        tau = 1
WHILE ( t≤NZEIT ) DO                (* Schleife ueber NZEIT Lose *)
        WHILE ( tau≤ LAENGE )  DO (* Auffuellen der Datenbasis *)
              Ziehe Stichprobe X(t) vom Umfang n
              IF ( X(t)≤Xlow ) THEN      (* Beob. in li. Interv.*)
                  Erhoehe Zellenbesetzung Nlow um 1
              ELSEIF ( Xlow<X(t)<Xup ) (* Beob. in mit.Interv.*)
                  Erhoehe Zellenbesetzung Nmi um 1
              ELSE                        (* Beob. in re. Interv.*)
                  Erhoehe Zellenbesetzung Nup um 1
              ENDIF
              Erhoehe tau und Losindex t um 1
        ENDWHILE                    (* Datenbasis aufgefuellt *)
        Ziehe Stichprobe X(t) vom Umfang n
        Aufdatieren der Zellenbesetzungen
        Berechnung der Teststatistik CHI2 auf Basis der
                        letzten LAENGE Zellenbesetzungen
        IF ( CHI2≥WKRIT ) THEN   (* Alarm und Neubest.der Prozessk.*)
            Schaetzung der neuen Prozesskurvenparameter [p̄neu,σneu]
             auf Basis der letzten LAENGE Stichprobenergebnisse
            RE-Initialisierung des Verfahrens mit p=p        =
            IF ( n_neu = 0 )  THEN
                [n_neu ,c_neu ]=[n_min ,c_min ]
            ENDIF
            tau=1           (* Loeschen der alten Datenbasis.
                               Auffuellen der neuen Datenbasis *)
        ELSE                        (* Kein Alarm *)
            Aufdatieren der gleitenden Datenbasis ueber Zellenbesetzung
        ENDIF
        Erhoehung des Losindex t um 1
ENDWHILE    (* Ende der Lospruefung *)
END
```

Abb. 4.2.4 : Dokumentation des Stichprobensystems 'CHISQUARE'

4.3 Kontrollverfahren über geometrisch gewichtete Beobachtungen

Eine 3. Möglichkeit, Stichprobeninformationen aus früheren Losen ein geringeres Gewicht zu geben, besteht darin, die Stichprobenergebnisse mit geometrisch abfallenden Gewichten zu versehen.

Im Unterschied zu den analogen Ansätzen auf dem Gebiet der Kontrollkarten (vgl. z.B. Roberts (1959) und Robinson und Ho (1978) ist im vorliegenden Fall ein 2-dimensionaler Parameter zu kontrollieren, nämlich $(\bar{p},\sigma^2)$. Äquivalent hierzu ist die Kontrolle der ersten 2 Momente der Stichprobenverteilung.

(4.3.1) $$E[X] = \mu = n\bar{p}$$

(4.3.2) $$E[X^2] = \sigma_X^2 + \mu^2 = n\bar{p}(1-\bar{p}) + n(n-1)\sigma^2 + n^2\bar{p}^2$$

Bei Start des Verfahrens haben $E[X]$ und $E[X^2]$ die Sollwerte:

(4.3.3) $$G_o := \bar{n}p_S$$

(4.3.4) $$M_o := \bar{n}p_S(1-\bar{p}_S) + n(n-1)\sigma_S^2 + n^2\bar{p}_S^2$$

Definiere als Schätzungen für $E[X]$ und $E[X^2]$ zum Zeitpunkt $t \geq 1$:

(4.3.5) $$G_t := \varepsilon X_t + (1-\varepsilon)\, G_{t-1} \qquad t \geq 1$$

(4.3.6) $$M_t := \varepsilon X_t^2 + (1-\varepsilon)\, M_{t-1} \qquad t \geq 1$$

Hierbei sei $0 < \varepsilon < 1$ ein noch zu wählender Parameter.

Ignoriert man den Einfluß der Startwerte (d.h. der Faktor $(1-\varepsilon)^t$ vor G_o bzw. M_o wird vernachlässigt) so sind G_t

und M_t unter einer stationären Verteilungsannahme erwartungstreue Schätzer für $E[X] = \mu$ und $E[X^2] = \sigma_X^2 + \mu^2$.

Definiere S_t^2 durch

$$S_t^2 := M_t - G_t^2 \qquad t \geq 0 \tag{4.3.7}$$

S_t^2 ist ein verzerrter Schätzer für σ_X^2, denn man erhält:

$$\begin{aligned} E[S_t^2] &= E[M_t] - E[G_t^2] \\ &= \varepsilon(\sigma_X^2+\mu^2) + \varepsilon(1-\varepsilon)(\sigma_X^2+\mu^2) + \ldots \\ &+ \varepsilon(1-\varepsilon)^{t-1}(\sigma_X^2+\mu^2) + (1-\varepsilon)^t M_o \\ &- (VAR[G_t] + E^2[G_t]) \end{aligned} \tag{4.3.8}$$

Ignoriert man wieder den Einfluß der Startwerte (d.h. $(1-\varepsilon)^t$ wird vernachlässigt), so erhält man, da die Summe der Koeffizienten in (4.3.8) 1 ergibt:

$$E[S_t^2] = \sigma_X^2 - VAR[G_t] = \sigma_X^2 \left(1 - \varepsilon^2 \sum_{\nu=o}^{t-1} (1-\varepsilon)^{2\nu}\right) \tag{4.3.9}$$

Folglich ist

$$\hat{\sigma}_X^2(t) := \frac{M_t - G_t^2}{1 - \varepsilon^2 \sum_{\nu=o}^{t-1} (1-\varepsilon)^{2\nu}} \qquad t \geq 1 \tag{4.3.10}$$

ein asymptotisch unverzerrter Schätzer für die Stichprobenvarianz.

Mit $\hat{\mu}(t) := \frac{G_t}{n}$ ist damit das Paar $(\hat{\mu}(t), \hat{\sigma}_X^2(t))$ eine asymptotisch unverzerrte Schätzung für die Stichprobenmomente zur Teit t.

Die naheliegende Idee für das Parameterkontrollverfahren besteht darin, jedesmal die Parameter $\bar{p}$ und σ^2 der Prozeßkurve bzw. die Parameter μ und σ_X^2 der Stichprobenverteilung neu anzupassen, wenn $(\hat{\mu}(t),\hat{\sigma}_X^2(t))$ zu große Abweichungen von bisher angenommenem Sollwert $(\mu(0),\sigma_X^2(0))$ zeigt.

Der Bereich, in dem die Schätzungen zu einer Anpassung der Prozeßkurvenparameter führen, werde der kritische Bereich $K(\mu(0),\sigma_X^2(0))$ genannt.

Die Parameter $\bar{p}$ und σ^2 lassen sich über:

(4.3.11) $$\bar{p} = \frac{\mu}{n}$$

(4.3.12) $$\sigma^2 = \frac{1}{n(n-1)}\left(\sigma_X^2 - \mu\left(\frac{\mu}{n}\right)\right)$$

ausdrücken. Wir können damit das Distanzmaß $\ell_{N_L}(\bar{p},\sigma^2|\bar{p}_S,\sigma_S^2)$ zwischen 2 Prozeßkurven in den Parametern μ und σ_X^2 der Stichprobenverteilung ausdrücken:

(4.3.13) $$\bar{\ell}_{N_L}(\mu,\sigma_X^2|\mu(0),\sigma_X^2(0)) :=$$

$$\ell_{N_L}\left(\frac{\mu}{n}, \frac{\sigma_X^2 - \mu(1-\frac{\mu}{n})}{n(n-1)} \,\middle|\, \frac{\mu(0)}{n}, \frac{\sigma_X^2(0) - \mu(0)(1-\frac{\mu(0)}{n})}{n(n-1)}\right)$$

Eine plausible Wahl des kritischen Bereichs $K(\mu(0),\sigma_X^2(0))$ ist dann:

(4.3.14) $$(\hat{\mu}(t),\hat{\sigma}_X^2(t)) \in K(\mu(0),\sigma_X^2(0))$$

$$\Longleftrightarrow \bar{\ell}_{N_L}(\hat{\mu}(t),\hat{\sigma}_X^2(t)|\mu(0),\sigma_X^2(0)) \geq c$$

wobei c eine vorgegebene Konstante ist. Diese Version eines kritischen Bereichs hat die anschauliche Interpretation, daß die Prozeßkurve genau dann den geschätzten neuenParametern angepaßt wird, wenn der Schaden durch eine Nichtanpassung den vorgegebenen Wert c überschreitet.

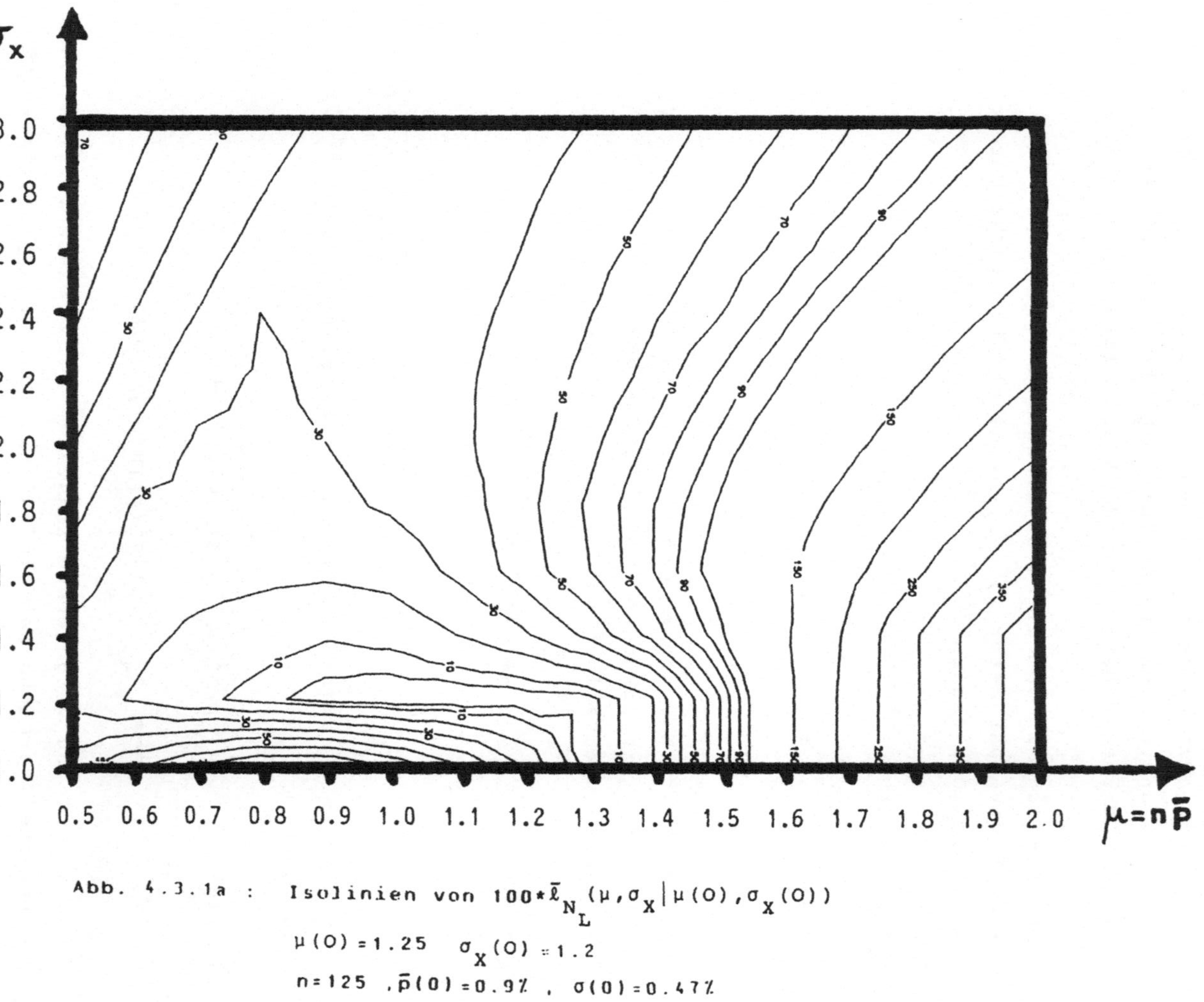

Abb. 4.3.1a : Isolinien von $100 * \bar{\ell}_{N_L}(\mu, \sigma_X \mid \mu(0), \sigma_X(0))$

$\mu(0) = 1.25 \quad \sigma_X(0) = 1.2$

$n = 125$, $\bar{p}(0) = 0.9\%$, $\sigma(0) = 0.47\%$

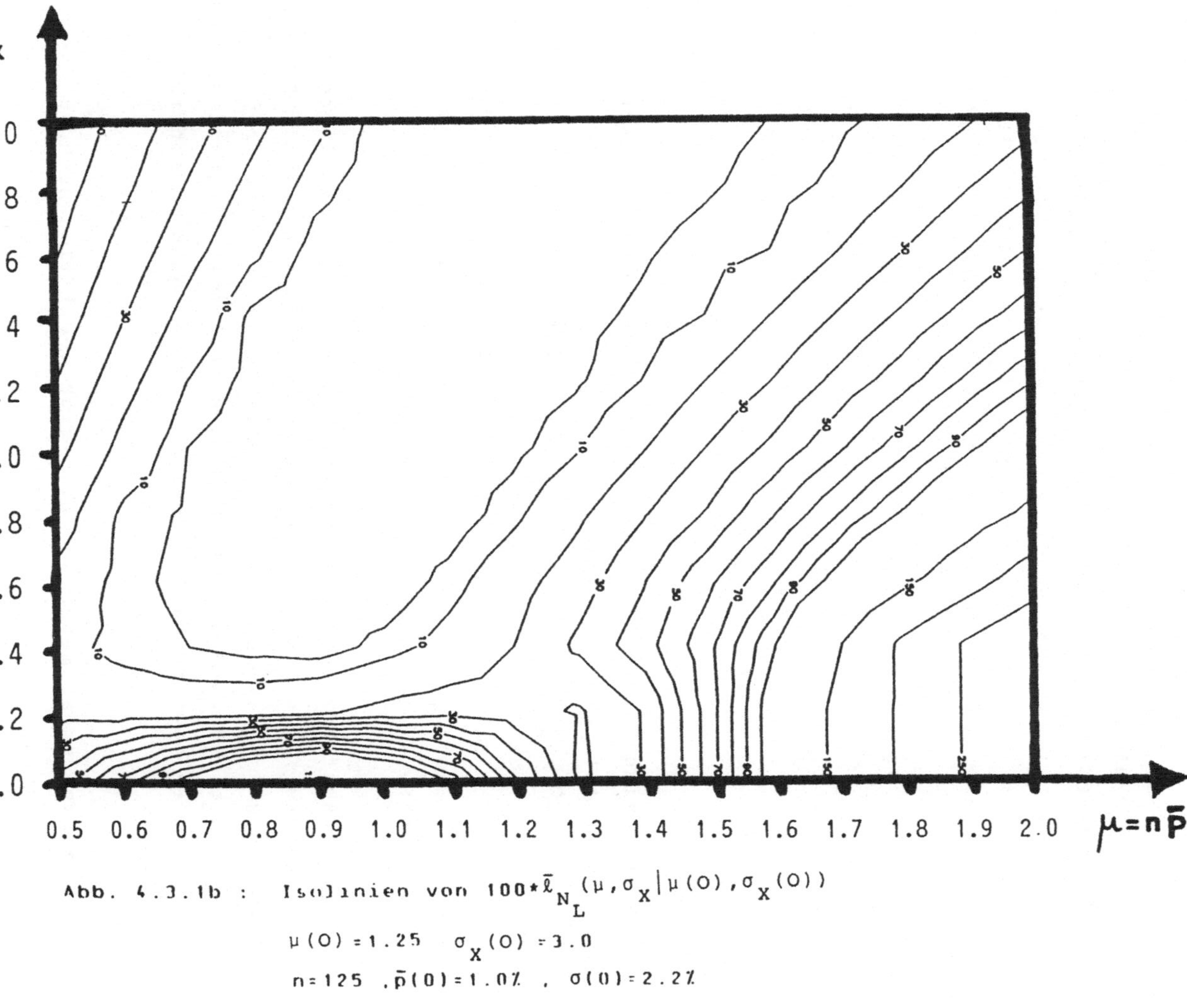

Abb. 4.3.1b : Isolinien von $100 * \bar{l}_{N_L}(\mu, \sigma_X | \mu(0), \sigma_X(0))$

$\mu(0) = 1.25 \quad \sigma_X(0) = 3.0$

$n = 125 \;, \bar{p}(0) = 1.0\% \;, \quad \sigma(0) = 2.2\%$

Abbildung 4.3.1a + b zeigt die Isolinien von $\bar{\ell}_{N_L}(\mu,\sigma_X^2|\mu(0),\sigma_X^2(0))$ für $n = 125$ und die Sollprozeßkurven $w_1(p)$ mit $\bar{p} = 0.9\%$ und $\sigma_1 = 0.47\%$ und $w_3(p)$ mit $\bar{p}_3 = 1.0\%$ und $\tau_3 = 2.2\%$. Dies liefert die Startwerte $\mu(0) = 1.125$ und $\sigma_X(0) = 1.2$ bzw. $\mu(0) = 1.25$ und $\sigma_X(0) = 3.0$. Wir sehen, daß die Struktur der Isolinien von $\bar{\ell}_{N_L}$ kaum von ℓ_{N_L} abweicht (vgl. Abbildung 3.3a und 3.5a). Dies war auch zu erwarten, da wegen

$$\sigma_X^2 = n^2\sigma^2 + n(\bar{p}(1-\bar{p}) - \sigma^2)$$

für große Werte von n gilt: $\sigma_X \approx n\sigma$ und $\mu = n\bar{p}$. D.h. das Verhalten von $\bar{\ell}_{N_L}$ stimmt bis auf das Proportionalitätsfaktor n mit ℓ_{N_L} überein.

Die Entscheidung, ob $(\hat{\mu}(t),\hat{\sigma}_X^2(t))$ im kritischen Bereich liegt, kann über eine Maske geschehen. Eine einfache algebraische Auswertung ist im allgemeinen nicht möglich, da $\bar{\ell}_{N_L}(\mu,\sigma_X^2|\mu(0),\sigma_X^2(0))$ nur schwer zu bestimmen ist.

Wir versuchen daher $K(\mu(0),\sigma_X^2(0))$ durch einen einfacheren Bereich $\tilde{K}(\mu(0),\sigma_X^2(0))$ zu ersetzen, so daß die Bedingung $(\hat{\mu}(t),\hat{\sigma}_X^2(t)) \in \tilde{K}$ einfach zu überprüfen ist.

Gemäß den Ausführungen in Abschnitt 3.1 ist die Darstellung von $\ell_{N_L}(w|w_S)$ in $(\bar{p},\tau)$-Koordinaten besonders einfach. Für $\tau > 60$ zeigt $\ell_{N_L}(w|w_S)$ nur eine geringe Veränderung in der τ-Koordinate, während die Richtung des steilsten Anstiegs von $\ell_{N_L}(w|w_S)$ in etwa durch die Gerade $\tau = \tau_S = \text{const}$ beschrieben wird.

Der Prozeßkurvenparameter τ läßt sich ebenfalls durch μ und σ_X^2 ausdrücken. Man erhält:

$$(4.3.15) \qquad \tau + 1 = \frac{\bar{p}(1-\bar{p})}{\sigma^2} = (n-1)\,\frac{\mu(1-\frac{\mu}{n})}{\sigma_X^2-\mu(1-\frac{\mu}{n})}$$

Definiere $\tau(0)$ bzw. $\hat{\tau}(t)$ dadurch, daß man in (4.3.15) μ und σ_X^2 durch $\mu(0)$ und $\sigma_X^2(0)$ bzw. $\hat{\mu}(t)$ und $\hat{\sigma}_X^2(t)$ ersetzt. Dann sei $\tilde{K}$ definiert durch:

(4.3.16) $$(\hat{\mu}(t), \hat{\tau}(t)) \in \tilde{K} \iff |\hat{\mu}(t) - \mu(0)| > nc_{\bar{p}} \quad \text{oder} \quad |\hat{\tau}(t) - \tau(0)| > c_\tau$$

Hierbei sind $c_{\bar{p}}$ und c_τ vorgegebene Konstanten.

Das Komplement von $\tilde{K}$ bildet also in (μ,τ)-Koordinaten ein Rechteck.

Die Schätzung $\hat{\tau}(t)$ besitzt eine hohe Varinaz. Denn: Ignoriert man den Faktor $(1-\frac{\mu}{n}) = (1-\bar{p}) \approx 1$ in (4.3.15), so erhält man:

(4.3.17) $$\hat{\tau}(t) + 1 \approx (n-1) \frac{G_t}{\frac{M_t - G_t^2}{\eta} - G_t}$$

wobei $$\eta := 1 - \varepsilon^2 \sum_{\nu=0}^{t-1} (1-\varepsilon)^{2\nu}$$

Für $\varepsilon = 0.3$ beispielsweise erhält man

$$1 > \eta > 0.83 \qquad t = 1,2,...$$

Für kleine Stichprobenumfänge (z.B. $n = 50$) ist die Wahrscheinlichkeit für die Stichprobenereignisse $X = 0$ oder $X = 1$ sehr groß (ca. 0.9 für die meisten realistischen Prozeßkurven). Nach einer Serie von Stichprobenergebnissen mit 0 oder 1 gilt dann $M_t \approx G_t$, so daß der Nenner in (4.3.17) nahe bei Null liegt. Für

(4.3.18) $$\frac{1}{\eta}(G_t - G_t^2) - G_t < 0$$

liefert $\tau(t)$ sogar unzulässige negative Werte. Dies ist für $G_t \geq 1 - \eta$ der Fall.

Bei dem mit 'τ-GEOM' bezeichnetem Verfahren wurde die folgende Stabilisierung des Schätzers $\hat{\tau}(t)$ vorgenommen.

(i) $\hat{\tau}(t) \leq \tau_{max}$ $t \geq 1$

Als realistische Größe wurde $\tau_{max} = 420$ gewählt. Dies liefert bei $\bar{p} = 1.6\%$ die Untergrenze $\sigma = 0.6\%$ für die Prozeßstreuung (vgl. Kapitel 9).

(ii) Ist $\hat{\tau}(t)$ negativ, so gilt typischerweise $M_t \approx G_t$ und G_t^2 kann gegenüber G_t vernachlässigt werden (d.h. die Stichprobenergebnisse bestehen aus vielen Nullen und einigen Einsen). Dies liefert in (4.3.17)

$$\hat{\tau}(t) + 1 \approx (n-1) \frac{G_t}{\frac{G_t}{\eta} - G_t} = (n-1) \frac{\eta}{1-\eta} \tag{4.3.19}$$

(iii) Da die oben beschriebenen Effekte für kleine Stichprobenumfänge auftreten, wird als Minimalstichprobenumfang $n_{min} = 50$ gewählt. In diesem Fall wird wie bei den anderen Verfahren $c_{min} = 1$ gewählt.

Das Stichprobensystem 'τ-GEOM' ist damit durch die Angabe von $\bar{p}_S$ und σ_S^2, die Wahl des Glättungsfaktors ε und die Grenzen $c_{\bar{p}}$ und c_τ für den kritischen Bereich $\tilde{K}$ bestimmt. Abbildung 4.3.2 dokumentiert das Verfahren 'τ-GEOM' in einem Pseudocode.

```
                    Pruefverfahren 'TAU-GEOM' im Pseudocode
                    =======================================

            - Geometrisch gewichtete Stichprobenergebnisse -

PROGRAM TAU-GEOM
READ    Parameter
        Prozesskurvenparameter bei Start des Verfahrens : (p̄_S,σ_S)
        Gewichtungsfaktor fuer neue Stichprobenergebnisse : EPS
        Max. Toleranz fuer Abweichungen von p̄_S   : CPQUER
        Max. Toleranz fuer Abweichungen von τ_S   : CTAU
BEGIN                          (" Initialisierung des Verfahrens ")
        Berechnung des optimalen Pruefplans [n,c] zur Soll-Prozesskurve
        Bestimmung der Stichprobenmomente G(S) und M(S) unter der
                                          Soll-Prozesskurve
        G(t=0)=G(S)    M(t=0)=M(S)
WHILE ( t≤NZEIT ) DO           (" Schleife ueber NZEIT Lose ")
        Pruefe Los mit Pruefplan [n,c]
        Bestimme neue Schaetzung  G(t)=EPS*X(t)+(1-EPS)*G(t-1)
                                  M(t)=EPS*X(t)*X(t)+(1-EPS)*M(t-1)
        Bestimme Schaetzung p̂(t) und τ̂(t) aus G(t) und M(t)
        IF ( ( ABS( p̂(t)-p̄_S ) ≥ CPQUER ) ODER ( ABS( τ̂(t)-τ_S ) ≥ CTAU ) )
                                     THEN (" Neubest. der Prozessk ")
              Schaetzung der neuen Prozesskurve durch
                               p̄_neu  =p̂(t)      τ_neu = τ̂(t)
              Re-initialisierung des Verfahrens bei [p̄_neu,σ_neu]
              IF ( n_neu = 0 )  THEN
                  [n_neu ,c_neu ]=[n_min ,c_min ]
              ENDIF
        ENDIF
        Erhoehung des Losindex t um 1
ENDWHILE    (" Ende der Lospruefung ")
END
```

Abb. 4.3.2 : Dokumentation des Stichprobenverfahrens 'TAU-GEOM'

5. Die Schätzung der Prozeßkurvenparameter

5.1 Wahl der Stichprobenergebnisse, die in die Schätzung eingehen

Jedes der in Kapitel 4 genannten Verfahren zur Kontrolle der Parameter der Prozeßkurve muß über eine Schätzprozedur verfügen, mit der aus den vorliegenden Stichprobenergebnissen und eventuell den Ergebnissen bei Totalkontrolle eines Loses die neuen Parameter der Prozeßkurve geschätzt werden, wenn das Verfahren eine Änderung der Prozeßkurve angezeigt hat.

Wir gehen dabei von der Annahme aus, daß die neue Prozeßkurve wieder eine Betadichte ist, deren Erwartungswert $\bar{p}$ und Varianz σ^2 zu schätzen sind.

Es bezeichne $\hat{\bar{p}} = \hat{\bar{p}}(X_t, X_{t-1}, \ldots, X_{t-L_t+1})$ und $\hat{\sigma}^2 = \hat{\sigma}^2(X_t, X_{t-1}, \ldots, X_{t-L_t+1})$ die Schätzung von $\bar{p}$ und σ^2 unter Verwendung der Stichprobenergebnisse $X_t, X_{t-1}, \ldots, X_{t-L_t+1}$. Allgemein gilt: Je kleiner L_t ist, desto größer ist die Varianz der Parameterschätzungen. Ist umgekehrt L_t groß, so hat das Parameterkontrollverfahren entweder sehr lange gebraucht, um die Parameteränderung zu erkennen (im CUSUM-Fall), oder es gehen in die Parameterschätzung auch noch Werte ein, die von einer anderen Prozeßkurve stammen und die Schätzung verfälschen (Verfahren mit gleitender Datenbasis).

Es erscheint jedoch plausibel, diejenigen Stichprobenergebnisse $X_t, X_{t-1}, \ldots, X_{t-L_t+1}$ in der Schätzung zu berücksichtigen, die zur Ablehnung der bisher angenommenen Prozeßkurve durch das Kontrollverfahren geführt haben.

Bei den in Abschnitt 4.1 genannten Kontrollverfahren auf Basis von CUSUM-Karten ist L_t eine Zufallsgröße, die die Anzahl der Stichprobenergebnisse angibt, die in den letzten SPRT eingehen, welcher zur Ablehnung der bisherigen Prozeßkurve führte.

Bei den in Abschnitt 4.2 genannten Kontrollverfahren auf gleitender Datenbasis ist $L_t = L$ für $t \geq L$.

Das in Abschnitt 4.3 beschriebene Verfahren 'τ-GEOM' benutzt - geometrisch gewichtet - alle Beobachtungen. Folglich ist $L_t = t$.

5.2 Momente-Schätzer

Wir nehmen an, daß die Beobachtungen $X_t, X_{t-1}, \ldots, X_{t-L_t+1}$ aus einer Polya-Verteilung mit Erwartungswert μ und Varianz σ_X^2 stammen, wobei:

$$(5.1) \qquad \begin{aligned} \mu &= n\bar{p} \\ \sigma_X^2 &= n\bar{p}(1-\bar{p}) + n(n-1)\sigma^2 \end{aligned}$$

Hierbei ist n der (konstante!) Stichprobenumfang der letzten $L = L_t$ Stichproben.

<u>Bemerkung 5.1:</u> Bei Bissell (1972) wird eine Momente-Schätzung beschrieben, die auch unterschiedliche Stichprobenumfänge zuläßt. Dieser Fall könnte auftreten, wenn man die Stichprobenergebnisse bei Totalkontrolle eines Loses noch mitberücksichtigen möchte. □

Die Momentenmethode (vgl. Everitt und Hand (1981), p. 90) basiert darauf, zunächst μ und σ_X^2 aus den Beobachtungen $X_t, X_{t-1}, \ldots, X_{t-L_t+1}$ zu schätzen und danach $\bar{p}$ und σ^2 durch Auflösen der Gleichungen unter (5.1) zu bestimmen. Hierbei werden μ und σ_X^2 durch

$$(5.2) \qquad \hat{\mu}(t) = \bar{X}(t) := \frac{1}{L_t} \sum_{\ell=1}^{L_t} X_{t-\ell+1}$$

$$(5.3) \qquad \hat{\sigma}_X^2(t) = \frac{1}{L-1} \sum_{\ell=1}^{L_t} (X_{t-\ell+1} - \bar{X}(t))^2$$

geschätzt. (5.1) liefert dann:

$$(5.4) \qquad \hat{\bar{p}}(t) = \frac{\bar{X}(t)}{n}$$

$$(5.5) \qquad \hat{\sigma}^2(t) = \frac{1}{n(n-1)}\,(\hat{\sigma}_X^2(t) - \bar{X}(t)(1 - \frac{\bar{X}(t)}{n}))$$

$\hat{\sigma}^2(t)$ liefert für

$$(5.6) \qquad \hat{\sigma}_X^2(t) < \bar{X}(t)(1 - \frac{\bar{X}(t)}{n})$$

negative Werte. Ignoriert man den Term $(1 - \frac{\bar{X}(t)}{n}) \approx 1$, so ist (5.6) erfüllt, falls:

$$(5.7) \qquad \frac{1}{L_t - 1}\left(\sum_{\ell=1}^{L_t} X^2_{t-\ell+1} - L_t\bar{X}^2(t)\right) < \frac{1}{L_t}\sum_{\ell=1}^{L_t} X_{t-\ell+1}$$

Ist n so gewählt, daß die meisten Stichproben 0 oder 1 defekte Stücke liefern, so gilt $X^2_{t-\ell+1} = X_{t-\ell+1}$. In diesem Fall ist (5.7) mit hoher Wahrscheinlichkeit erfüllt.

Es erscheint jedoch realistisch, die Prozeßvrianz nicht zu klein zu schätzen. Als sinnvolle Schranke bietet sich

$$(5.8) \qquad \sigma^2_{min} = \frac{\bar{p}(1-\bar{p})}{\tau_{max}+1}$$

an. (Vgl. Abschnitt 4.3, wo $\hat{\tau} \leq \tau_{max}$ gefordert wurde.)

<u>Bemerkung 5.2:</u> Fitzner (1979), S. 48, hat einen Schätzer $\hat{\sigma}_F^2$ angegeben, der für festes $L_t = L$ die Gleichung

$$(5.9) \qquad E[\hat{\sigma}_F^2(X_t, X_{t-1}, \ldots, X_{t-L+1})] = \sigma^2$$

erfüllt. Er erhält:

$$(5.10) \qquad \hat{\sigma}_F^2(t) = \hat{\sigma}^2(t) - \frac{1}{Ln}\,\hat{\sigma}_X^2(t)$$

Der Schätzer $\hat{\sigma}_F^2$ liefert damit noch häufiger negative Werte als der Schätzer $\hat{\sigma}^2$. Setzt man in diesem Fall $\hat{\sigma}_F^2 = \sigma_{min}^2$, so ist $\hat{\sigma}_F^2$ nicht mehr erwartungstreu im Sinne von (5.9).

Allerdings erscheint die Betrachtung der unbedingten Erwartungswerte von $\hat{\bar{p}}, \hat{\sigma}^2$ und $\hat{\sigma}_F^2$ für das Adaptionsproblem ohnehin problematisch (vgl. Abschnitt 5.4). □

5.3 ML-Schätzer für die Parameter der Prozeßkurve

Es sei $S_x = S_x(t)$ $(x=0,1,\dots,n)$ die Anzahl derjenigen Stichproben mit $X_{t-\ell+1} \leq x$ $(\ell=1,\dots,L)$. Man erhält damit $S_n = L$.

Die ML-Gleichungen für die Parameter $\bar{p} = \frac{\alpha}{\alpha+\beta}$ und $\tau = \alpha+\beta$ einer Polya-Verteilung lauten dann (vgl. Griffiths (1973)):

$$(5.11) \qquad \sum_{x=0}^{n-1} \left(\frac{S_n - S_x}{\bar{p} + \frac{x}{\tau}} - \frac{S_{n-1-x}}{1-\bar{p}+\frac{x}{\tau}} \right) = 0$$

$$(5.12) \qquad \sum_{x=0}^{n-1} x \left(\frac{S_n - S_x}{\bar{p} + \frac{x}{\tau}} + \frac{S_{n-1-x}}{1-\bar{p}+\frac{x}{\tau}} - \frac{S_n}{1-\frac{x}{\tau}} \right) = 0$$

Die Schätzer $\hat{\bar{p}}_{ML}$ und $\hat{\tau}_{ML}$ sind die Lösungen von (5.11) und (5.12). D.M. Smith (1983) gibt einen Algorithmus an, der (5.11) und (5.12) iterativ über das Newton-Raphon-Verfahren löst, wobei als Startlösung die Momentlösung aus Abschnitt 5.2 gewählt wird.

Wie bei dem Verfahren 'MULT-CUSUM' in Abschnitt 4.1 erläutert wird, genügen bereits endlich viele Alternativen $(\bar{p}_{A_i}, \sigma^2_{A_i})$ $i=1,\dots,N_A$ für die Schätzung der neuen Prozeßkurve. Die ML-Schätzung reduziert sich damit auf die Bestimmung des Maximums der Likelihoodfunktion an endlich vielen Stellen.

Bei der in den Kapiteln 9 und 10 beschriebenen Simulationsstudie wurden die folgenden 10 Prozeßkurven für die ML-Schätzung gewählt:

Parameter der Prozeeekurve				Bayes-optimaler Pruefplan bei N =2000 p_r=1.8*0.65%
$\bar{p}$ in %	σ in %	α	β	
0.4	0.6	0.40	103	[50,1]
0.4	1.0	0.15	38.6	[85,1]
0.4	1.2	0.10	25.5	[46,0]
0.6	0.7	0.70	117	[81,1]
0.9	0.47	3.6	400	[125,2]
1.0	2.2	0.18	18.6	[125,1]
1.1	0.7	2.3	214	[288,3]
1.2	1.0	1.4	116	[296,3]
1.3	1.0	1.6	125	[313,3]
1.3	1.5	0.65	49.6	[216,2]

Tabelle 5.1 : Auswahl von 10 Prozesskurven mit Erwartungswert $\bar{p}$ und Varianz σ^2 fuer eine ML-Schaetzung unter endlich vielen Alternativen

Das simultane Führen mehrerer CUSUM-Karten und die Wahl derjenigen Prozeßalternative $w_{A_{i_{max}}(t)}$, deren CUSUM-Karte im Alarmzeitpunkt den größten Wert hat, liefert - wie im Abschnitt 4.1 gezeigt - automatisch eine ML-Schätzung zwischen den **Alternativen** w_{A_i} $(i=1,...,N_A)$. Hierbei gehen diejenigen Stichprobendaten in die ML-Schätzung ein, die zur Alarmmeldung der CUSUM-Karte $CU_{i_{max}}(t)$ geführt haben. In diesem Fall liefert das Kontrollverfahren automatisch eine ML-Schätzung der neuen Parameter der Prozeßkurve.

5.4 Beurteilungskriterien für die Parameterschätzer im Adaptionsverfahren

Üblicherweise fordert man von den Parameterschätzern $\hat{\bar{p}}, \hat{\sigma}^2$ bzw. $\hat{\tau}$ Erwartungstreue und Konsistenz. Unter diesen "Minimal"-Voraussetzungen werden unterschiedliche Schätzer nach ihrer Varianz beurteilt. Bei den hier betrachteten Adaptionsverfahren müssen jedoch andere Beurteilungskriterien herangezogen werden.

In die Schätzung von $\bar{p}$ und σ^2 gehen nur dann Stichprobendaten $X_t, X_{t-1}, \ldots, X_{t-L_t+1}$ ein, wenn vorher ein Alarm stattgefunden hat. Ein Alarm in Richtung Prozeßverschlechterung wird typischerweise nur dann gegeben, wenn die $X_t, X_{t-1}, \ldots, X_{t-L_t+1}$ hohe Werte annehmen. In diesem Fall ist die Schätzung von $\bar{p}$ durch $\frac{\bar{x}}{n}$ also verfälscht (vgl. Wetherill (1977), p. 103).

Formal gesehen ist also der <u>bedingte</u> Erwartungswert $E[\hat{\bar{p}}(X_t, \ldots, X_{t-L_t+1}) \mid \text{"Alarm"}]$ von Interesse und anschaulich ist klar, daß häufig gilt:

$$\text{(5.13)} \qquad E[\hat{\bar{p}} \mid \text{"Alarm"}] \neq \bar{p} \qquad \bar{p} \in [0,1]$$

Allerdings kann es im einzelnen sehr schwierig sein, $E[\hat{\bar{p}} \mid \text{"Alarm"}]$ zu berechnen.

Konsistenzaussagen, d.h. Aussagen über die Verteilung des Schätzers bei $L_t \to \infty$, sind für Anwendungen von Schätzern bei Adaptionsverfahren nicht sehr aussagekräftig, da L_t typischerweise klein ist. Bei den üblichen Konsistenzbetrachtungen ist L_t keine Zufallsgröße, während bei den CUSUM-Verfahren L_t eine Zufallsgröße ist.

Es lassen sich allenfalls Aussagen treffen über die bedingte Verteilung von $\hat{\bar{p}}$ gegeben, daß ein Alarm stattgefunden hat. In Kapitel 7 bei Rendtel (1985) wird diese Verteilung für den Spezialfall von 3 simultan geführten CUSUM-Karten berechnet. Hierbei zeigt sich, daß die bedingte Verteilung der Parameterschätzung stark von den kritischen Werten $h^Q[i]$ $i=1,2,3$ der einzelnen CUSUM-Karten abhängt.

Von Interesse sind weiterhin die ökonomischen Folgen, wenn wir die neue Prozeßkurve durch $\hat{w}(p)$ mit $\hat{\bar{p}}(p)$ und $\hat{\sigma}^2$

schätzen, jedoch $w(p)$ mit $\bar{p}$ und σ^2 die wahre Prozeßkurve ist. Dieser Verlust ist gegeben durch $\ell_{N_L}(w|\hat{w})$. Von Interesse ist dann der erwartete Verlust durch eine falsche Anpassung gegeben, daß ein Alarm stattgefunden hat: $E_w[\ell_{N_L}(w|\hat{w})|\text{"Alarm"}]$. Bei Rendtel (1985), Kap. 7 wird diese Größe für das Beispiel von 3 simultan geführten CUSUM-Karten berechnet.

<u>Bemerkung 5.3:</u> Die Berechnung der bedingten Verteilung der Schätzer ist mit einem hohen mathematischen und numerischen Aufwand verbunden.

Jedoch ist die Bestimmung dieser Verteilung nicht das Hauptanliegen der vorliegenden Arbeit, weshalb auf eine weitergehende Erörterung dieses Aspekts verzichtet wird. □

6. In der Praxis benutzte adaptive Stichprobensysteme

6.1 Der Military-Standard 105D

Zu gegebenem Losumfang N_L und AQL (= Acceptance Quality Level) Wert gibt der Military Standard 105D (MIL-STD-105D) drei Prüfpläne $[n_n, c_n]$, $[n_r, c_r]$ und $[n_t, c_t]$ an, die auf 3 Prüfstufen ("normale Prüfung", "reduzierte Prüfung" und "verschärfte Prüfung") benutzt werden. Die Regelung der Übergänge zwischen den einzelnen Prüfstufen ist in Abbildung 6.1 dargestellt.

Bemerkung 6.1: Der MIL-STD-1o5D kennt auch noch eine 4. Prüfstufe, nämlich den Abbruch der Warenannahme, wenn länger als 10 Lose mit verschärfter Prüfung geprüft wurde. Um einen Vergleich mit den in Kapitel 4 genannten Prüfsystemen zu erleichtern, die eine solche "Discontinue Phase" nicht kennen, wird im folgenden diese Abbruchregelung ignoriert. □

Bei Lenz und Rendtel (1984) wird gezeigt, wie AQL-Wert und Trennqualität miteinander gekoppelt werden können. Die Idee hierzu liefert die Forderung, daß alle 3 Prüfpläne $[n_i, c_i]$ $i \in \{n,r,t\}$ bayesoptimal sein sollten für Prozeßkurven $w_{A_i}(p)$ $i \in \{n,r,t\}$, die um den AQL-Wert herum konzentriert sind.

Es läßt sich empirisch herleiten, daß die Trennqualität p_r ungefähr dem 50%-Punkt der Operationscharakteristik unter verschärfter Prüfung entspricht. Für die Prüfpläne des MIL-STD-105D ist dieser 50%-Punkt ungefähr durch 1.8 * AQL-wert gegeben. Dies liefert:

$$p_r = 1.8 * AQL \tag{6.1}$$

Beispiel 6.1: Für $N_L = 2000$ (Code Letter K) und AQL = 0.65% liefert der MIL-STD-105D

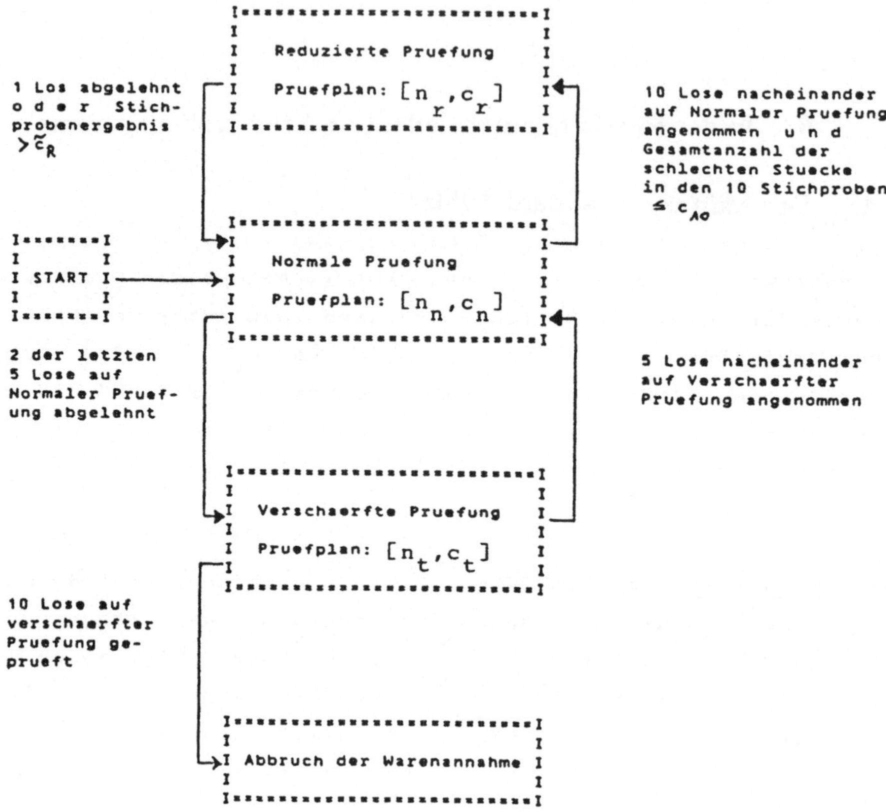

Abb. 6.1 : Die Pruefstufensteuerung des MIL-STD-105D

$$[n_n, c_n] = [125,2] \quad \text{und} \quad c_{10} = 4$$
$$[n_r, c_r] = [50,2] \quad \text{und} \quad \tilde{c}_r = 1$$
$$[n_t, c_t] = [125,1]$$

Für die Trennqualität p_r erhält man in diesem Fall:

$$p_r = 1.8 * 0.65\% = 1.17\%$$

Für die Prozeßkurve $w_n(p)$ mit $\bar{p}_n = 0.9\%$ und $\sigma_n = 0.47\%$ ist [125,2] bayesoptimal. Für den Plan [50,1] findet man $w_r(p)$ mit $\bar{p}_r = 0.4\%$ und $\sigma_r = 0.6\%$. Schließlich ist der Prüfplan [125,1] bayesoptimal zu $w_t(p)$ mit $\bar{p}_t = 1.0\%$ und $\sigma_t = 2.2\%$. Die Dichten $w_n(p)$, $w_r(p)$ und $w_t(p)$ sind unter Abb. 3.1 zu finden. □

<u>Bemerkung 6.2:</u> In der Praxis wird der MIL-STD-105D häufig ohne die reduzierte und verschärfte Prüfstufe benutzt. Für AQL = 0.65 und Code Letter K bedeutet dies durchgängig den Prüfplan [125,2] zu benutzen. □

6.2 Skip-Lot-Stichprobensysteme

Skip-Lot-Stichprobensysteme (SLSP) sind festgelegt durch: Die Wahl eines Basisprüfplans $[n_0, c_0]$, die Anzahl m_1 von Losen, die auf der Prüfstufe 0 angenommen werden müssen, um auf die Prüfstufe 1 zu gelangen, die inverse Prüfrate k_1 (= Anzahl der zu überspringenden Lose auf dieser Prüfstufe), die Anzahl m_2 von Losen, die auf der Prüfstufe 1 geprüft und angenommen werden müssen, um auf die höchste Prüfstufe 2 zu gelangen,und schließlich die inverse Prüfrate k_2 auf der Stufe 2.

Auf allen 3 Prüfstufen (0,1,2) wird der Prüfplan $[n_0, c_0]$ benutzt. Wird ein Los bei der Prüfung abgelehnt, so erfolgt eine Rückstufung um eine Stufe.

Abbildung 6.2 dokumentiert das Prüfverfahren 'SKIPLOT' in einem Pseudocode.

Lenz und Wilrich (1977) haben die Parameter des Skip-Lot-Stichprobensystems so gewählt, daß unter der Voraussetzung $[n_0, c_0] = [n_t, c_t]$ die Operationscharakteristik der beiden Systeme zwischen dem AQL-Wert und dem 50%-Punkt des Plans $[n_0, c_0]$ möglichst gut übereinstimmt. Dies liefert für AQL =0.65% und Code Letter K (vgl. Beispiel 6.1) die Werte:

$$m_1 = m_2 = 4, \quad k_1 = 2, \quad k_2 = 4.$$

6.3 Die Stichprobensysteme JIS Z9011 und JIS Z9015

Das im DFG-Projekt beschriebene Stichprobensystem Japanese Industrial Standard Z9011 ist zugunsten einer leicht modifizierten Form des MIL-STD-105D zurückgezogen wurden (vgl. JIS Z9015 (1971)). Die Modifikation betrifft den Übergang zurDicontinue Phase des MIL-STD-105D (vgl. Koyama (1981)) und ist daher für diese Untersuchung nicht relevant.

Pruefverfahren 'SKIPLOT' im Pseudocode

- Pruefen nach dem SKIP-Verfahren mit 2 Skipstufen

```
PROGRAM SKIPLOT
READ    Parameter
        Basisstichprobenplan    : [n0,c0]
        Anzahl der notwendigen angenommenen Lose zum Uebergang
                von der 0. auf die 1. Skipstufe : M(1)=NACCEPT(0)
        Inverse Pruefrate auf 1. Skipstufe   :  K(1)
        Anzahl der notwendigen angenommenen Lose zum Uebergang
                von der 1. auf die 2. Skipstufe : M(2)=NACCEPT(1)
        Inverse Pruefrate auf 2. Skipstufe   :  K(2)
BEGIN            (" Initialisierung des Verfahrens ")
        Stufe=0
        K(0)=1
        Stufendauer=0
        Skipzaehler=0
WHILE ( t ≤ NZEIT ) DO         (" Schleife ueber NZEIT Lose ")
        IF ( Skipzaehler=0 )  THEN  (" Kein Skippen .Lospruefung ")
             Pruefe Los mit Pruefplan [n0,c0]
             Stufendauer um 1 erhoehen
             IF ( Los angenommen ) THEN  (" Abfage auf Pruefstufenwechsel")
                  IF ( {Stufendauer=NACCEPT(Stufe)} AND
                       {Alle gepr. Lose auf Stufe angenommen} ) THEN
                        Erhoehe Pruefstufe um 1 (Maximal bis auf Stufe=2 )
                        Stufendauer=0
                  ENDIF
                  Skipzaehler=K(Stufe)-1
             ELSE     (" Los abgelehnt ")
                        Erniedrige Pruefstufe um 1 (Minimum Stufe=0)
                        Stufendauer=0
                        Skipzaehler=K(Stufe)-1
             ENDIF    (" Ende der Pruefstufensteuerung ")
        ELSE (" Skippen des Loses ")
             Skipzaehler um 1 verringern
        ENDIF
        Losindex t um 1 erhoehen
ENDWHILE     (" Ende der Lospruefung ")
END
```

Abb. 6.2 : Dokumentation des Stichprobensystems 'SKIPLOT'

7. Die Erzeugung von Qualitätsgeschichten

7.1 Stationäres Verhalten der Prozeßkurve

7.1.1 Konstante Prozeßkurve

Wir nehmen an, daß die Prozeßkurve zu allen Zeitpunkten $t \geq 1$ gut durch die Dichte $w(p)$ einer Betaverteilung beschrieben wird.

Für diese Situation können bayesoptimale einfache Stichprobenpläne bestimmt werden (vgl. z.B. Fitzner (1979), Hald (1981)). Schneider und Waldmann (1984) haben gezeigt, daß die Beschränkung auf einfache Stichprobenpläne hinsichtlich des Bayesrisikos keine große Einschränkung bedeutet.

Bei der Interpretation durch ein 3 Phasen Experiment (vgl. Abschnitt 2.1) wird zunächst eine Zufallszahl p gemäß $w(p)$ gezogen. Dann wird die Anzahl schlechter Stücke X^L im Los durch $X^L \in B(N_L, p)$ ermittelt. Schließlich erhält man die Anzahl defekter Stücke in der Stichprobe durch $X^S \in H(n, X^L, N_L)$.

Bei der Interpretation durch ein 2 Phasen Experiment (vgl. Bemerkung 2.1) wird p als Prozentsatz $\frac{X^L}{N_L}$ defekter Stücke im Los interpretiert und man erhält $\tilde{X}^L = [pN_L]$. Die Anzahl schlechter Stücke X in der Stichprobe erhält man wieder über $X^S \in H(n, \tilde{X}^L, N_L)$. Aufgrund von Bemerkung 2.2 unterscheidet sich die Verteilung von X^L und $\tilde{X}^L$ für kleine Werte von $\frac{\alpha+\beta}{N_L}$ nicht.

Bei der in Kapitel 9 und 10 durchgeführten Simulationsstudie wurde das 2-Phasen Modell gewählt.

Für die Erzeugung von Beta-verteilten Zufallsgrößen wurde der Algorithmus AS 134, Appl. Statist. (1979), Vol. 28, benutzt.

7.1.2. Ausreißer-Modell

Es wird angenommen, daß ein gewisser Anteil ($c = 0.9$) der Warenlose aus einem Produktionsprozeß kommt, der sehr gut beherrscht wird, d.h. die Prozeßkurve $w_c(p)$ liegt im wesentlichen links von der Trennqualität ($\bar{p}_c = 0.4\%$, $\sigma_c = 0.6\%$).

Der restliche Anteil ($1-c=0.1$) stammt aus einer Produktion, die schlecht beherrscht wird, d.h. $w_{1-c}(p)$ liegt im wesentlichen rechts von der Trennqualität.

Mathematisch läßt sich diese Situation wieder auf eine **zeitlich konstante Prozeßkurve $w(p)$ mit:**

$$w(p) = cw_c(p) + (1-c)w_{1-c}(p) \tag{7.1.1}$$

zurückführen. Allerdings hat diese Prozeßkurve nicht mehr die Gestalt einer Beta-Dichte.

Die Realisation von p erfolgt zunächst durch Ziehen einer gleichverteilten Zufallszahl $c \in U(0,1)$. Ist c kleiner als 0.9, so wird eine Zufallszahl p gemäß $w_c(p)$ gezogen, andernfalls wird eine Zufallszahl p gemäß $w_{1-c}(p)$ gezogen.

7.1.3 Erzeugung der Losschlechtanteile über eine Normal-Generated-Prior

Einer Normal-Generated-Prior (NGP) liegt das folgende Modell zugrunde:

Eine Maschine produziert für das t. Warenlos Werkstücke mit einem quantitativen **Merkmal M gemäß einer Normalverteilung** $N(m_t, \sigma_M^2)$. Ein Werkstück wird als defekt eingestuft, wenn M außerhalb gewisser Toleranzgrenzen $T_\ell < T_u$ liegt

Man erhält dann p_t durch:

(7.1.2) $$p_t = P[\text{"Es wird ein defektes Einzelstück produziert"} \mid m_t]$$
$$= 1 - \phi\left(\frac{T_u - m_t}{\sigma_M}\right) + \phi\left(\frac{T_\ell - m_t}{\sigma_M}\right)$$

Hierbei ist ϕ die Verteilungsfunktion der Standardnormalverteilung.

In der Interpretation durch ein 3 Phasen Experiment ist die Verteilung schlechter Stücke im t. Los dann durch eine Binomialverteilung mit Parameter p_t gegeben, während beim 2 Phasen Experiment p_t wieder als Prozentsatz schlechter Stücke im t. Los definiert wird.

Ein einfaches Modell für das zeitliche Verhalten von m_t liefert:

(7.1.3) $$m_{t+1} = \bar{m} + \rho m_t + \varepsilon_t \qquad |\rho| < 1$$

wobei die $(\varepsilon_t)_{t \geq 1}$ unabhängig und identisch verteilt sind mit $\varepsilon_t \sim N(0, \sigma_\varepsilon^2)$ $(t \geq 1)$.

Für $\rho = 0$ erhält man als Spezialfall die NGP (vgl. Chiu (1974).

Dieses Modell für eine Qualitätsgeschichte besitzt folgende Vorteile:

- Alle Parameter des Modells besitzen eine direkte Interpretation.
- Das Modell wird durch wenige Parameter bestimmt.
- Es kann ein direkter Zusammenhang zur Variablenprüfung hergestellt werden (vgl. Evans und Thyregod (1984)).

Für $\rho > 0$ sind die Losschlechtanteile positiv korreliert und einfache Bayesprüfpläne sind nicht mehr notwendig kostenoptimal. Für den Fall, daß nur 2 Losschlechtanteile auftreten, hat Reimann (1984) kostenoptimale Skip-Lot Stichprobensysteme bestimmt. Reetz (1985) hat bayesoptimale Entscheidungsstrategien bestimmt, wenn die Losschlechtanteile nur endlich viele Werte annehmen können und eine Markov-Kette bilden.

In der nachfolgenden Simulationstudie untersuchen wir den einseitigen Fall, d.h. $T_u = \infty$. Die Werte seien so skaliert, daß $T_\ell = 0$ und $\sigma_M = 1$ angenommen werden kann. Mit diesen Werten erhält man:

(7.1.4) $$p_t = \phi(-m_t) \qquad t \geq 1$$

Für $\rho = 0$ hat die NGP die Dichte

(7.1.5) $$w(p) = \sigma_\varepsilon^{-1} \exp\{\frac{m^2}{2} - (m-\bar{m})^2/2\sigma_\varepsilon^2\}$$

wobei $p = \phi(-m)$ $0 < p < 1$ gilt.

Für $\sigma_{\varepsilon} \overset{<}{(>)} 1$ ist $w(p)$ eine glockenförmige (J-Förmige) Kurve. Den Erwartungswert und die Varianz σ^2 der NGP erhält man durch (vgl. Chiu (1974)):

(7.1.6) $$\bar{p} = \phi(-\frac{\bar{m}}{\sqrt{1+\sigma_\varepsilon^2}})$$

(7.1.7) $$\sigma^2 = P[Y_1 \leq -k,\ Y_2 \leq -k] - \bar{p}^2$$

wobei (Y_1, Y_2) aus einer bivariaten Normalverteilung mit Mittelwert $(0,0)$ und Kovarianzmatrix $\binom{1\ r}{r\ 1}$ stammt mit

$r := \frac{\sigma_\varepsilon^2}{1-\sigma_\varepsilon^2}$ k hat den Wert $\frac{\bar{m}}{\sqrt{1+\sigma_\varepsilon^2}}$.

Die zu den 3 **Prozeßkurven** $w_i(p)$ $(i=1,2,3)$

aus Tabelle 3.1 zugehörigen NGP's mit den gleichen Erwartungswerten und Varianzen sind gegeben durch:

	$\bar{p}$ in %	σ in %	$\bar{m}$	σ_ε
i=1	0.9	0.46	2.407	0.187
i=2	0.4	0.60	2.890	0.432
i=3	1.0	2.2	2.800	0.674

Tabelle 7.1 : Paramter $\bar{m}$ und σ_ε einer Normal-Generated-Prior mit Erwartungswert $\bar{p}$ und Varianz σ^2

Im Gegensatz zu den Beta-Dichten $w_i(p)$ (i=2,3)(vgl. Abb. 3.1) sind die entsprechenden NGP-Dichten glockenförmig.

Für $0<|\rho|<1$ strebt die Verteilung von m_t gegen stationäre Verteilung mit (vgl. Box und Jenkins (1970), p. 58):

$$E[m_t] = \frac{\bar{m}}{1-\rho} \qquad t \text{ groß} \tag{7.1.8}$$

$$VAR[m_t] = \frac{\sigma_\varepsilon^2}{1-\rho^2} \qquad t \text{ groß} \tag{7.1.9}$$

Um den Einfluß der Korrelation ρ auf das Verhalten der Stichprobensysteme nicht durch Effekte zu überlagern, die von veränderten Mittelwerten $E(m_t)$ und Varianzen $VAR(m_t)$ der stationären Verteilung der m_t herrühren, wurden bei der Simulation in Kapitel 9 und 10 die Parameter $\bar{m}$ und σ_ε^2 in Abhängigkeit von ρ so gewählt, daß $E(m_t)$ und $VAR(m_t)$ unabhängig von ρ sind. Dies liefert für die NGP's von Tabelle 7.1 die folgenden Werte:

		Werte fuer ρ				
		0.0	0.3	0.7	0.9	0.95
i=1	$\overline{m}$	2.407	1.685	0.722	0.241	0.120
	σ_ε	0.187	0.178	0.134	0.082	0.058
i=2	$\overline{m}$	2.890	2.033	0.867	0.289	0.145
	σ_ε	0.423	0.412	0.308	0.188	0.135
i=3	$\overline{m}$	2.800	1.960	0.840	0.280	0.140
	σ_ε	0.674	0.643	0.481	0.294	0.210

Tabelle 7.2 : Bestimmung der Parameter $\overline{m}$ und σ_ε fuer verschiedene Werte von ρ.

Die Erzeugung von Losschlechtanteilen gemäß (7.1.3) und (7.1.4) erfolgt so, daß der (m_t)- Prozeß bei $m_{t=-10} = E(m_t) = \frac{\bar{m}}{1-\rho}$, gestartet wird, d.h. der (m_t)-Prozeß besitzt eine Vorlauflänge von 10 Losen.

7.1.4 Markov-Kette zwischen zwei Prozeßkurven

Das Ausreißermodell von Abschnitt 7.1.2 kann dadurch verallgemeinert werden, daß die Übergänge zwischen den 2 Prozeßkurven $w_c(p)$ und $w_{1-c}(p)$ eine Markovkette bilden.

Die Bleibewahrscheinlichkeiten bei $w_c(p)$ und $w_{1-c}(p)$ sein durch π_{11} und π_{22} gegeben. Die stationäre Verteilung π_1^* auf dem Zustand $w_c(p)$ ist dann gegeben durch:

$$\pi_1^* = \frac{1 - \pi_{22}}{2 - \pi_{11} - \pi_{22}} \tag{7.1.10}$$

Dieses Modell für eine Qualitätsgeschichte wurde von Cox (1970) behandelt. Für gegebenen Stichprobenumfang n hat Cox bayesoptimale Annahme/Ablehungsregeln hergeleitet, die die Stichprobenergebnisse vorheriger Lose mitberücksichtigen ("Serial Sampling").

π_{11} und π_{22} werden so gewählt, daß die stationäre Verteilung wie im vorherigen Abschnitt mit dem unkorrelierten Fall übereinstimmt, d.h. wir wählen π_{11} und π_{22} so, daß gilt:

$$(7.1.11) \qquad 0.9 = c = \pi_1^* = \frac{1 - \pi_{22}}{2 - \pi_{11} - \pi_{22}}$$

Man erhält damit für wachsende Werte des Abhängigkeitsmaßes $\gamma := \pi_{11} + \pi_{22} - 1$ der Markovkette die Werte:

π_{22}	π_{11}	γ
0.1	0.9	0.0
0.3	0.922	0.222
0.7	0.966	0.666
0.9	0.988	0.888

Als Prozeßkurve $w_c(p)$ wurde eine NGP mit $\bar{p} = 0.4\%$ und $\sigma = 0.6\%$ gewählt. Für $w_{1-c}(p)$ wurde $\bar{p} = 2.4\%$ und 0.6% gewählt. Die entsprechenden Werte von $\bar{m}$ und σ_ε der NGP sind $\bar{m} = 1.985$ und $\sigma_\varepsilon = 0.107$.

In der Simulationsstudie in Kapitel 9 und 10 startet die Markovkette bei $t=1$ im Zustand $w_c(p)$. Die Bestimmung der Zustände zu den folgenden Zeitpunkten erfolgt gemäß einer 0-1-Zufallsgröße mit Erfolgswahrscheinlichkeit π_{11} bzw. π_{22}. Die Bestimmung des Losschlechtanteils p_t erfolgt dann bei festem t durch Ziehung von $m_t \in N(\bar{m},\sigma_\varepsilon^2)$, wobei $\bar{m}$ und σ_ε zum Zeitpunkt t durch die Markovkette auf den 2 Prozeßkurven festgelegt sind, und schließlich setzt man $p_t = \phi(-m_t)$.

7.2 Instationäre Prozeßkurven

7.2.1 Schockmodell

Wir behandeln den Fall, daß die Prozeßkurve $w_t(p)$ nach T Losen vom Sollzustand $w_S(p)$ mit $\bar{p}_S$ und σ_S^2 in einem schlechteren Zustand $w_A(p)$ mit $\bar{p}_A$ und σ_A^2 springt und in diesem Zustand verbleibt.

Der Zeitpunkt $T = 80$ wird zunächst deterministisch vorgegeben. Bei einer 2.Version ist T durch eine geometrisch verteilte Zufallsgröße gegeben, die durch die Wahrscheinlichkeit λ im Sollzustand zu verbleiben gegeben ist. λ wird dabei so gewählt, daß $E[T]$ mit dem Zeitpunkt des deterministischen Modells übereinstimmt. Für $E(T) = 80$ erhält man $\lambda = 0.987$.

Bei Rendtel (1985), Kapitel 2, wird gezeigt, daß CUSUM-Kontrollkarten für diese Art von Qualitätsgeschichten direkt aus dem Likelihoodprinzip und der Unkenntnis des Zeitpunkts T hergeleitet werden können.

In der Simulationsstudie in den Kapiteln 9 und 10 wird $\bar{p}_S = 0.4\%$ und $\sigma_S = \sigma_A = 0.6\%$ gewählt. $\bar{p}_A$ nimmt die Werte 1.6% und 2.4% an.

7.2.2 Trendmodelle

Wir betrachten den Fall, daß der Mittelwert $\bar{p}_t$ der Prozeßkurve zur Zeit t einem linearen Trend unterliegt. Hierbei werden $\bar{p}_{t=1} = \bar{p}_S$ und $\bar{p}_{t=NZEIT} = \bar{p}_A$ vorgegeben, so daß die Prozeßkurve zum Zeitpunkt $1 \leq t \leq NZEIT$ den Mittelwert

$$\bar{p}_t = \bar{p}_S + \frac{t-1}{NZEIT-1} (\bar{p}_A - \bar{p}_S) \tag{7.2.1}$$

hat. Es werden 2 Versionen berücksichtigt. Bei der ersten

Version bleibt die Prozeß-Varianz σ_t^2 konstant ($\sigma_t = 0.6\%$). Bei der 2. Version bleibt der Variationskoeffizient $\kappa_t = \frac{\sigma_t}{\bar{p}_t}$ konstant. Mit den Startwerten $\bar{p}_S = 0.4\%$ und $\sigma_S = 0.6\%$ erhält man $\kappa = 1.5$.

8. Planung der Simulationsexperimente

8.1 Ablauf der Simulationsexperimente

Wenn die in den Kapiteln 4 und 6 beschriebenen adaptiven Stichprobensysteme miteinander verglichen werden sollen, so müssen diese Stichprobensysteme auf eine gemeinsame Qualitätsgeschichte $p_1,\dots,p_t,\dots,p_{NZEIT}$ angewendet werden. Hierbei ist zunächst die Länge NZEIT der Qualitätsgeschichte anzugeben und es muß das Modell für die Qualitätsgeschichte (HTYP) festgelegt werden (vgl. Kapitel 7).

Jedes Stichprobensystem VERF.NR (NR=1,2,...,K) erzeugt dann zu einer Qualitätsgeschichte eine Prüfgeschichte, die aus dem Stichprobenumfang n_t, der Annahmezahl c_t und dem Stichprobenergebnis X_t zur Zeit t (t=1,...,NZEIT) besteht.

Von Interesse beim Vergleich der Stichprobenverfahren sind dann das zeitliche Mittel des Regrets (= vermeidbarer Verlust) RQUER, die Anzahl der Prüfplanwechsel NADAPT, der durchschnittliche Stichprobenumfang ASS und der zeitlich gemittelte Durchschlupf defekter Stücke durch das Stichprobensystem AOQ.

Zu den vorgegebenen Werten für den Losumfang N_L und die Trennqualität $p_r = \frac{c_s}{c_g - c_r}$ erhält man nach Abschnitt 2.1 für den mit $\frac{1}{c_g - c_r}$ standardisierten Regret:

$$
(8.1) \qquad n_t = \begin{cases} n_t p_r - X_t & \text{falls } X_t \le c_t, X_t + Y_t \le p_r N_L \\ n_t p_r - X_t + (N_L - n_t) p_r - y_t & \text{falls } X_t > c_t, X_t + Y_t \le p_r N_L \\ Y_t - (N_L - n_t) p_r & \text{falls } X_t \le c_t, X_t + Y_t > p_r N_L \\ 0 & \text{falls } X_t > c_t, X_t + Y_t > p_r N_L \end{cases}
$$

Hierbei ist Y_t die Anzahl schlechter Stücke im t. Restlos vom Umfang $N_L - n_t$.

Beim 2-Phasen-Modell (vgl. Bemerkung 2.1) ist Y_t durch $Y_t = N_L p_t - X_t$ bestimmt. Beim 3-Phasen-Modell ist Y_t gemäß (2.1) von $X_t = X_t^S$ unabhängig und es gilt $Y_t \sim B(N_L - n_t, p_t)$, d.h. es ist noch ein Zufallsexperiment auszuführen.

Wegen dieses zusätzlichen Mehraufwands und wegen der asymptotischen Äquivalenz der beiden Modelle (vgl. Bemerkung 2.2) wurde bei der Simulationsstudie das 2-Phasen-Modell gewählt.

Die Anzahl der ausgelieferten defekten Stücke AOQ_t beträgt:

(8.2) $$AOQ_t = \begin{cases} N_L p_r - X_t & X_t \leq c_t \\ 0 & X_t > c_t \end{cases}$$

Damit erhält man die zeitlichen Mittel:

(8.3) $$R = \frac{1}{NZEIT} \sum_{t=1}^{NZEIT} R_t$$

(8.4) $$ASS = \frac{1}{NZEIT} \sum_{t=1}^{NZEIT} n_t$$

(8.5) $$AOQ = \frac{1}{NZEIT} \sum_{t=1}^{NZEIT} \frac{AOQ_t}{N_L}$$

Die Ergebnisse dieses Simulationsexperiments hängen von der zufälligen Realisation der p_t (t=1,...,NZEIT) und der Stichprobenergebnisse X_t (t=1,...,NZEIT) ab. Besitzen die p_t eine stationäre Verteilung, so wird man erwarten dürfen, daß die zeitlichen Mittel R, ASS und AOQ gegen ihren Erwartungswert konvergieren, wenn NZEIT sehr groß wird.

Andererseits werden diese zeitlichen Mittel sicher nicht konvergieren, wenn der Prozeß, der die p_t erzeugt, instationär ist.

Von Interesse ist weiterhin die Streuung der Kenngrößen R, ASS und AOQ aufgrund der zufälligen Schwankungen, der die p_t und X_t (t=1,...,NZEIT) unterliegen.

Um die Streuung der zeitlichen Mittel schätzen zu können, ist es notwendig, das oben beschriebene Simulationsexperiment genügend häufig zu wiederholen. Es sei dann R(i), ASS(i) und AOQ(i) der Ausgang der i-ten unabhängigen Wiederholung des Simulationsexperiments (i=1,...,NANZAHL).

Wir erhalten dann die **erwartungstreuen Schätzer**

$$\bar{R} := \frac{1}{\text{NANZAHL}} \sum_{i=1}^{\text{NANZAHL}} R(i) \tag{8.6}$$

$$S_R^2 := \frac{1}{\text{NANZAHL}-1} \sum_{i=1}^{\text{NANZAHL}} (R(i) - \bar{R})^2 \tag{8.7}$$

für den Erwartungswert μ_R der R(i) und deren Varianz .

Für die Verteilung der R(i), ASS(i) und AOQ(i) (i=1,...,NANZAHL) kann die Normalverteilung herangezogen werden, da es sich bei diesen Zufallsgrößen um Mittelwerte der Länge NZEIT = 400 handelt. Damit können Konfidenzintervalle für den wahren Mittelwert dieser Verteilungen bestimmt werden. Man erhält beispielsweise für das α-Konfidenzintervall für μ_R:

$$\mu_R \in [\bar{R} - e_\alpha(S_R),\ \bar{R} + e_\alpha(S_R)] \tag{8.8}$$

$$e_\alpha(S_R) := t_{\text{NANZAHL}-1,1-\frac{\alpha}{2}} \cdot \frac{S_R}{\sqrt{\text{NANZAHL}}} \tag{8.9}$$

Hierbei ist $t_{N,\gamma}$ das γ-Quantil einer zentralen t-Verteilung mit N Freiheitsgraden. Für NANZAHL=30 erhält man für α=0.05, 0.1 und 0.2 die Werte:

α	$\frac{1}{\sqrt{30}} \cdot t_{29,1-\frac{\alpha}{2}}$
0.05	0.373
0.10	0.310
0.20	0.239

<u>Bemerkung 8.1:</u> Die Streuung der betrachteten Kenngrößen besitzt 2 Quellen: Zum einen die Streuung, die durch die Zufälligkeit der p_t $(t=1,\ldots,NZEIT)$ verursacht wird und zum anderen die Streuung, die durch die Zufälligkeit der Stichprobenergebnisse X_t $(t=1,\ldots,NZEIT)$ verursacht wird.

Auf eine Varianzanalytische Behandlungsweise dieses Problems wurde bei der vorliegenden Simulationsstudie verzichtet, da dieser Aspekt im Hinblick auf die Unterscheidung zwischen verschiedenen Stichprobensystemen irrelevant ist. □

Das wichtigste Vergleichskriterium zwischen den Stichprobensystemen ist der durchschnittlich vermeidbare Verlust $\bar{R}$ durch Fehlentscheidungen über die Losannahme und den Stichprobenumfang. Da diese Kosten mit $\frac{1}{c_g - c_r}$ normiert sind, sind die absoluten Differenzen von $\bar{R}$ zur Unterscheidung verschiedener Stichprobensysteme nur bedingt aussagekräftig. Die verschiedenen Stichprobensysteme werden daher mit einem fiktiven Stichprobensystem 'PRIORKNOWN' verglichen, das zu jedem Zeitpunkt $t=1,\ldots,NZEIT$ die Information über die jeweils aktuelle Prozeßkurve $w_t(p)$ hat und den Prüfplan $[n_t, c_t]$ bayesoptimal zu $w_t(p)$ wählt. Der erwartete Regret zur Zeit t kann dann über (2.24) berechnet werden. Das zeitliche Mittel $\bar{R}_{min}$ dieser Werte stellt dann eine Untergrenze für den Verlust dar, der durch die Unkenntnis der Prozeßkurve verursacht wird. Das Verhältnis $EFF = \frac{\bar{R}_{min}}{\bar{R}}$ ist dann ein Maß für die Effizienz der Stichprobensysteme, Veränderungen der Prozeßkurve aufzudecken und die Prüfpläne an diese Situation anzupassen.

Das Vergleichsverfahren 'PRIORKNOWN' wird in Abb. 8.1 in einem Pseudocode dokumentiert.

Der Gesamtablauf eines Simulationsexperiments wird in Abb. 8.2 in einem Pseudocode dokumentiert. Für ein Simulationsexperiment wird die Angabe von NANZAHL, HISTTYP (= Typ der Qualitätsgeschichte, vgl. Kapitel 7), NZEIT (= Länge der zeitlichen Durchschnitte), sowie die Angabe der zu vergleichenden Stichprobensysteme (vgl. Kapitel 4 und 6) und des Losumfangs NLOS und der Trennqualität PTRENN benötigt.

```
      Pruefverfahren 'PRIORKNOWN' im Pseudocode
      ==========================================

- Berechnen der mittleren erwarteten Kosten bei bekannter Priorvert. -


PROGRAM PRIORKNOWN
READ    Parameter
        Prozesskurvenparameter :  [p̄_t,σ_t]  t=1,NZEIT
BEGIN
        Berechne optimale Pruefstrategie zur Prozesskurve mit [p̄_1,σ_1]
         und deren erwartete Kosten R(t=1)
WHILE  (t≤NZEIT)  DO          (" Schleife ueber NZEIT Lose ")
        IF ( Pruefstrategie = annehmen ohne Pruefung ) THEN
             Los ungeprueft annehmen
        ELSEIF ( Pruefstrategie = [n,c] Plan )
             Ziehe Stichprobe Vom Umfang n
             Annahme/Ablehnungsentscheidung gemaess [n,c] Plan
        ELSE    (" Pruefstrategie = ablehnen ")
             Los ungeprueft ablehnen und Totalinspektion
        ENDIF
        Erhoehung des Losindex t um 1
        IF ( Prozesskurvenparameter geaendert ) THEN
             Berechne optimale Pruefstratigie zur Prozesskurve mit
              [p̄_t,σ_t]  und deren erwartete Kosten R(t)
        ENDIF
ENDWHILE
Berechne die durchschnittlich erwarteten Kosten RQUER
END
```

Abb. 8.1 : Vergleichsverfaheren 'PRIORKNOWN' bei vollstaendiger Information uber die Prozesskurve

```
                     Programm SIMULATION.CONTROL im Pseudocode
                     =========================================

                       - Steuerung der Simulationslaeufe -

READ    Parameter
        Anzahl der Wiederholungen des Experiments : NANZAHL
        Typ der erzeugten Qualitaetsgeschichte : HISTTYP
        Laenge einer Qualitaetsgeschichte   : NZEIT
        Liste der zu testenden Verfahren    : VERF.1
                                              VERF.2
                                                :
                                                :
                                              VERF.K
        Losumfang   : NLOS
        Trennqualitaet : PTRENN
BEGIN                               (" Initialisierung des Simulationslaufs ")
        NHIST=1
WHILE ( NHIST ≤ NANZAHL ) DO          (" Schleife ueber NANZAHL Wiederholungen
                                                 der Qualitaetsgeschichte ")
        Erzeuge Qualitaetsgeschichte der Laenge NLAENGE vom Typ HISTTYP
        IF ( NHIST=1 ) THEN
             Anwendung des Verfahrens PRIOR.KNOWN
             Auswertung des Laufs
             Speichern der Ergebnisse und Dokumentation auf PROTOKOL
        ENDIF
        NVER=1
        WHILE ( NVER ≤ K )  DO     (" Schleife ueber die zu testenden Verf. ")
                IF ( NHIST=1 ) THEN
                     Dokumentation der benutzten Parameter des Verfahrens
                                                         auf PROTOKOL
                ENDIF
                Anwendung des Verfahrens VERF.NVER
                Auswertung des Laufs
                Speichern der Ergebnisse und Dokumentation auf PROTOKOL
                Erhoehen von NVER um 1
        ENDWHILE (" Ende der Verfahrenstests zu gegebener Qualitaetsgesch.")
        Erhoehung von NHIST um 1
ENDWHILE            (" Ende der Wiederholungen des Simulationsexperiments ")
Endauswertung ueber Wiederholungen der Simulationslaeufe
Dokumentation auf PROTOKOL
END
```

Abb. 8.2 : Gesamtablauf der Simulationsexperimente

8.2 Konstante Parameter bei der Simulationsstudie

Das in Abschnitt 8.1 geschilderte Simulationsexperiment ist durch eine große Anzahl von Parametern gekennzeichnet. Es ist daher notwendig, sich auf typische Parameterkonstellationen zu beschränken.

Bei der Wahl der Trennqualität p_r wurde von der Koppelung $p_r \approx 1.8 * AQL$ ausgegangen (vgl. Abschnitt 6.1). Hierbei scheint der AQL-Wert 0.65% ein in der Industrie sehr häufig benutzter Wert zu sein.

Code Letter K mit den Stichprobenumfängen 125 und 50 (reduzierte Prüfung) liegt im mittleren Teil der möglichen Stichprobenumfänge des MIL-STD-105D. Unter dem üblichen Inspection Level II wird beim MIL-STD-105D zwischen $N_L = 1201$ und $N_L = 3200$ der Code Letter K gewählt, so daß $N_L = 2000$ im Mittelbereich liegt.

Die Wahl der Länge NZEIT für die zeitlichen Durchschnitte bei der Auswertung der Kenngrößen erfolgte bei stationären Qualitätsgeschichten unter dem Kriterium, daß NZEIT groß genug ist, damit nicht Starteffekte der Stichprobensysteme die Durchschnitte beeinflussen. Auch sollte NZEIT groß genug sein, um die einzelnen Prüfverfahren gut unterscheiden zu können, d.h. die Konfidenzintervalle unter (8.8) sollten möglichst disjunkt sein. Schließlich besitzt NZEIT noch die anschauliche Interpretation als Anzahl von Warenlosen eines bestimmten Artikels, die mit der gleichen Attributprüfung im Laufe der Zeit durch die Warenannahme bzw. Warenauslieferung gehen. Unter diesen Aspekt sollte NZEIT nicht zu groß sein.

In der Simulationsstudie wurde bei stationärer Qualitätgeschichte der Wert NZEIT=400 gewählt. Diese Wahl basierte auf dem folgenden Experiment: Unter einer zeitlich konstanten beta-förmigen Prozeßkurve mit $\bar{p}_i$ und σ_i^2 $(i=1,2,3)$

werden für $p_r = 1.8 * 0.65\% = 1.17\%$ und $N_L = 2000$ die Verfahren MIL-STD-105D und Skip-Lot für verschiedene Werte von NZEIT (= 50, 100, 200, 400, 800) verglichen. Es werden NANZAHL = 30 Wiederholungen des gleichen Experiments durchgeführt. Man erhält dann die folgenden Konfidenzintervalle (α=0.10) für μ_R :

Prozess-kurve	Ver-fahren	Werte fuer NZEIT 50	100	200	400	800
$\bar{p}$=0.9% σ=0.47%						
	MILSTD	1.77±0.15	1.78±0.12	1.83±0.08	1.82±0.05	1.83±0.03
	SKIPLOT	2.11±0.16	2.02±0.11	2.08±0.09	2.10±0.06	2.01±0.06
$\bar{p}$=0.4% σ=0.6%						
	MILSTD	1.61±0.17	1.63±0.15	1.67±0.10	1.64±0.08	1.66±0.05
	SKIPLOT	1.45±0.21	1.67±0.18	1.48±0.12	1.58±0.08	1.65±0.06
$\bar{p}$=1.0% σ=2.2%						
	MILSTD	2.33±0.33	2.49±0.22	2.70±0.21	2.60±0.13	2.55±0.07
	SKIPLOT	5.93±1.00	5.74±0.73	6.35±0.56	6.48±0.30	6.80±0.29

Tabelle 8.1 : Konfidenzintervalle fuer μ_R bei verschiedenen Werten fuer NZEIT

Anzahl der Wiederholungen des Simulationsexperiments : 30
Qualitaetsgeschichte : Konstante Prozesskurve mit Erwartungswert $\bar{p}$ und Varianz σ^2 .

Die Werte in Tabelle 8.1 zeigen, daß sich die Schätzungen $\bar{R}$ für NZEIT $\geq$ 400 stabilisieren und daß die Fehlermarge $e_\alpha(S_R)$ für das Konfidenzintervall in der Größenordnung von 0.1 liegt, was in den meisten Fällen zur Diskriminierung der einzelnen Stichprobensysteme ausreicht.

Bei den instationären Qualitätsgeschichten sollte die Zeit T bis zu einem Qualitätseinbruch (vgl. Abschnitt 7.2) so groß gewählt werden, daß sich das Stichprobensystem in einem stationären Zustand befindet. Hierzu erscheint T = 80 ausreichend groß. Um Aussagen treffen zu können, wie gut das Stichprobensystem auf beiden Qualitätsniveaus vor und nach dem Sprung operiert, sollte die betrachtete Zeit nach dem Qualitätseinbruch genau so groß sein wie davor. Folglich: NZEIT = 160.

Für das Trendmodell aus Abschnitt 7.2.2 wurde ebenfalls NZEIT = 160 gewählt.

Die in Kapitel 4 beschriebenen Stichprobensysteme sind von gewissen frei wählbaren Parametern abhängig wie z.B. die Anzahl der simultan geführten CUSUM-Karten, Erwartungswerte und Varianten der berücksichtigten Prozeßkurvenalternativen. Im allgemeinen wird man annehmen dürfen, daß die einzelnen Prüfverfahren bei verschiedenen Typen von Qualitätsgeschichten (vgl. Kapitel 7) eine unterschiedliche optimale Parameterwahl besitzen, wobei "optimal" im Hinblick auf die Minimierung von $\bar{R}$ gemeint ist.

Hinsichtlich eines Vergleichs der verschiedenen Stichprobensysteme erscheint es sinnvoll, diese Systeme bei jeweils einer festen Wahl der Parameter zu vergleichen, die bei allen Typen von Qualitätsgeschichten beibehalten wird.

Die Situation, für die die Parameter der einzelnen Verfahren möglichst optimal gewählt wurden, ist die eines plötzlichen Qualitätseinbruchs von einem guten Qualitätsniveau ($\bar{p}$ = 0.4% und σ = 0.6%) auf ein schlechtes Qualitätsniveau ($\bar{p}$ = 1.6%, σ = 0.6%). Jedes der betrachteten Stichprobensysteme sollte in dieser Situation "vernünftig" reagieren, d.h. $\bar{R}$ sollte nicht zu groß sein und auch die Anzahl NADAPT der Prüfplanwechsel sollte in vertretbaren Relationen liegen.

9. Bestimmung der freien Parameter der Stichprobensysteme

9.1 Festlegung der Situation, für die die freien Parameter optimiert werden

Es sei im folgenden $N_L = 2000$ und $p_r = 1.8 * 0.65\% = 1.17\%$.

Für die Prozeßkurve $w_S(p)$ mit $\bar{p}_S = 0.4\%$ und $\sigma_S = 0.6\%$ ist der Prüfplan [50,1] bayesoptimal. 91% aller angelieferten Lose haben einen Defektamteil unterhalb der Trennungsqualiät. Zum Zeitpunkt $T = 80$ trete ein Qualitätseinbruch auf. Für die Lose Nr. 81 bis 160 gelte eine Prozeßkurve $w_A(p)$ mit $\bar{p}_A = 1.6\%$ und $\sigma_A = 0.6\%$. Unter dieser Prozeßkurve werden nur noch 25% aller Lose mit einem Defektanteil unterhalb der Trennqualität produziert.

Trägt man $\bar{R}$ für verschiedene Werte von $\bar{p}_A$(0.8%, 1.6%, 2.4%, 2.8%) auf, so zeigt sich, daß bei den meisten Stichprobenverfahren $\bar{R}$ ein Maximum zwischen $\bar{p}_A = 1.6\%$ und 2.4% hat (vgl. Tabelle 9.1). Diese Tatsache ist dadurch erklärbar, daß alle Prüfverfahren nach dem Sprung auf $\bar{p}_A$ eine relativ scharfe Prüfung - d.h. $\frac{c}{n}$ klein und n groß - durchführen. Die Regretfunktion $R_{n,c}(p)$ (vgl. (3.22)), die den erwarteten Regret bei Vorliegen der Qualität p mißt, hat gerade im Bereich $p \in [1.6\%, 2.4\%]$ ihr Maximum (vgl. Abb. 3.11 und 3.13). Für die Prüfpläne [125,1], [200,2] und [313,3] erhält man die folgenden rechten Maximastellen von $R_{n,c}(p)$: 2.2%, 1.9% und 1.7%.

	Werte fuer $\bar{p}_A$			
	0.8%	1.6%	2.4%	2.8%
$\bar{R}$ =	2.01	2.09	1.52	1.23

Tabelle 9.1 : $\bar{R}$ fuer das Stichprobensystem 'MULT3-CUSUM' in Abhaengigkeit vom Prozessniveau $\bar{p}_A$ nach einem Qualitaetseinbruch bei $T = 80$

In gewisser Weise ist also die Wahl $\bar{p}_A = 1.6\%$ die ungünstigste Wahl für die meisten Stichprobensysteme.

Bermerkung 9.1: Für $\bar{p}_A = 1.6\%$ und $\sigma_A = 0.6\%$ hat der Funktionalparameter $\tau=\alpha+\beta$ den Wert 413. Er erreicht damit fast die Obergrenze $\tau_{max} = 420$ bei der Momentenschätzung (vgl. (5.8)) und bei den geometrisch gewichteten Beobachtungen (vgl. Abschnitt 4.3). Wir sehen, daß noch größere Werte für τ und damit kleinere Werte für σ^2 zu Prozeßkurven führen, die zu nicht mehr realistischen Prozentsätzen der Produktion jenseits der Trennqualität führen. □

In den folgenden Abschnitten soll versucht werden, die freien Parameter der einzelnen Stichprobensysteme so zu wählen, daß $\bar{R}$ für das oben beschriebene Simulationsexperiment minimal wird. Häufig zeigt $\bar{R}$ jedoch nur eine sehr schwache Abhängigkeit von den zu wählenden Parametern. In diesem Fall tritt als weiteres Kriterium die Anzahl der Prüfplanänderungen NADAPT hinzu. Bei vollständiger Information über die Prozeßkurve (Verfahren 'PRIOR KNOWN') erhält man NADAPT = 1 und $\bar{R}_{Min} = 1.15$.

9.2 Wahl der Parameter bei den Verfahren 'α-CUSUM' und 'τ-CUSUM'

Bei dem Verfahren 'α-CUSUM' (vgl. Pseudocode des Verfahrens in Abb. 4.1.1) wird lediglich der α-Parameter der Prozeßkurve variiert.

Eine Prozeßverschlechterung wird durch $\alpha_{A_1} = \alpha_S = 1$ dargestellt. Für $\alpha_S = 1$ entspricht dies gerade einer Verdoppelung des σ-Werts und damit ungefähr einer Verdoppelung des Prozeßmittels. Da $\alpha_S - 1$ häufig auf nicht mehr zulässige - d.h. negative - Werte von α führt, wurde als Alternative für eine Prozeßverbesserung $\alpha_{A_2} = \frac{1}{2}\alpha_S$ gewählt.

Für den in Abschn.9.1 gegebenen Startwert $\bar{p}_S = 0.4\%$ und $\sigma_S = 0.6\%$ erhält man $\alpha_S = 0.43$ und $\beta_S = 109.57$. Bei Start des Verfahrens bildet damit die Prozeßkurve mit $\bar{p}_{A_1} = 1.3\%$ und $\sigma_{A_1} = 1.0\%$ das Modell für die Prozeßverschlechterung. Der bayesoptimale Prüfplan für diese Prozeßkurve ist [313,3]. Die Prozeßkurve mit $\bar{p}_{A_2} = 0.2\%$ und $\sigma_{A_2} = 0.4\%$ stellt das Modell für die Prozeßverbesserung dar. Für die Prozeßkurve ist der bayesoptimal Prüfplan entartet, d.h. $n^* = 0$. In diesem Fall wird der Prüfplan $[n_{min}, c_{min}] = [50,1]$ gewählt.

Tabelle 9.2.1 zeigt das Konfidenzintervall für μ_R und die Werte für $EFF = \frac{\bar{R}}{\bar{R}_{min}}$ und NADAPT in Abhängigkeit von der Alarmgrenze h^Q für die beiden CUSUM-Karten. Wir sehen, daß der Einfluß von h^Q auf $\bar{R}$ sehr gering ist und sich die Konfidenzintervalle für μ_R überdecken. Für $h^Q = 10$ erhält man durchschnittlich 160/4 = 40 geprüfte Lose pro Prüfplanänderung, was als akzeptabler Wert angesehen werden kann.

h^Q	μ_R	EFF	NADAPT
20	1.69±0.15	0.68	2.8
10	1.72±0.13	0.66	4.0
5	1.73±0.11	0.66	7.2

Tabelle 9.2.1 :

Konfidenzintervall für μ_R
Effizienz und Anzahl der Pruefplanaenderungen
beim Verfahren 'α-CUSUM' fuer versch. Werte von h^Q.
Qualitaetsgeschichte : Sprung in $\bar{p}$ von 0.4% auf 1.6%

Für die in Kapitel 10 beschriebenen Simulationsexperimente wurde $h^Q = 10$ gewählt.

Bei dem Verfahren 'τ-CUSUM' (vgl. Pseudocode des Verfahrens in Abb. 4.1.2) wird der τ-Parameter der Prozeßkurve variiert. Unter der Bedingung $\alpha_{A_1} = \alpha_{A_2} = \alpha_S$ erhält man für

$$\tau_{A_1} = \frac{1}{k_\tau} \tau_S \qquad\qquad \tau_{A_2} = k_\tau \tau_S$$

die Prozeßmittel $\bar{p}_{A_1} = k_\tau \bar{p}_S$ und $\bar{p}_{A_2} = \frac{1}{k_\tau} \bar{p}_S$ (vgl. (4.1.31) und (4.1.32)).

Bei Start des Verfahrens ($\bar{p}_S = 0.4\%$, $\sigma_S = 0.6\%$ und $\tau_S = 110$) erhält man beispielsweise für $k_\tau = 2$ die Werte $\bar{p}_{A_1} = 0.8\%$ und $\sigma_{A_1} = 1.2\%$. Hierfür ist der Prüfplan [120,1] bayesoptimal. $k_\tau = 3$ liefert $\bar{p}_{A_1} = 1.2\%$ und $\sigma_{A_1} = 1.8\%$ mit dem optimalen Prüfplan [141,1]. Die entsprechenden Prozeßkurven für die Prozeßverbesserung liefern alle $n^* = 0$, so daß in diesem Fall wieder der Prüfplan $[n_{min}, c_{min}] = [50,1]$ benutzt wird.

Tabelle 9.2.2 zeigt das Konfidenzintervall für $\bar{R}$, EFF und NADAPT in Abhängigkeit von h^Q und k_τ. Wir sehen, daß $\bar{R}$ mit zunehmenden Werten von k_τ abnimmt. Allerdings erscheint die Annahme zu größer Sprünge ($k_\tau \geq 4$) im Prozeßmittel nicht sehr realistisch.

k_τ	h^Q	μ_R	EFF	NADAPT
1.5	5	2.63±0.13	0.43	3.2
2.0	5	2.42±0.13	0.47	3.2
	10	2.50±0.13	0.45	1.8
3.0	5	2.33±0.13	0.49	3.9
	3	2.29±0.13	0.50	4.4
4.0	5	2.25±0.11	0.51	4.4

Tabelle 9.2.2 : Konfidenzintervall für μ_R
Effizienz und Anzahl der Pruefplanaenderungen beim Verfahren 'τ-CUSUM' fuer versch. Werte von k_τ und h^Q .
Qualitaetsgeschichte : Sprung in $\overline{p}$ von 0.4% auf 1.6%

Für die in Kapitel 10 beschriebenen Simulationsexperimente wurde k_τ = 3.0 und h^Q = 5.0 gewählt.

9.3 Wahl der Parameter bei dem Verfahren 'Bernoulli-CUSUM'

Wir behandeln zunächst den Fall, daß wir 2 CUSUM-Karten zur Kontrolle der mittleren Annahmewahrscheinlichkeit eines Loses PANN führen (vgl. Pseudocode des Verfahrens 'BERNOULLI-CUSUM' in Abb. 4.1.3). Wir bezeichnen dieses Verfahren im folgenden mit 'PANN-CUSUM'.

Bei Start des Verfahrens mit dem Prüfplan [50,1] beträgt die mittlere Annahmewahrscheinlichkeit eines Loses unter der

Prozeßkurve $w_S(p)$ mit $\bar{p}_S = 0.4\%$ und $\sigma_S = 0.6\%$ $PANN_S = 0.96$. Für wachsende Werte von $\bar{p}_{A_1}$ (und $\sigma_{A_1} = \sigma_S$) reduziert sich $PANN_{A_1}$ auf:

$\bar{p}_{A_1}$ in %	$PANN_{A_1}$
1.2	0.87
1.6	0.81
2.0	0.74
2.4	0.66
2.8	0.59

Für einen zu wählenden Faktor $k_{PANN} < 1$ werden die Werte $PANN_{A_1}$ und $PANN_{A_2}$ dann durch

$$PANN_{A_1} = \max\{0.10, k_{PANN}\ PANN_S\}$$

$$PANN_{A_2} = \min\{0.95, \frac{1}{k_{PANN}}\ PANN_S\}$$

bestimmt. Für $k_{PANN} = 0.7$ erhält man beispielsweise $PANN_{A_1} = 0.67$, was einer Alternative mit $\bar{p}_{A_1} \approx 2.4\%$ und $\sigma_{A_1} = 0.6\%$ entspricht.

Die folgende Tabelle 9.3.1 zeigt das Konfidenzintervall für $\mu_{\mathbf{R}}$ und die Werte für EFF und NADAPT in Abhängigkeit von k_{PANN} und h^Q. Hierbei wurde bei der Schätzung der neuen Parameter der Prozeßkurve der Momentenschätzer (5.4) und (5.5) benutzt.

k_{PANN}	h^Q	μ_R	EFF	NADAPT
0.8	10	1.77±0.21	0.64	2.0
	5	1.73±0.20	0.66	2.0
0.7	10	1.64±0.21	0.70	1.7
	5	1.42±0.11	0.80	5.5
0.6	10	1.82±0.30	0.63	1.8
	5	1.50±0.13	0.76	5.4
0.5	10	1.53±0.11	0.75	6.1
	5	1.53±0.14	0.75	7.2

Tabelle 9.3.1 : Konfidenzintervall für μ_R
Effizienz und Anzahl der Pruefplanaenderungen
beim Verfahren 'PANN-CUSUM' fuer versch.
Werte von k_{PANN} und h^Q.
Qualitaetsgeschichte : Sprung in $\bar{p}$ von 0.4%
auf 1.6%

Wir sehen, daß $h^Q = 5$ stets die niedrigeren Werte für $\bar{R}$ liefert. Für $k_{PANN} = 0.7$ ist ein schwach ausgeprägtes Minimum von $\bar{R}$ zu erkennen. Noch kleine Werte für h^Q liefern zu hohe Werte für NADAPT. Im folgenden wurde daher $k_{PANN} = 0.7$ und $h^Q = 5.0$ gewählt.

Wir behandeln nun den Fall, daß die Bernoulli-Variable durch das Ereignis "$x \geq [p_r \cdot n] + 1$" definiert wird. In diesem Fall ist der Parameter PR der Bernoulli-Verteilung der erwartete Anteil von Stichproben mit einem Schlechtanteil größer als die Trennqualität. Wir bezeichnen dieses Verfahren im folgenden mit 'PR-CUSUM'.

Bei Start des Verfahrens mit dem Prüfplan [50,1] erhält man unter der Prozeßkurve $w_S(p)$ mit $\bar{p}_S = 0.4\%$ und $\sigma_S = 0.6\%$ den Wert $PR_S = 0.16$. Mit wachsenden Werten für $\bar{p}_A$ $(\sigma_A=\sigma_S)$ erhält man:

$\bar{p}_A$ in %	PR_A
1.2	0.43
1.6	0.53
2.4	0.64

Für den frei wählbaren Faktor $k_{PR} > 1$ werden die Werte PR_{A_1} und PR_{A_2} durch

$$PR_{A_1} = \min\{0.95,\ k_{PR}\ PR_S\}$$

$$PR_{A_2} = \max\{0.10,\ \frac{1}{k_{PR}}\ PR_S\}$$

bestimmt.

Tabelle 9.3.2 zeigt das Konfidenzintervall für μ_R und die Werte für EFF und NADAPT in Abhängigkeit von k_{PR} und h^Q. Hierbei wurde wieder der Momentenschätzer aus Abschnitt 5.2 benutzt.

k_{PR}	h^Q	μ_R	EFF	NADAPT
1.33	10	2.00±0.22	0.57	3.0
	5	2.00±0.21	0.57	5.3
	20	1.99±0.26	0.58	3.6
2.0	10	1.94±0.23	0.59	5.8
	5	2.24±0.21	0.51	12.1
3.0	10	2.03±0.21	0.56	8.9
	5	1.83±0.17	0.62	15.7

Tabelle 9.3.2 : Konfidenzintervall für μ_R
Effizienz und Anzahl der Pruefplanaenderungen beim Verfahren 'PR-CUSUM' fuer versch. Werte von k_{PR} und h^Q.
Qualitaetsgeschichte : Sprung in $\bar{p}$ von 0.4% auf 1.6%

Wie in den vorhergehenden Fällen ist $\bar{R}$ eine sehr flache Kurve in Abhängigkeit von k_{PR} und h^Q und die Konfidenzintervalle für μ_R überdecken sich weitgehend. Die Wahl $k_{PR} = 2.0$ und $h^Q = 10.0$ liefert akzeptable Werte für NADAPT.

9.4 Bestimmung der Parameter bei den Verfahren 'Mult-CUSUM' und 'Mult-Gleit'

Die Bestimmung der Parameter N_A und $(\bar{p}_{A_i}, \sigma^2_{A_i})$ $(i=0,1,\ldots,N_A)$ beim Verfahren 'MULT-CUSUM' (vgl. Pseudocode in Abb. 4.1.4) erfolgte unter folgenden Kriterien:

<u>1. Version:</u> Vergleichbarkeit mit dem MIL-STD-105D.
Benutzung der zu den Prüfplänen des MIL-STD-105D gehörigen Prozeßkurven (vgl. Abschnitt 6.1):

$$\bar{p}_{A_0} = 0.9\% \qquad \sigma_{A_0} = 0.47\% \qquad [n_{A_0}, c_{A_0}] = [125,2]$$
$$\bar{p}_{A} = 0.4\% \qquad \sigma_{A_1} = 0.6\% \qquad [n_{A_1}, c_{A_1}] = [\ 50,1]$$
$$\bar{p}_{A_2} = 1.0\% \qquad \sigma_{A_2} = 2.2\% \qquad [n_{A_2}, c_{A_2}] = [125,1]$$

<u>2. Version:</u> Geringe Prozeßvarianzen.

$$\bar{p}_{A_0} = 0.9\% \qquad \sigma_{A_0} = 0.47\% \qquad [n_{A_0}, c_{A_0}] = [125,2]$$
$$\bar{p}_{A_1} = 0.4\% \qquad \sigma_{A_1} = 0.6\% \qquad [n_{A_1}, c_{A_1}] = [\ 50,1]$$
$$\bar{p}_{A_2} = 1.3\% \qquad \sigma_{A_2} = 1.0\% \qquad [n_{A_2}, c_{A_2}] = [313,3]$$

<u>3. Version:</u> Gute Überdeckung des Parameterraums durch die Vereinigung der Bereiche $U_i(\varepsilon=0.2) = \{(\bar{p},\sigma) \mid \ell_{N_L}(\bar{p},\sigma \mid \bar{p}_{A_i}, \sigma_{A_i}) \leq \varepsilon\}$ $i=0,1,\ldots,N_A$ (vgl. Beispiel 4.1.1).

$\bar{p}_{A_0} = 0.9\%$	$\sigma_{A_0} = 0.47\%$	$[n_{A_0}, c_{A_0}] = [125,2]$
$\bar{p}_{A_1} = 0.4\%$	$\sigma_{A_1} = 0.6\%$	$[n_{A_1}, c_{A_1}] = [\ 50,1]$
$\bar{p}_{A_2} = 1.0\%$	$\sigma_{A_1} = 2.2\%$	$[n_{A_2}, c_{A_2}] = [125,1]$
$\bar{p}_{A_3} = 1.3\%$	$\sigma_{A_3} = 1.0\%$	$[n_{A_3}, c_{A_3}] = [313,3]$
$\bar{p}_{A_4} = 0.4\%$	$\sigma_{A_4} = 1.0\%$	$[n_{A_4}, c_{A_4}] = [\ 85,1]$

Die 3 Versionen werden im folgenden mit 'MULTi-CUSUM' i=1,2,3 bezeichnet.

In Abhängigkeit von h^Q erhält man die folgenden Kenngrößen für die 3 Versionen 'MULTi-CUSUM' (i=1,2,3):

	h^Q	μ_R	EFF	NADAPT
	20	3.50±0.17	0.32	2.5
i=1	10	3.55±0.17	0.32	3.6
	5	3.48±0.17	0.33	7.5
	20	2.27±0.16	0.51	2.6
i=2	10	2.18±0.13	0.52	3.7
	5	2.24±0.18	0.51	7.4
	20	2.23±0.22	0.51	3.2
i=3	10	2.09±0.14	0.54	5.0
	5	2.36±0.17	0.48	12.7

Tabelle 9.4.1 : Konfidenzintervall für μ_R
Effizienz und Anzahl der Pruefplanaenderungen fuer verschiedene Werte von h^Q bei den Stichprobenverfahren 'MULTi-CUSUM' i=1,2,3 .
Qualitaetsgeschichte : Sprung in $\bar{p}$ von 0.4% auf 1.6%

Wir sehen, daß die unterschiedliche Wahl von h^Q nur einen geringen Einfluß auf $\bar{R}$ hat. Für i=1,2 läßt sich ein schwach ausgeprägtes Minimum bei h^Q = 10 finden. Entscheidend ist jedoch der Einfluß der betrachteten Prozeßalternativen.

Es zeigt sich, daß die Hinzunahme der Prozeßkurve mit $\bar{p}$ = 1.3% und σ = 1.0% den Wert von $\bar{R}$ drastisch senkt (Verfahren 'MULT2-CUSUM' und 'MULT3-CUSUM'). Für alle Verfahren liegt NADAPT in vertretbaren Größenordnungen bei h^Q = 10. Der gemeinsame Wert h^Q = 10 wurde auch deshalb für alle 3 Verfahren gleich gewählt, um eine bessere Vergleichbarkeit der Verfahren zu erreichen.

Bei dem Stichprobensystem 'MULT-GLEIT' (vgl. Pseudocode in Abb. 4.2.2) kommt die Länge L der gleitenden Datenbasis zusätzlich als freier Parameter hinzu.

Da die Version 'MULT3-CUSUM' mit insgesamt 4 simultan geführten CUSUM-Karten den beiden anderen Versionen mit nur 2 CUSUM-Karten überlegen ist, beschränken wir uns auf die in der Version 'MULT3-CUSUM' benutzten Prozeßalternativen.

Man erhält für das Konfidenzintervall für μ_R und die Werte für EFF und NAPAPT in Abhängigkeit von L und h^Q:

L	h^Q	μ_R	EFF	NADAPT
5	10	2.17±0.21	0.53	2.1
	5	2.15±0.18	0.53	4.0
10	10	2.29±0.15	0.50	2.2
	5	2.38±0.21	0.49	3.2

Tabelle 9.4.2 : Konfidenzintervall für μ_R
Effizienz und Anzahl der Pruefplanaenderungen fuer verschiedene Werte von L und h^Q fuer das Stichprobenverfahren 'MULT3-GLEIT'
Qualitaetsgeschichte : Sprung in $\bar{p}$ von 0.4% auf 1.6%

Wiederum variiert $\bar{R}$ nur schwach in Abhängigkeit von L und h^Q. Im folgenden wird L = 5 und $h^Q = 5$ gewählt.

9.5 Bestimmung der Parameter bei den Verfahren 'Bayes-CUSUM' und 'Bayes-Gleit'

Um den Vergleich mit dem Verfahren 'MULT3-CUSUM' zu erleichtern, wurden bei den Stichprobensystemen 'BAYES-CUSUM' (vgl. Pseudocode in Abb. 4.1.5) und 'BAYES-GLEIT' (vgl. Pseudocode in Abb. 4.2.3) dieselben Prozeßkurvenalternativen $(\bar{p}_i, \sigma_i^2)$ i=0,1,2,3,4 wie bei 'MULT3-CUSUM' benutzt.

Als Startwert für die Priorverteilung auf den Prozeßkurvenalternativen erscheint $\pi_o = 0.9$ für den Sollzustand im Startzeitpunkt und $\frac{1-\pi_o}{4} = 0.025$ für die 4 übrigen Alternativen eine plausible Wahl.

Damit hängt das Verfahren 'BAYES-CUSUM' nur noch von den Strafkosten v_o für einen falschen Alarm ab. Tabelle 9.5.1 zeigt $\bar{R}$, EFF und NADAPT in Abhängigkeit von v_o:

v_o	μ_R	EFF	NADAPT
0.5	2.24±0.17	0.51	12.6
1.0	1.97±0.11	0.58	8.1
1.5	2.07±0.15	0.55	6.3
2.0	2.01±0.15	0.57	3.9

Tabelle 9.5.1 : Konfidenzintervall für μ_R
Effizienz und Anzahl der Pruefplanaenderungen fuer verschiedene Werte von v_o fuer das Stichprobenverfahren 'BAYES-CUSUM'
Qualitaetsgeschichte : Sprung in $\bar{p}$ von 0.4% auf 1.6%

$\bar{R}$ zeigt in Abhängigkeit von v_o einen sehr flachen Verlauf. Für $v_o = 2.0$ liefert NADAPT = 3.9 akzeptable Werte.

Das Verfahren 'BAYES-GLEIT' hängt zusätzlich noch von der Länge L der gleitenden Datenbasis ab, aufgrund der die Posterior-Verteilung auf den Prozeßkurvenalternativen berechnet wird. Man erhält für $\bar{R}$, EFF und NADAPT in Abhängigkeit von v_o und L:

L	v_o	μ_R	EFF	NADAPT
5	1.0	2.01±0.10	0.57	15.6
	1.5	2.02±0.10	0.57	12.2
	2.0	1.94±0.10	0.59	8.3
	2.5	1.95±0.08	0.59	7.2
10	0.5	1.96±0.10	0.58	9.7
	1.0	1.96±0.11	0.58	7.5
	1.5	2.07±0.12	0.55	7.1

Tabelle 9.5.2 : Konfidenzintervall für μ_R
Effizienz und Anzahl der Pruefplanaenderungen fuer verschiedene Werte von L UND v_o fuer das Stichprobenverfahren 'BAYES-GLEIT'
Qualitaetsgeschichte : Sprung in $\bar{p}$ von 0.4% auf 1.6%

Wie bei den vorhergehenden Verfahren ist der Einfluß von L und v_o auf $\bar{R}$ gering. Auch in diesem Fall ist NADAPT der einzige sensible Parameter in Abhängigkeit von L und v_o. Die Wahl L = 5 liefert eine Vergleichbarkeit mit dem Verfahren 'MULT3-GLEIT' und dem MIL-STD-105D. Für $v_o = 2.5$ erhalten wir den geringsten Wert für NADAPT.

9.6 Wahl der Parameter beim Stichprobensystem 'Bernoulli-Gleit'

Analog zu Abschnitt 9.3 bezeichnen wir das Verfahren, daß die mittlere Annahmewahrscheinlichkeit eines Loses kontrolliert mit 'PANN-GLEIT' und das Verfahren, das den erwarteten Anteil von Stichproben mit $\frac{x}{n} \geq p_r$ kontrolliert mit 'PR-GLEIT'. Beide Stichprobenverfahren führen auf Basis der jeweils letzten L Stichprobenergebnisse einen 2-seitigen α-Test zur Kontrolle der Erfolgswahrscheinlichkeit $P_S[Y=1]$ durch (vgl. Pseudocode des Verfahrens 'BERNOULLI-GLEIT' in Abb. 4.2.1).

Tabelle 9.6.1 zeigt das Konfidenzintervall für $\mu_{\bar{R}}$ und die Werte für EFF und NADAPT für das Verfahren 'PANN-GLEIT' in Abhängigkeit von L und α. Hierbei wird bei der Neuanpassung der Parameter der Momentenschätzer aus Abschnitt 5.2 benutzt.

L	α	μ_R	EFF	NADAPT
	0.1	2.26+0.22	0.51	8.3
5	0.2	1.98+0.15	0.58	12.3
	0.4	2.02+0.15	0.57	15.4
	0.1	1.71+0.15	0.67	7.3
10	0.2	1.75+0.18	0.66	7.7
	0.4	1.82+0.22	0.63	9.1

Tabelle 9.6.1 : Konfidenzintervall für μ_R
Effizienz und Anzahl der Pruefplanaenderungen fuer verschiedene Werte von L und α fuer das Stichprobenverfahren 'PANN-GLEIT'
Qualitaetsgeschichte : Sprung in $\bar{p}$ von 0.4% auf 1.6%

Für die Simulationsstudie in Kapitel 10 wird daher L = 10 und α = 0.10 gewählt.

Die Tabelle 9.6.2 zeigt die entsprechenden Werte für $\bar{R}$, EFF und NADAPT für das Verfahren 'PR-GLEIT':

L	α	μ_R	EFF	NADAPT
	0.1	2.10±0.23	0.54	2.8
5	0.2	2.25±0.24	0.51	4.7
	0.4	2.47±0.24	0.46	9.5
	0.1	1.91±0.20	0.60	3.7
10	0.2	1.68±0.15	0.68	5.2
	0.4	1.70±0.11	0.67	8.3

Tabelle 9.6.2 : Konfidenzintervall für μ_R
Effizienz und Anzahl der Pruefplanaenderungen fuer verschiedene Werte von L und α fuer das Stichprobenverfahren 'PR-GLEIT'
Qualitaetsgeschichte : Sprung in $\bar{p}$ von 0.4% auf 1.6%

Für die Simulationsstudie in Kapitel 10 wird daher L = 10 und α = 0.20 gewählt.

9.7 Bestimmung der Parameter beim Verfahren 'Chisquare'

Das Verfahren 'CHISQUARE' (vgl. Pseudocode in Abb. 4.2.4) beruht auf der Anwendung eines χ^2-Anpassungstests mit 3 Beobachtungsklassen auf Basis der jeweils letzten L Stichprobenergebnisse.

Die Bestimmung der Klassengrenzen x_ℓ und x_u wird in Bemerkung 4.2.1 beschrieben. Für w_m = 0.2 liefert dieses Verfahren für den Startzustand mit $\bar{p}_S$ = 0.4%, σ_S = 0.6% und $[n_S, c_S]$ = [50,1] die Werte x_ℓ = 0 und x_u = 2, was in gewisser Weise die einzig sinnvolle Einteilung der Stichprobenergebnisse in 3 Klassen ist (vgl. Beispiel 4.2.2).

Um einen Vergleich mit den Prüfverfahren über einen 2-seitigen α-Test einer Bernoulli-Variablen zu erleichtern (vgl. Abschnitt 9.6), wurde die Alarmgrenze WKRIT für die Teststatistik unter (4.2.9) als α-Quantil einer χ^2-Verteilung mit 3-1=2 Freiheitsgraden gewählt. Man erhält:

α	WKRIT = $\chi^2_2(1-\alpha)$
0.05	6.0
0.10	4.6
0.20	3.2
0.40	1.8

Wir erhalten damit folgende Werte für $\bar{R}$, EFF und NADAPT in Abhängigkeit von L und α (bzw. WKRIT):

L	α	μ_R	EFF	NADAPT
	0.1	4.54±0.38	0.25	1.5
5	0.2	2.67±0.39	0.43	3.2
	0.4	3.27±0.36	0.35	4.4
	0.1	4.35±0.40	0.26	1.0
10	0.2	3.45±0.31	0.33	2.3
	0.4	2.90±0.38	0.40	5.8

Tabelle 9.7.1 : **Konfidenzintervall für μ_R**
Effizienz und Anzahl der Pruefplanaenderungen fuer verschiedene Werte von L und α fuer das Stichprobenverfahren 'CHISQUARE'
Qualitaetsgeschichte : Sprung in $\bar{p}$ von 0.4% auf 1.6%

Hierbei wurde wieder der Momentenschätzer aus Abschnitt 5.2 gewählt, um die Prozeßkurve aufzudatieren.

Für die Simulationsstudie in Kapitel 10 wurde L = 5 und α = 0.20 gewählt.

9.8 Bestimmung der Parameter beim Verfahren 'τ-Geom'

Das Verfahren 'τ-GEOM' (vgl. Pseudocode in Abb. 4.3.1) besitzt als freie Parameter den Gewichtungsfaktor ε, mit dem die neuen Stichprobenergebnisse in die Momentenschätzer G_t und M_t (vgl. 4.3.5) und (4.3.6)) eingehen, und die tolerierten maximalen Abweichungen $c_{\bar{p}}$ und c_τ, die die Schätzer $\hat{\bar{p}}$ und $\hat{\tau}$ vom Sollwert $\bar{p}_S$ und $^p\tau_S$ haben dürfen, ohne einen Alarm auszulösen.

Da Prozeßkurvenabweichungen in der τ-Komponente bei $\bar{p}$ = const. nur sehr geringe Auswirkungen auf $\ell_{N_L}(\bar{p},\tau|\bar{p}_S,\tau_S)$ haben (vgl. Abschnitt 3.1), können wir für c_τ relativ große Werte annehmen, während Änderungen von $\bar{p}$ durch einen kleinen Wert $c_{\bar{p}}$ früh angezeigt werden sollten.

Man erhält für $\bar{R}$, EFF und NADAPT in Abhängigkeit von ε, $c_{\bar{p}}$ und c_τ:

c_τ	$c_{\bar{p}}$	ε	μ_R	EFF	NADAPT
150	0.3%	0.2	4.51±0.50	0.25	3.9
		0.3	2.78±0.48	0.41	11.6
		0.4	1.65±0.43	0.70	27.0
		0.5	1.66±0.10	0.69	34.0
150	0.6%	0.2	5.25±0.33	0.22	1.1
		0.3	3.24±0.54	0.35	6.6
		0.4	1.98±0.23	0.58	9.1
		0.5	1.48±0.12	0.77	15.4
		0.6	1.70±0.20	0.67	17.8
150	1.0%	0.4	2.96±0.43	0.38	5.9
		0.5	3.10±0.43	0.37	4.7
		0.6	3.26±0.42	0.35	4.6
100	0.6%	0.5	1.55±0.10	0.74	17.1

Tabelle 9.8.1 : Konfidenzintervall fuer μ_R
Effizienz und Anzahl der Pruefplanaenderungen fuer verschiedene Werte von L und ε fuer das Stichprobenverfahren 'τ-GEOM'
Qualitaetsgeschichte : Sprung in $\bar{p}$ von 0.4% auf 1.6%

Im Gegensatz zu den anderen Verfahren zeigt $\bar{R}$ bei den Verfahren 'τ-GEOM' eine starke Abhängigkeit von den Parametern ε und c_p. Für $\bar{p} = 0.6\%$ und $\varepsilon = 0.5$ zeigt sich ein deutliches Minimum. Eine Verringerung von c_τ von 150 auf 100 zeigt einen geringen Anstieg von $\bar{R}$. Eine weitere Vergrößerung von c_τ erscheint nicht mehr sinnvoll, da $\hat{\tau}$ auf den Bereich [0,420] beschränkt ist (vgl. Abschnitt 4.3).

10. Auswertung der Simulationsexperimente

10.1 Das Verhalten der Stichprobensysteme bei stationärer Prozeßkurve

10.1.1 Das Verhalten der Stichprobensysteme bei zeitlich konstanter Prozeßkurve

Tabelle 10.1.a und b vergleicht die Kenngrößen der Stichprobensysteme, wenn der Qualitätsgeschichte eine zeitlich konstante Prozeßkurve mit $\bar{p} = 0.9\%$ und $\sigma = 0.47\%$ bzw. $\bar{p} = 1.0\%$ und $\sigma = 2.2\%$ zugrunde liegt. In dieser Situation ist im 3-Phasen-Modell der Prüfplan [125,2] bzw. [125,1] bayesoptimal. Das Bayesrisiko beträgt in beiden Fällen $\mu_R = 1.75$.

Wir betrachten zunächst den Fall geringer Prozeßvarianz, d.h. $\bar{p} = 0.9\%$ und $\sigma = 0.47\%$.

Obwohl ein Adaptionsmechanismus in dieser Situation unangebracht ist, ist der Schaden, der durch irrtümliches Anpassen der Prozeßkurve verursacht wird, bei allen Stichprobensystemen gering. $\bar{R}$ variiert für alle Verfahren zwischen 1.57 ([n,c] = [50,1]) und 1.90 (Ausnahme: Verfahren 'PANN-CUSUM' mit Momentenschätzer, $\bar{R} = 2.41$).

Jedoch weisen die anderen Kenngrößen wie ASS (= Average Sample Size) und NADAPT (= Anzahl der Prüfplanwechsel) starke Schwankungen zwischen den einzelnen Stichprobensystemen auf. So variiert ASS zwischen 50 und 173 (Ausnahme: Verfahren 'PANN-CUSUM' mit Momentenschätzer: ASS = 277) und NADAPT variiert bei den adaptiven Verfahren zwischen 1.7 und 38.7 (Ausnahme: Verfahren 'SKIP-LOT'). Diese Tatsache verdeutlicht noch einmal, daß die Regretfunktion $\bar{R}$ eine sehr flache Funktion über der Menge der [n,c] Prüfpläne ist. Der AOQ-Wert liegt bei den meisten Verfahren nur knapp über den AQL-Wert 0.65%.

Der Vergleich der Verfahren 'MIL-STD.105D' und 'MULT1-CUSUM',

VERFAHREN	SCHAETZ.	RQUER	EFF [%]	σ(RQUER)	NADAPT	ASS	σ(ASS)	AOQ [%]
MIL-STD-105D		1.79	98	0.17	18.9	119	5.6	0.68
SKIP-LOT		1.97	89	0.20	170	85.1	9.6	0.64
NC-PLAN (50,1)		1.57	111	0.21	0.0	50	0.0	0.78
(125,2)		1.68	104	0.16	0.0	125	0.0	0.70
'α-CUSUM'	ALT.	1.59	110	0.14	2.6	77.3	16.2	0.75
'τ-CUSUM'	ALT.	1.83	96	0.17	28.8	145	11.5	0.65
'PANN-CUSUM'	MOM.	2.41	73	0.28	21.9	277	76.6	0.60
	ML	1.70	103	0.16	7.5	137	10.4	0.69
'PR-CUSUM'	MOM.	1.84	95	0.16	14.4	138	34.1	0.71
	ML	1.73	101	0.14	5.9	147	19.3	0.67
'MULT1-CUSUM'	ALT.	1.67	105	0.17	12.5	111	5.7	0.72
'MULT2-CUSUM'	ALT.	1.73	101	0.17	13.4	118	7.8	0.71
'MULT3-CUSUM'	ALT.	1.67	105	0.19	15.4	126	6.7	0.69
'BAYES-CUSUM'	ALT.	1.68	104	0.19	2.5	124	5.6	0.70
'MULT3-GLEIT'	ALT.	1.85	95	0.25	4.7	153	40.0	0.67
'BAYES-GLEIT'	ALT.	1.86	94	0.16	38.7	144	10.6	0.66
'PANN-GLEIT'	MOM.	1.89	93	0.30	3.3	173	54.2	0.65
	ML	1.77	99	0.17	1.0	133	17.8	0.69
'PR-GLEIT'	MOM.	1.80	97	0.21	19.4	123	20.4	0.69
	ML	1.77	99	0.19	13.0	130	9.8	0.68
'CHISQUARE'	MOM.	1.86	95	0.20	1.7	59.5	11.3	0.86
	ML	1.90	93	0.19	2.7	59.7	9.3	0.86
'τ-GEOM'	GEOM.	1.84	95	0.16	20.6	64.1	8.0	0.86

TABELLE 10.1.a : Vergleich der Kenngroessen von versch. Stichprobensystemen Qualitaetsgeschichte : Zeitlich konstante Prozesskurve (Beta-Dichte) mit Erwartungswert $\bar{p}$=0.9% und Standardabweichung σ=0.47% . NZEIT=400

die beide die gleichen Prüfpläne benutzen, zeigt eine leichte Überlegenheit der CUSUM-Version (weniger Prüfplanwechsel, geringerer Wert für ASS).

Als bestes Verfahren erweist sich in diesem Simulationsexperiment das Prüfen mit dem Prüfplan [50,1]. Man erhält als Schätzung für μ_R den Wert $\bar{R} = 1.57$.

<u>Bemerkung 10.1:</u> Dieses Ergebnis verwundert zunächst, da wir als bayesoptimalen Prüfplan $[n,c] = [125,2]$ mit $\mu_R = 1.75$ erwarten. Jedoch überschneiden sich die Konfidenzintervalle für μ_R bei Anwendung der Prüfpläne [50,1] und [125,2]. Der niedrigere Wert für $\bar{R}$ resultiert durch den Übergang vom 3-Phasen-Modell zum 2-Phasen-Modell. □

Die Verfahren mit ML-Schätzer schneiden durchweg besser ab als dieselben Verfahren mit Momentenschätzer (Ausnahme: Verfahren 'CHISQUARE', jedoch ist hier der Unterschied zwischen beiden Versionen gering).

Der Vergleich der Verfahren mit CUSUM-Anpassung und mit Anpassungsregelung über eine gleitende Datenbasis zeigt eine leichte Überlegenheit der CUSUM-Versionen.

Im Gegensatz zu einer Prozeßkurve mit kleiner Varianz werden wir bei hoher Prozeßvarianz ($\bar{p} = 1.0\%$, $\sigma = 2.2\%$) eher Effekte der Adaptionsmechanismen erwarten dürfen. Die Tabelle 10.1.b zeigt, daß in diesem Fall die Verluste durch den inadäquaten Adaptionsmechanismus größer sind als bei kleinen Prozeßvarianzen. Dies drückt sich in geringeren Werten für die Effizienz EFF der Verfahren aus.

Auffällig sind die hohen Verluste ($\bar{R} = 6.88$) beim Verfahren 'SKIP-LOT', die durch die nicht geprüften "Ausreißer"-Lose entstehen.

Zu erwarten war auch die hohe Zahl von Prüfplanwechseln

VERFAHREN	SCHAETZ.	RQUER	EFF [%]	σ(RQUER)	NADAPT	ASS	σ(ASS)	AOQ [%]
MIL-STD-105D		2.59	67	0.50	37.1	113	4.7	0.27
SKIP-LOT		6.88	25	1.30	213	65	7.4	0.57
NC-PLAN (50,1)		3.39	51	0.48	0.0	50	0.0	0.39
(125,2)		2.21	79	0.32	0.0	125	0.0	0.25
' α-CUSUM'	ALT.	2.02	87	0.15	30.6	155	8.0	0.16
' τ-CUSUM'	ALT.	1.92	91	0.29	7.2	87.2	10.8	0.19
'PANN-CUSUM'	MOM.	2.95	59	0.55	37.4	194	32.2	0.23
	ML	2.26	77	0.38	27.4	128	13.1	0.21
'PR-CUSUM'	MOM.	2.48	70	0.84	10.4	114	15.6	0.24
	ML	2.04	86	0.32	7.5	119	15.6	0.20
'MULT1-CUSUM'	ALT.	2.01	87	0.39	15.8	108	6.1	0.22
'MULT2-CUSUM'	ALT.	3.25	54	0.38	35.9	99.0	8.7	0.35
'MULT3-CUSUM'	ALT.	1.97	89	0.24	27.2	117	4.6	0.21
'BAYES-CUSUM'	ALT.	1.90	92	0.24	4.3	121	4.8	0.19
'MULT3-GLEIT'	ALT.	1.94	90	0.25	14.3	121	4.7	0.20
'BAYES-GLEIT'	ALT.	1.86	94	0.18	20.2	123	3.5	0.19
'PANN-GLEIT'	MOM.	2.07	84	0.36	6.5	149	34.5	0.18
	ML	1.98	88	0.30	5.1	135	17.4	0.18
'PR-GLEIT'	MOM.	2.31	76	0.40	22.4	119	15.7	0.22
	ML	1.98	88	0.23	10.1	124	8.6	0.19
'CHISQUARE'	MOM.	5.28	33	0.63	31.4	402	70.6	0.32
	ML	1.47	119	0.16	18.8	116	7.5	0.21
' τ-GEOM'	GEOM.	2.66	66	0.37	137	114	7.0	0.31

TABELLE 10.1.b : Vergleich der Kenngroessen von versch. Stichprobensystemen Qualitaetsgeschichte : Zeitlich konstante Prozesskurve (Beta-Dichte) mit Erwartungswert $\overline{p}$=1.0% und Standardabweichung σ=2.2% . NZEIT=400

(NADAPT = 137.6 bei 400 Losen) bei dem Verfahren 'τ-GEOM', da bei diesem Verfahren die jeweils letzte Beobachtung mit dem Gewicht $\varepsilon = 0.5$ eingeht (vgl. Abschnitt 9.8) und damit praktisch jedes extreme Stichprobenergebnis sofort eine Prüfplanplanänderung auslöst.

Beim Vergleich des MIL-STD-105D mit dem Verfahren 'MULT1-CUSUM' zeigt sich eine deutliche Überlegenheit der CUSUM-Version in den 3 Komponenten $\bar{R}$, NADAPT und ASS: 2.59/2.01, 37.1/15.8 und 113/108.

Als bestes Verfahren schneidet bei diesem Simulationsexperiment das Verfahren 'CHIQUARE' mit ML-Schätzer ab ($\bar{R} = 1.47$). $\bar{R}$ unterschreitet damit den Wert $\mu_R = 1.75$ für den bayes-optimalen Plan [125,1]. Analog zu Bemerkung 10.1 erklärt sich diese Diskrepanz aus der Zufallsabhängigkeit von $\bar{R}$ und dem Übergang vom 3-Phasen-Modell zum 2-Phasen-Modell bei der Simulation.

Bei hohen Prozeßvarianzen sind die Verfahren mit ML-Schätzer den entsprechenden Versionen mit Momentenschätzern z.T. erheblich überlegen (vgl. Tab. 10.1.b). Der Prüfaufwand schwankt je nach realisierter Qualitätsgeschichte stark bei den Verfahren mit Momentenschätzern. Dies drückt sich in hohen Werten für σ(ASS), der Standardabweichung von ASS aus. Z.B. führt bei dem Verfahren 'CHISQUARE' die Benutzung des Momentenschätzers zu einem durchschnittlichen Stichprobenaufwand ASS = 402 und einer mittleren Standardabweichung σ(ASS) = 70.6. Hierbei wird ein mittlerer Regret von $\bar{R} = 5.28$ erzielt, während die ML-Version bei ASS = 116 und σ(ASS) = 7.5 einen Regret von $\bar{R} = 1.47$ erreicht.

Bemerkung 10.2: Bei einer Bewertung dieses Sachverhalts darf nicht übersehen werden, daß bei der ML-Schätzung lediglich zwischen 10 verschiedenen Prozeßkurven zu wählen war (vgl. Abschnitt 5.3) und im Fall der Momentenschätzer keine derartige Information über die Beschränktheit der Prozeßkurvenparameter vorliegt. □

Im Vergleich der CUSUM-Anpassung und der Anpassung auf gleitender Datenbasis schneiden die CUSUM-Versionen diesmal durchgängig etwas schlechter ab. Dies ist aus der Tendenz der CUSUM-Verfahren zu erklären, auf extreme Stichprobenergebnisse sofort mit einer Alarmmeldung und einer Prüfplanänderung zu reagieren, während bei den Verfahren auf gleitender Datenbasis dieser Effekt gemildert wird.

Interessant ist der Vergleich der Verfahren 'MULTi-CUSUM' (i=1,2,3). Hier schneidet das Verfahren 'MULT2-CUSUM', das nur über die Prüfpläne [50,1], [125,2] und [313,3] verfügt sehr schlecht ab ($\bar{R}$ = 3.25), während die beiden übrigen Verfahren, die über den in dieser Situation optimaler Prüfplan [125,1] verfügen, wesentlich besser abschneiden ($\bar{R} \approx 2.0$). Dieser Sachverhalt zeigt, daß das Verhalten der Verfahren 'MULTi-CUSUM' (i=1,2,3) ganz wesentlich über die in Betracht gezogenen Prozeßalternativen und deren Prüfpläne bestimmt wird.

10.1.2 Der Einfluß von Korrelation zwischen den Losschlechtanteilen auf das Verhalten der adaptiven Stichprobensysteme

Die folgenden beiden Simulationsexperimente untersuchen den Einfluß einer Korrelation zwischen aufeinanderfolgenden Losschlechtanteilen auf das Verhalten der Stichprobensysteme.

Die Schlechtanteile p_t werden über eine Normal-Generated-Prior (vgl. Abschnitt 7.1.3) erzeugt. Die Korrelation wird über die Mittelwerte m_t der erzeugenden Normalverteilung hergestellt (vgl. (7.1.3)). Die Standardabweichung σ_ε des Störterms und das Absolutglied $\bar{m}$ des AR-Prozesses für die m_t wurden so gewählt, daß die stationäre Verteilung des m_t-Prozesses von ρ unabhängig ist (vgl. Tabelle 7.2).

Die Abbildungen 10.1.a - e zeigen jeweils die Realisation einer Qualitätsgeschichte $(p_t)_{t=1,...,NZEIT}$ mit ρ = 0.0, 0.3, 0.7, 0.9 und 0.95.

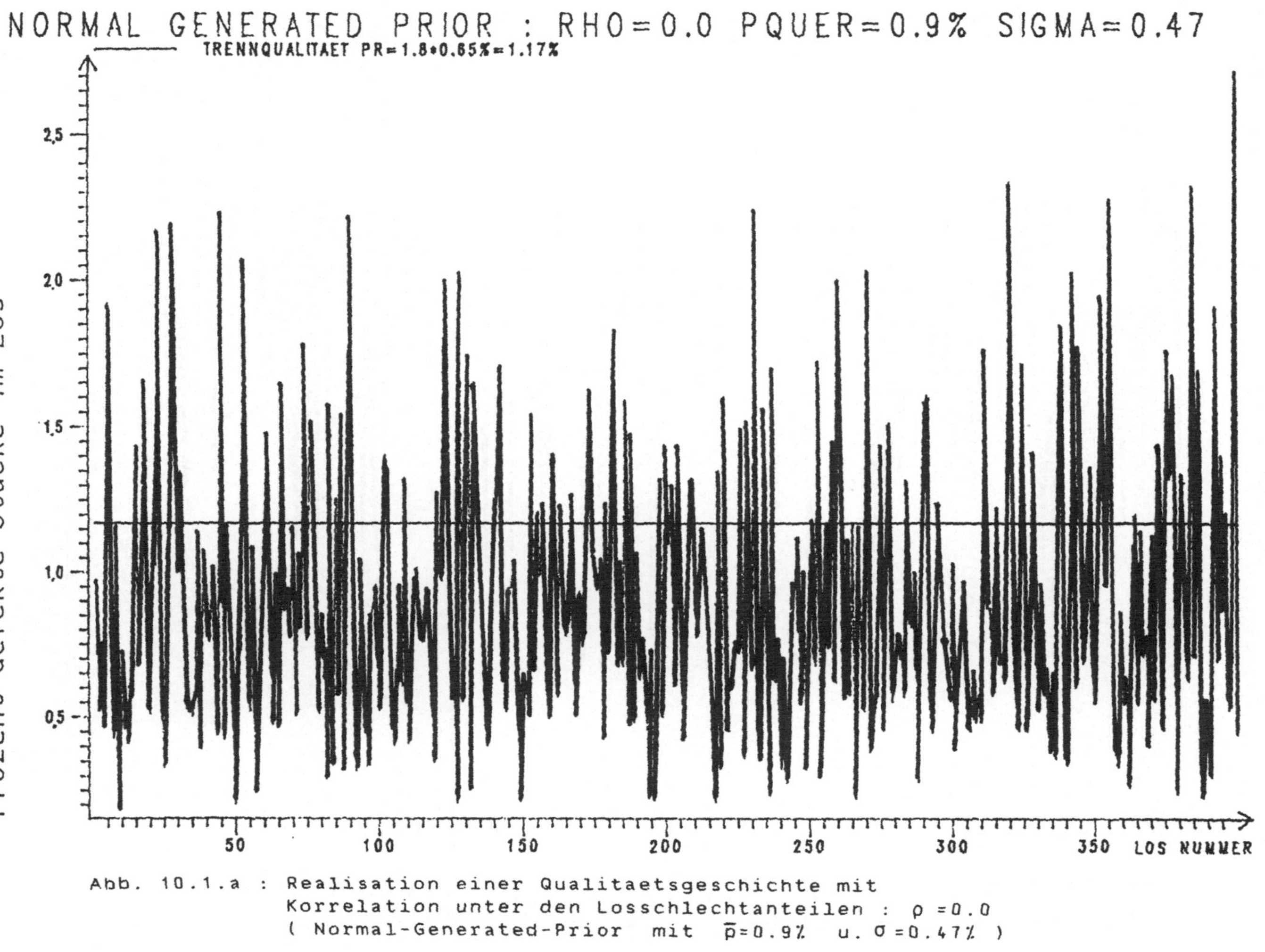

Abb. 10.1.a : Realisation einer Qualitaetsgeschichte mit Korrelation unter den Losschlechtanteilen : $\rho = 0.0$ (Normal-Generated-Prior mit $\bar{p} = 0.9\%$ u. $\sigma = 0.47\%$)

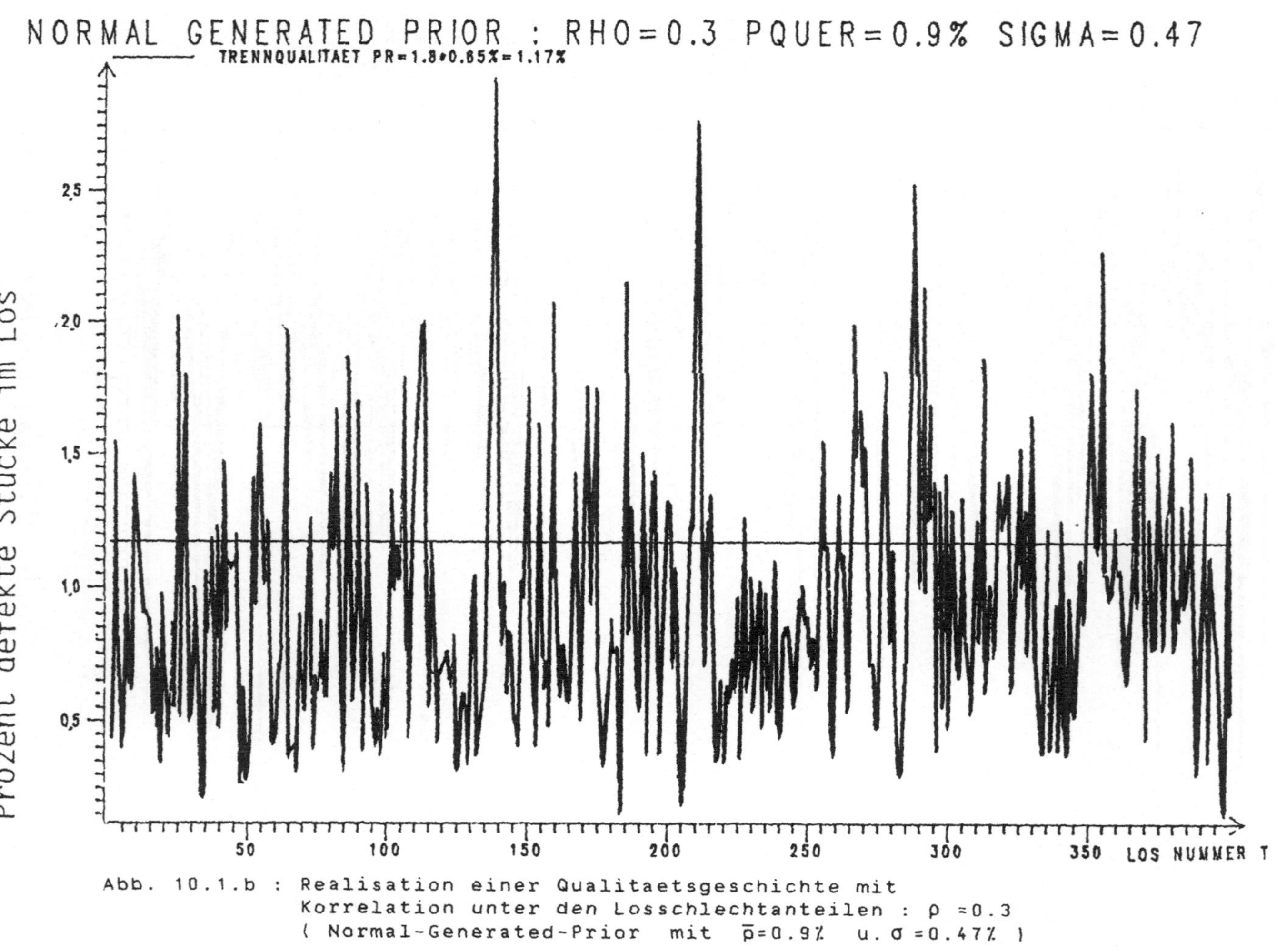

Abb. 10.1.b : Realisation einer Qualitaetsgeschichte mit Korrelation unter den Losschlechtanteilen : $\rho = 0.3$ (Normal-Generated-Prior mit $\bar{p}=0.9\%$ u. $\sigma = 0.47\%$)

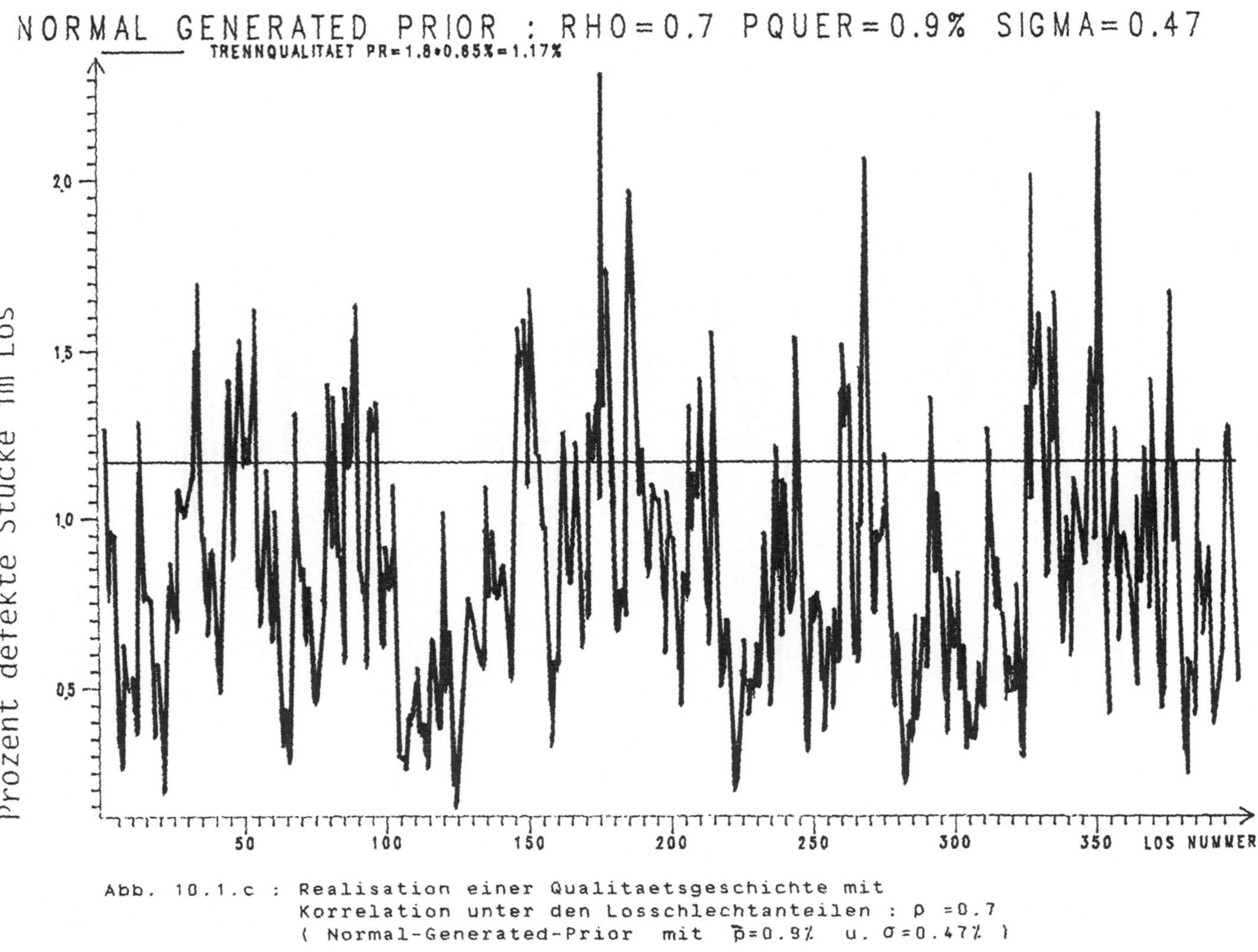

Abb. 10.1.c : Realisation einer Qualitaetsgeschichte mit Korrelation unter den Losschlechtanteilen : ρ =0.7 (Normal-Generated-Prior mit $\bar{p}$=0.9% u. σ=0.47%)

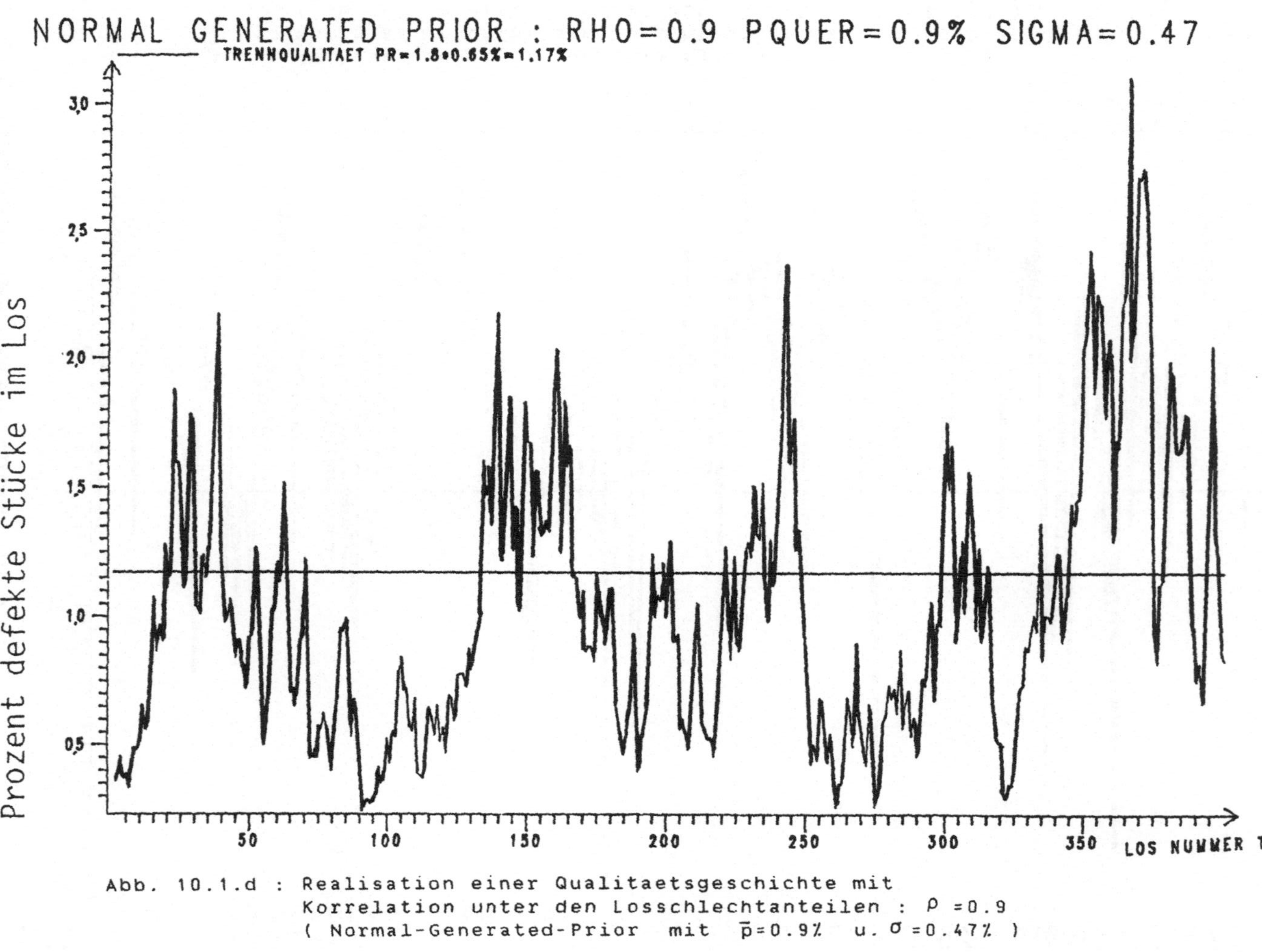

Abb. 10.1.d : Realisation einer Qualitaetsgeschichte mit Korrelation unter den Losschlechtanteilen : $\rho = 0.9$ (Normal-Generated-Prior mit $\bar{p}=0.9\%$ u. $\sigma=0.47\%$)

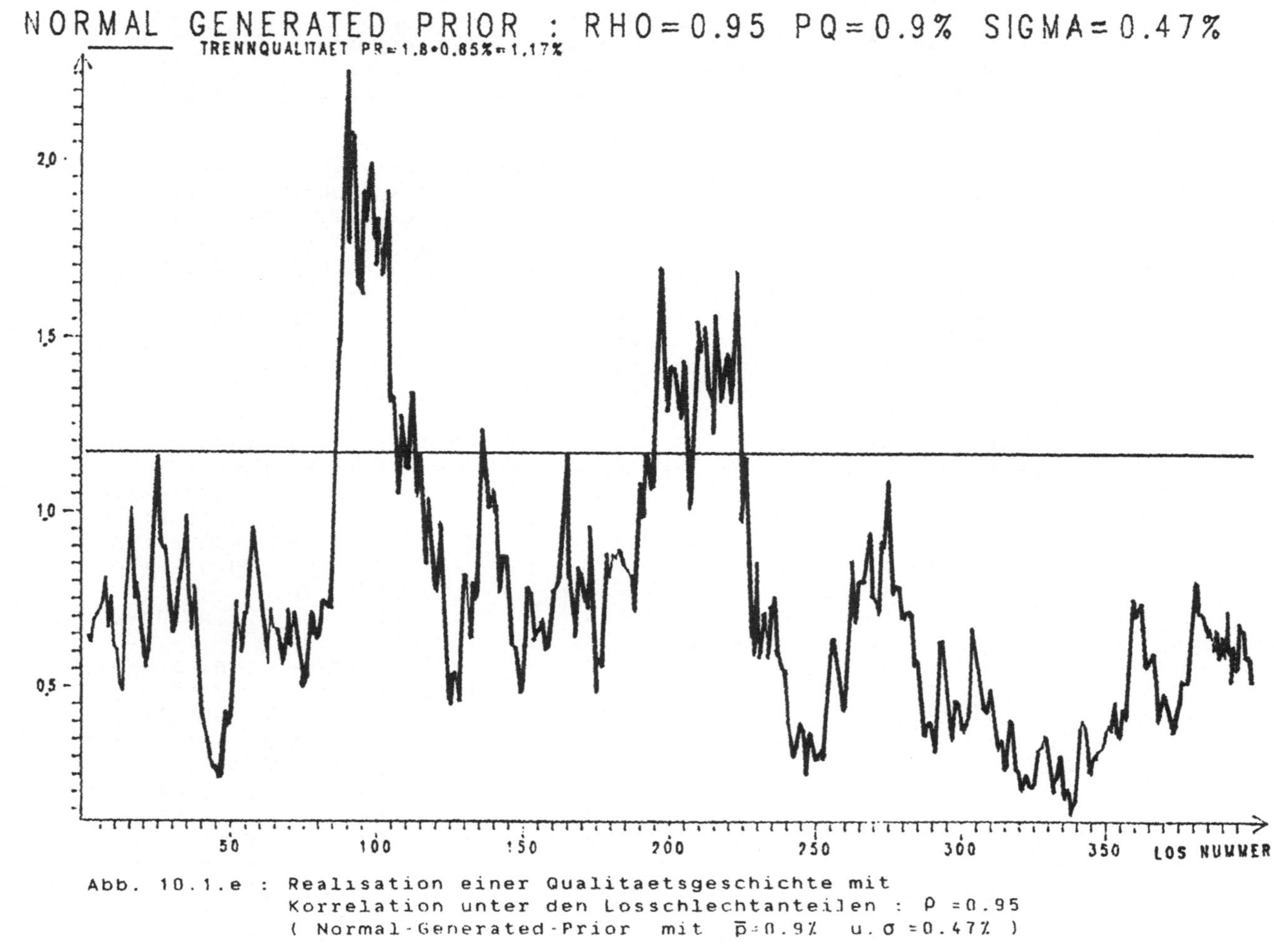

Abb. 10.1.e : Realisation einer Qualitaetsgeschichte mit Korrelation unter den Losschlechtanteilen : $\rho = 0.95$ (Normal-Generated-Prior mit $\bar{p} = 0.9\%$ u. $\sigma = 0.47\%$)

VERFAHREN	SCHAETZ.	RQUER	σ(RQUER)	NADAPT	ASS	σ(ASS)	AOQ [%]
MIL-STD-105D		2.06	0.20	20.1	119	4.9	0.65
SKIP-LOT		2.21	0.17	170	85.6	6.0	0.64
NC-PLAN (50,1)		1.86	0.22	0.0	50	0.0	0.78
(125,2)		1.96	0.19	0.0	125	0.0	0.70
' α -CUSUM'	ALT.	1.95	0.25	3.3	82.1	18.7	0.74
' τ -CUSUM'	ALT.	2.21	0.21	29.9	145	12.7	0.59
'PANN-CUSUM'	MOM.	2.71	0.23	24.8	315	70.8	0.57
	ML	1.99	0.17	10.4	145	12.1	0.66
'PR-CUSUM'	MOM.	2.16	0.20	15.0	151	29.7	0.70
	ML	1.98	0.17	6.5	149	19.2	0.66
'MULT1-CUSUM'	ALT.	1.93	0.16	12.9	112	4.6	0.72
'MULT2-CUSUM'	ALT.	1.92	0.17	13.6	128	9.9	0.68
'MULT3-CUSUM'	ALT.	1.95	0.14	16.6	133	10.4	0.68
'BAYES-CUSUM'	ALT.	1.87	0.15	2.9	129	8.0	0.69
'MULT3-GLEIT'	ALT.	2.00	0.21	5.5	159	28.8	0.65
'BAYES-GLEIT'	ALT.	2.05	0.13	42.6	159	11.4	0.62
'PANN-GLEIT'	MOM.	2.18	0.24	5.0	183	63.6	0.64
	ML	1.95	0.17	1.6	142	22.1	0.68
'PR-GLEIT'	MOM.	2.14	0.18	20.5	134	19.4	0.68
	ML	1.98	0.12	13.6	135	12.3	0.67
'CHISQUARE'	MOM.	2.47	0.21	2.3	63.6	11.0	0.89
	ML	2.31	0.21	3.5	57.9	6.0	0.88
' τ -GEOM'	GEOM.	2.40	0.24	37.1	76.1	10.2	0.86

Tabelle 10.2.a : Vergleich der Kenngroessen von versch. Stichprobensystemen
Qualitaetsgeschichte : Normal-Genrated-Prior mit
mit Erwartungswert $\bar{p}$=0.9% und Standardabweichung σ=0.47%
(E(m)=2.407 σ(m)=0.187)
Korrelation = 0.0 NZEIT = 400

VERFAHREN	SCHAETZ.	RQUER	σ(RQUER)	NADAPT	ASS	σ(ASS)	AOQ [%]
MIL-STD-105D		2.05	0.20	22.1	119	3.7	0.65
SKIP-LOT		2.09	0.20	169	86.7	8.3	0.63
NC-PLAN (50,1)		1.84	0.23	0.0	50	0.0	0.78
(125,2)		1.88	0.19	0.0	125	0.0	0.69
' α -CUSUM'	ALT.	1.82	0.19	3.5	75.5	13.7	0.75
' τ -CUSUM'	ALT.	2.32	0.16	31.1	142	13.4	0.59
'PANN-CUSUM'	MOM.	2.58	0.28	23.2	303	65.7	0.57
	ML	2.00	0.19	12.8	150	15.5	0.66
'PR-CUSUM'	MOM.	2.19	0.26	19.1	156	33.7	0.70
	ML	2.00	0.18	8.7	156	19.3	0.65
'MULT1-CUSUM'	ALT.	1.87	0.19	13.0	109	5.8	0.71
'MULT2-CUSUM'	ALT.	1.88	0.17	16.0	122	9.5	0.69
'MULT3-CUSUM'	ALT.	1.90	0.17	17.9	129	9.3	0.68
'BAYES-CUSUM'	ALT.	1.97	0.18	3.3	126	10.3	0.70
'MULT3-GLEIT'	ALT.	1.98	0.27	6.2	150	39.9	0.66
'BAYES-GLEIT'	ALT.	2.11	0.18	43.1	154	12.1	0.63
'PANN-GLEIT'	MOM.	2.20	0.28	6.4	179	54.5	0.65
	ML	1.93	0.19	2.9	150	19.6	0.66
'PR-GLEIT'	MOM.	2.12	0.21	22.9	143	24.7	0.67
	ML	1.93	0.19	15.3	138	13.4	0.66
'CHISQUARE'	MOM.	2.49	0.27	2.9	70.4	15.4	0.88
	ML	2.30	0.33	4.5	58.8	6.5	0.87
' τ -GEOM'	GEOM.	2.17	0.21	31.3	79.6	14.9	0.84

Tabelle 10.2.b : Vergleich der Kenngroessen von versch. Stichprobensystemen
Qualitaetsgeschichte : Normal-Genrated-Prior mit
mit Erwartungswert $\bar{p}$=0.9% und Standardabweichung σ=0.47%
(E(m)=2.407 σ(m)=0.187)
Korrelation = 0.3 NZEIT = 400

VERFAHREN	SCHAETZ.	RQUER	σ(RQUER)	NADAPT	ASS	σ(ASS)	AOQ [%]
MIL-STD-105D		1.88	0.18	21.5	113	5.1	0.66
SKIP-LOT		1.97	0.21	178	80.7	7.2	0.63
NC-PLAN (50,1)		1.81	0.28	0.0	50	0.0	0.77
(125,2)		1.95	0.19	0.0	125	0.0	0.71
' α -CUSUM'	ALT.	1.89	0.25	4.3	79.0	20.3	0.74
' τ -CUSUM'	ALT.	2.18	0.17	33.0	153	14.1	0.56
'PANN-CUSUM'	MOM.	2.39	0.28	22.9	368	114	0.52
	ML	1.91	0.26	14.5	149	14.4	0.64
'PR-CUSUM'	MOM.	2.00	0.26	20.6	177	22.9	0.68
	ML	1.98	0.21	13.7	159	22.2	0.64
'MULT1-CUSUM'	ALT.	1.87	0.23	14.9	105	5.5	0.71
'MULT2-CUSUM'	ALT.	1.84	0.23	17.1	126	12.3	0.68
'MULT3-CUSUM'	ALT.	1.87	0.21	18.6	131	8.0	0.67
'BAYES-CUSUM'	ALT.	1.94	0.21	5.7	132	19.6	0.69
'MULT3-GLEIT'	ALT.	1.94	0.20	9.0	160	29.4	0.64
'BAYES-GLEIT'	ALT.	1.88	0.16	39.2	157	12.5	0.61
'PANN-GLEIT'	MOM.	2.09	0.32	6.5	207	65.7	0.62
	ML	1.98	0.23	5.7	152	23.6	0.65
'PR-GLEIT'	MOM.	1.97	0.44	18.9	136	29.6	0.68
	ML	1.98	0.29	18.4	141	17.7	0.66
'CHISQUARE'	MOM.	2.11	0.45	3.4	76.4	29.6	0.85
	ML	2.26	0.49	7.4	65.2	8.6	0.87
' τ -GEOM'	GEOM.	1.89	0.23	31.7	123	25.3	0.78

Tabelle 10.2.c : Vergleich der Kenngroessen von versch. Stichprobensystemen
Qualitaetsgeschichte : Normal-Generated-Prior mit
mit Erwartungswert $\bar{p}$=0.9% und Standardabweichung σ=0.47%
(E(m)=2.407 σ(m)=0.187)
Korrelation = 0.7 NZEIT = 400

VERFAHREN	SCHAETZ.	RQUER	σ(RQUER)	NADAPT	ASS	σ(ASS)	AOQ [%]
MIL-STD-105D		1.65	0.29	20.3	108	6.9	0.63
SKIP-LOT		1.77	0.35	170	78.0	7.5	0.61
NC-PLAN (50,1)		1.87	0.73	0.0	50	0.0	0.76
(125,2)		1.95	0.48	0.0	125	0.0	0.69
'α-CUSUM'	ALT.	1.67	0.44	4.6	83.7	26.2	0.71
'τ-CUSUM'	ALT.	2.22	0.19	27.5	156	23.2	0.53
'PANN-CUSUM'	MOM.	2.02	0.43	19.3	402	154	0.52
	ML	1.70	0.25	12.7	147	17.3	0.64
'PR-CUSUM'	MOM.	1.61	0.31	18.9	224	76.1	0.62
	ML	1.76	0.31	13.2	154	22.6	0.63
'MULT1-CUSUM'	ALT.	1.78	0.38	13.5	102	7.5	0.69
'MULT2-CUSUM'	ALT.	1.58	0.34	16.1	119	15.2	0.65
'MULT3-CUSUM'	ALT.	1.65	0.30	18.0	126	10.4	0.64
'BAYES-CUSUM'	ALT.	1.83	0.43	4.8	130	20.2	0.69
'MULT3-GLEIT'	ALT.	1.81	0.26	9.4	151	34.1	0.62
'BAYES-GLEIT'	ALT.	1.75	0.22	35.9	148	17.1	0.62
'PANN-GLEIT'	MOM.	1.85	0.46	8.1	208	86.5	0.61
	ML	1.79	0.21	5.4	157	17.9	0.62
'PR-GLEIT'	MOM.	1.66	0.45	17.3	151	46.3	0.64
	ML	1.83	0.23	17.8	141	17.4	0.63
'CHISQUARE'	MOM.	1.75	0.58	4.0	104	48.6	0.79
	ML	1.94	0.48	7.4	73.1	15.0	0.83
'τ-GEOM'	GEOM.	1.27	0.21	17.9	146	67.6	0.70

Tabelle 10.2.d : Vergleich der Kenngroessen von versch. Stichprobensystemen
Qualitaetsgeschichte : Normal-Generated-Prior mit
mit Erwartungswert $\overline{p}$=0.9% und Standardabweichung σ=0.47%
(E(m)=2.407 σ(m)=0.187)
Korrelation = 0.9 NZEIT = 400

VERFAHREN	SCHAETZ.	RQUER	σ(RQUER)	NADAPT	ASS	σ(ASS)	AOQ [%]
MIL-STD-105D		1.63	0.44	18.0	108	7.5	0.64
SKIP-LOT		1.77	0.31	161	82.1	9.6	0.61
NC-PLAN (50,1)		2.11	1.09	0.0	50	0.0	0.81
(125,2)		2.05	0.73	0.0	125	0.0	0.72
'α-CUSUM'	ALT.	1.72	0.59	5.3	108	55.3	0.71
'τ-CUSUM'	ALT.	2.07	0.25	25.7	166	39.1	0.54
'PANN-CUSUM'	MOM.	1.82	0.37	17.2	433	222	0.46
	ML	1.52	0.31	13.0	147	23.2	0.61
'PR-CUSUM'	MOM.	1.24	0.25	16.4	209	84.5	0.60
	ML	1.66	0.24	13.2	153	26.2	0.60
'MULT1-CUSUM'	ALT.	1.73	0.51	9.7	105	10.2	0.72
'MULT2-CUSUM'	ALT.	1.59	0.36	13.2	121	20.2	0.68
'MULT3-CUSUM'	ALT.	1.71	0.38	15.3	129	17.5	0.68
'BAYES-CUSUM'	ALT.	1.73	0.37	3.9	122	23.4	0.68
'MULT3-GLEIT'	ALT.	1.75	0.36	6.4	148	33.9	0.65
'BAYES-GLEIT'	ALT.	1.68	0.22	28.8	149	19.3	0.60
'PANN-GLEIT'	MOM.	1.77	0.53	8.0	234	82.0	0.82
	ML	1.54	0.22	3.7	146	21.4	0.63
'PR-GLEIT'	MOM.	1.52	0.31	15.5	157	49.2	0.84
	ML	1.60	0.29	17.3	129	20.8	0.64
'CHISQUARE'	MOM.	1.55	0.44	2.7	98.5	43.3	0.78
	ML	1.52	0.45	4.0	61.3	17.1	0.81
'τ-GEOM'	GEOM.	1.25	0.27	14.8	172	94.1	0.69

Tabelle 10.2.e : Vergleich der Kenngroessen von versch. Stichprobensystemen Qualitaetsgeschichte : Normal-Generated-Prior mit mit Erwartungswert $\bar{p}$=0.9% und Standardabweichung σ=0.47%
(E(m)=2.407 σ(m)=0.187)
Korrelation = 0.95 NZEIT = 400

Wir betrachten zunächst den Fall, daß eine stationäre Verteilung vorliegt mit $\bar{p} = 0.9\%$ und $\sigma = 0.47\%$ (vgl. Tabelle 10.2.a bis e).

Für $\rho = 0$ liegt Unabhängigkeit der Losschlechtanteile vor. Obwohl der Erwartungswert $\bar{p}$ und die Varianz σ^2 der Prozeßkurve mit den Werten der betaförmigen Dichte aus dem vorhergehenden Simulationsexperiment übereinstimmen, zeigt $\bar{R}$ in diesem Fall deutlich höhere Werte (vgl. Tabellen 10.1.a und 10.2.a). Die Differenz liegt bei allen Verfahren zwischen 0.2 und 0.3. Dies ist ein Hinweis darauf, daß neben $\bar{p}$ und σ^2 noch weitere Parameter der Prozeßkurve einen Einfluß auf $\bar{R}$ ausüben. Die Gestalt der Prozeßkurve ist jedoch in beiden Fällen (Beta-Fall und NGP) gleich, nämlich glockenförmig.

Wenn wir $\bar{R}$ in Abhängigkeit von ρ betrachten, so zeigt sich, daß $\bar{R}$ im allgemeinen monoton mit steigenden Werten von ρ fällt. Jedoch zeigt sich dieser Effekt erst ab hohen Korrelationen ($\rho \geq 0.7$) in nennenswerter Größe (vgl. Tabelle 10.3). Für $\rho \leq 0.7$ ist der einfache Stichprobenplan [50,1] gleichmäßig fast allen adaptiven Stichprobensystem überlegen (Ausnahme: Verfahren 'α-CUSUM' bei $\rho = 0.3$). Dieses Ergebnis verdeutlicht, daß sich ein Adaptionsmechanismus erst bei hohen Korrelationen zwischen den Losschlechtanteilen "lohnt".

Das Verhalten von NADAPT, der Anzahl der Prüfplanänderungen, in Abhängigkeit von ρ ist bei den einzelnen Verfahren unterschiedlich. Während bei dem Verfahren 'α-CUSUM' NADAPT von 3.3 gleichmäßig auf 5.3 ansteigt, fällt bei dem Verfahren 'τ-GEOM' NADAPT von 37.1 monoton auf 14.8. Das Verfahren 'MULT1-CUSUM' reagiert zunächst mit einem Anwachsen von NADAPT (von 12.9 ($\rho = 0$) bis 14.9 ($\rho = 0.7$)). Für noch grössere Werte von ρ fällt NADAPT wieder auf 9.7 ($\rho = 0.95$).

Der durchschnittliche Stichprobenumfang ASS verhält sich bei den verschiedenen Stichprobenarten ähnlich uneinheitlich.

VERFAHREN	SCHAETZ.	Werte fuer ρ 0.0	0.3	0.7	0.9	0.95
MIL-STD-105D		2.06	2.05	1.88	1.65	1.63
SKIP-LOT		2.21	2.09	1.97	1.77	1.77
NC-PLAN (50,1)		1.86	1.84	1.81	1.87	2.11
(125,2)		1.96	1.88	1.95	1.95	2.05
'α-CUSUM'	ALT.	1.95	1.82	1.89	1.67	1.72
'τ-CUSUM'	ALT.	2.21	2.32	2.18	2.22	2.07
'PANN-CUSUM'	MOM.	2.71	2.58	2.39	2.02	1.82
	ML	1.99	2.00	1.91	1.70	1.52
'PR-CUSUM'	MOM.	2.16	2.19	2.00	1.61	1.24
	ML	1.98	2.00	1.98	1.76	1.66
'MULT1-CUSUM'	ALT.	1.93	1.87	1.87	1.78	1.73
'MULT2-CUSUM'	ALT.	1.92	1.88	1.84	1.58	1.59
'MULT3-CUSUM'	ALT.	1.95	1.90	1.87	1.65	1.71
'BAYES-CUSUM'	ALT.	1.87	1.97	1.94	1.83	1.73
'MULT3-GLEIT'	ALT.	2.00	1.98	1.94	1.81	1.75
'BAYES-GLEIT'	ALT.	2.05	2.11	1.88	1.75	1.68
'PANN-GLEIT'	MOM.	2.18	2.20	2.09	1.85	1.77
	ML	1.95	1.93	1.98	1.79	1.54
'PR-GLEIT'	MOM.	2.14	2.12	1.97	1.66	1.52
	ML	1.98	1.93	1.98	1.83	1.60
'CHISQUARE'	MOM.	2.47	2.49	2.11	1.75	1.55
	ML	2.31	2.30	2.26	1.94	1.52
'τ-GEOM'	GEOM.	2.40	2.17	1.89	1.27	1.25

TABELLE 10.3 : Der Einfluss der Korrelation ρ auf $\overline{R}$
Qualitaetsgeschichte : Normal-Generated-Prior mit
Erwartungswert $\overline{p}$=0.9% und Standardabweichung σ=0.47%
(E(m)=2.407 σ(m)=0.187) . NZEIT = 400

Der AOQ-Wert wird bei den meisten Verfahren nur geringfügig von ρ beeinflußt. Allgemein liegt AOQ knapp über dem AQL-Wert 0.65% und nimmt mit wachsenden Werten von ρ geringfügig ab (Ausnahmen: Verfahren 'CHISQUARE' und 'τ-GEOM' bei $\rho \leq 0.7$).

Der Vergleich der Stichprobensysteme 'MIL-STD-105D' und 'MULT1-CUSUM' zeigt eine leichte Überlegenheit des Verfahrens 'MULT1-CUSUM' für $\rho \leq 0.7$, während der MIL-STD-105D für $\rho \geq 0.9$ etwas geringere Werte für $\bar{R}$ liefert (vgl. Tabelle 10.3). Allerdings kommt das Verfahren 'MULT1-CUSUM' mit ca. 40% weniger Prüfplanwechseln als der MIL-STD-105D aus. Der Stichprobenaufwand ist bei beiden Verfahren annähernd gleich.

Ein gleichmäßig für alle Werte von ρ bestes Verfahren existiert nicht. Für $\rho \leq 0.7$ ist der Prüfplan [50,1] optimal, für $\rho \geq 0.9$ liefert das Verfahren 'τ-GEOM' die niedrigsten Werte für $\bar{R}$. Das Verfahren 'α-CUSUM' zeigt für alle Werte von ρ ein gutes Verhalten. Bei einer geringen Anzahl von Prüfplanwechseln (NADAPT$\leq$ 5.3), wird z.T. sogar noch der durchschnittliche Prüfaufwand ASS des Skip-Lot-Verfahrens unterschritten ($\rho \leq 0.7$).

Beim Vergleich der Stichprobenverfahren mit ML- und Momentenschätzern zeigt sich eine leichte Überlegenheit der ML-Schätzer.

Der Vergleich von Verfahren mit CUSUM-Prüfstufenreglung und einer Prüfstufenregelung aufgrund einer gleitenden Datenbasis zeigt nur geriingfügige Unterschiede zwischen diesen beiden Anpassungsmechanismen.

Wir betrachten nun den Fall hoher Prozeßvarianz mit $\bar{p} = 1.0\%$ und $\sigma = 2.2\%$. Die Abbildungen 10.2.a - e zeigen jeweils die Realisation einer Qualitätsgeschichte bei $\rho = 0.0, 0.3, 0.7, 0.9$ und 0.95. Wir sehen, daß wir es mit einer Ausreißerverteilung zu tun haben.

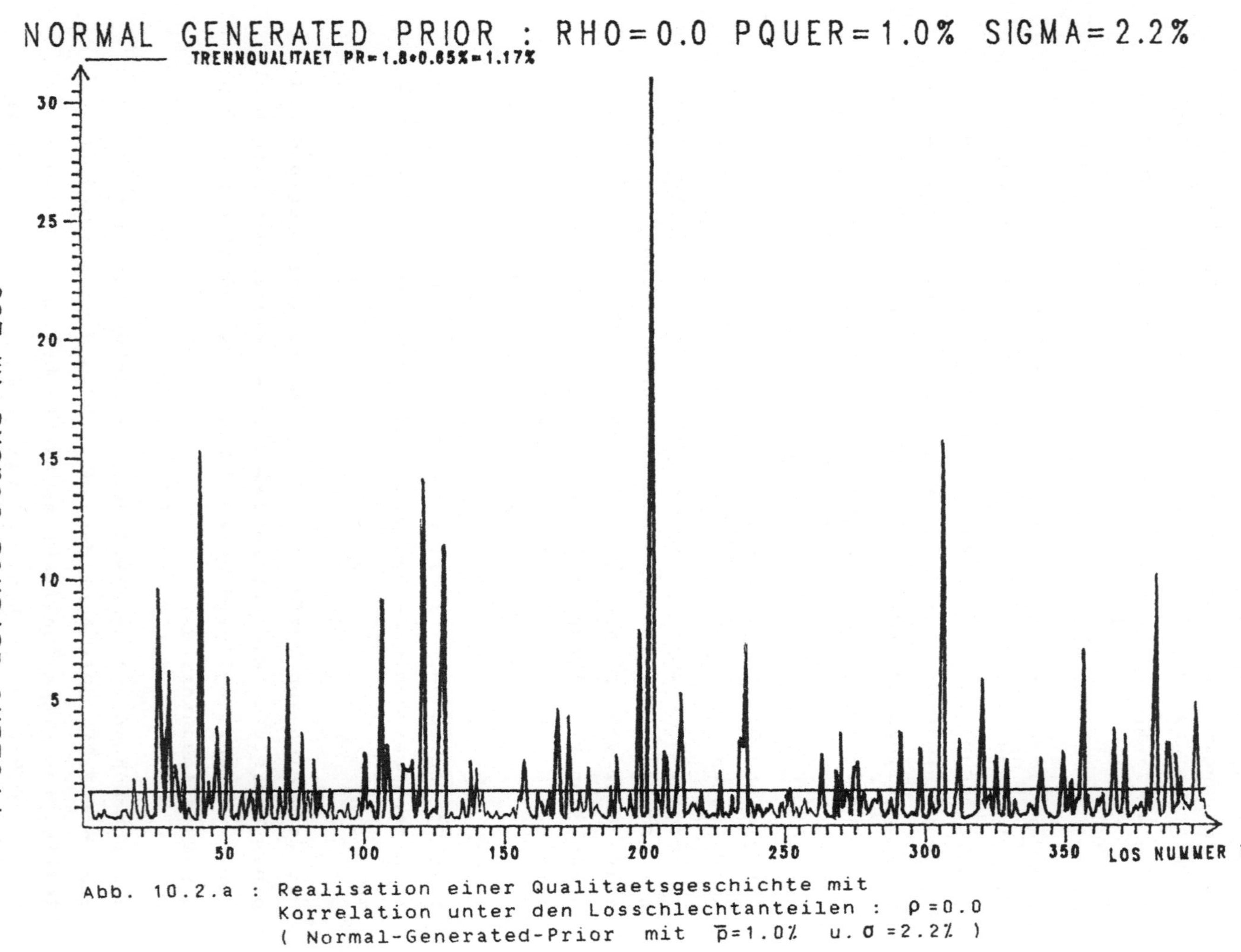

Abb. 10.2.a : Realisation einer Qualitaetsgeschichte mit Korrelation unter den Losschlechtanteilen : $\rho = 0.0$ (Normal-Generated-Prior mit $\overline{p}=1.0\%$ u. $\sigma = 2.2\%$)

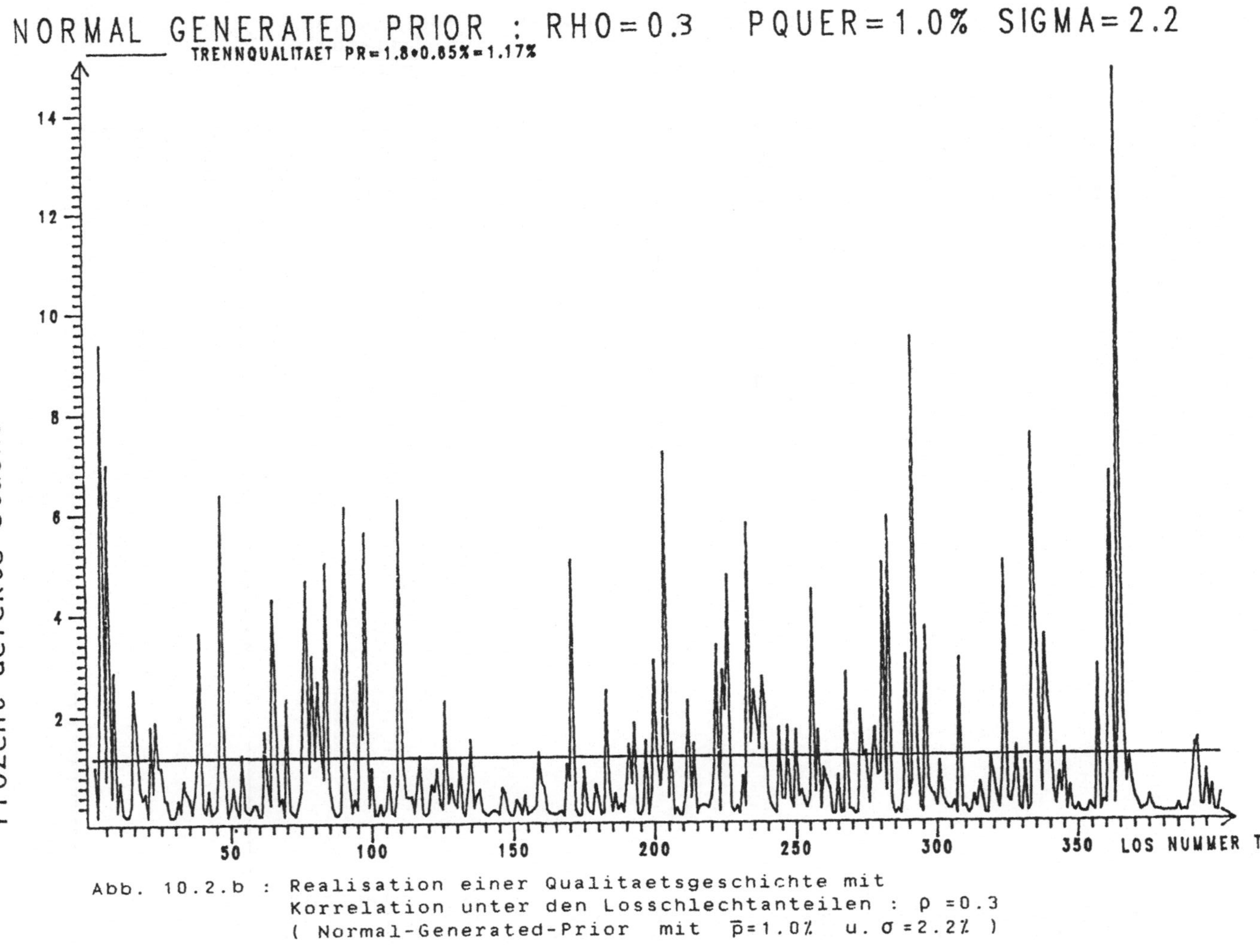

Abb. 10.2.b : Realisation einer Qualitaetsgeschichte mit Korrelation unter den Losschlechtanteilen : $\rho = 0.3$ (Normal-Generated-Prior mit $\bar{p}=1.0\%$ u. $\sigma = 2.2\%$)

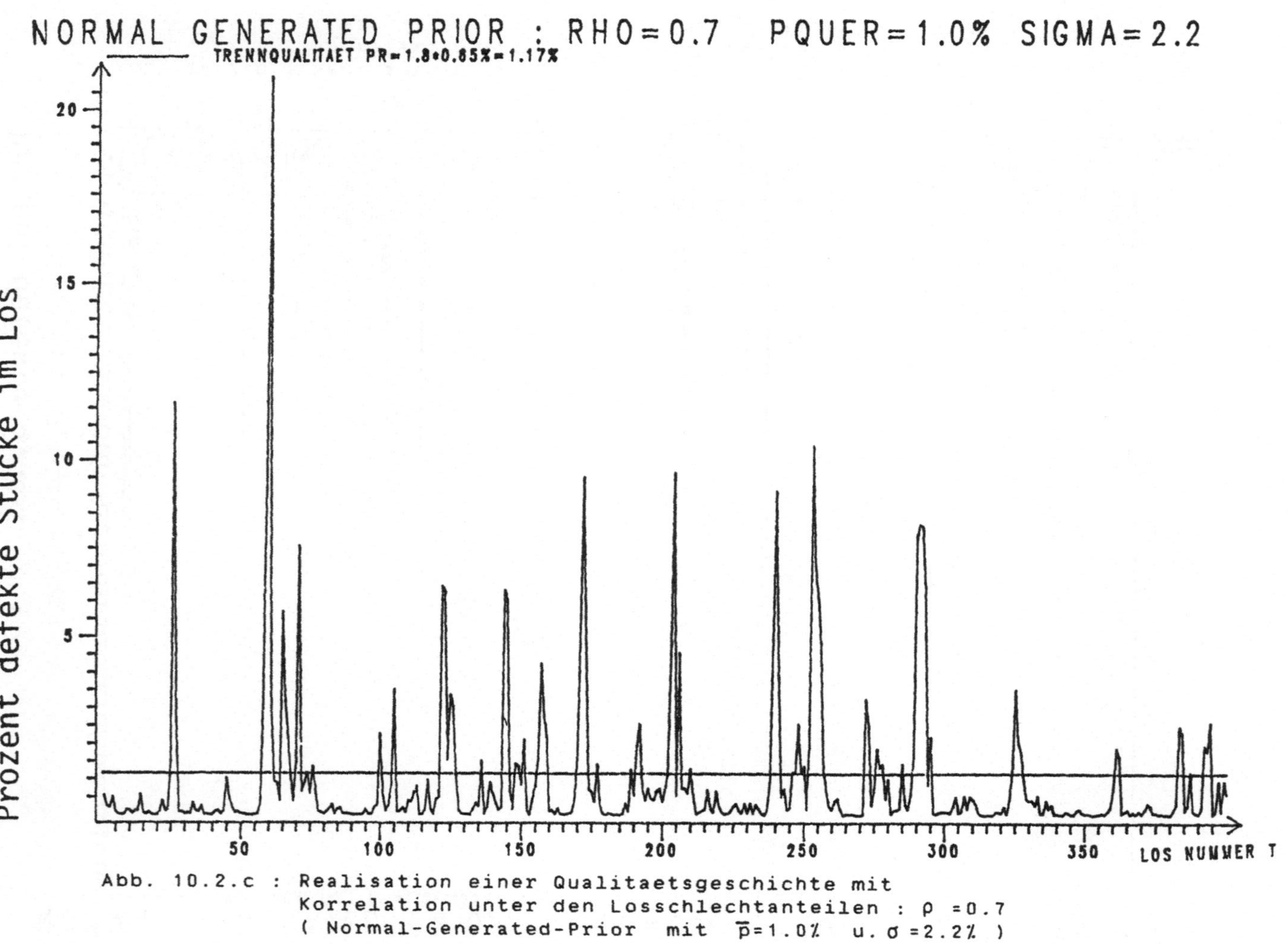

Abb. 10.2.c : Realisation einer Qualitaetsgeschichte mit Korrelation unter den Losschlechtanteilen : ρ =0.7 (Normal-Generated-Prior mit $\overline{p}$=1.0% u. σ =2.2%)

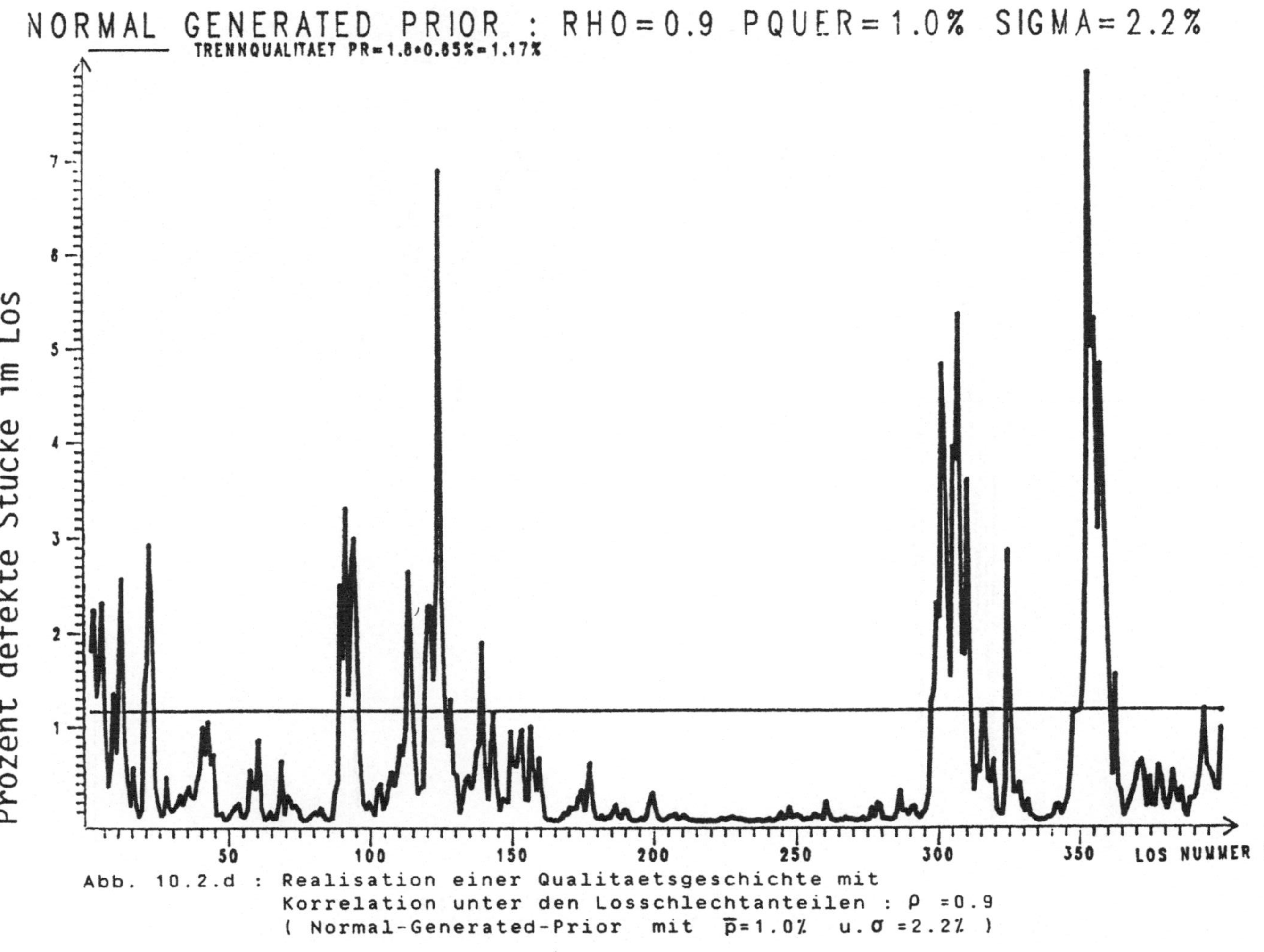

Abb. 10.2.d : Realisation einer Qualitaetsgeschichte mit
Korrelation unter den Losschlechtanteilen : ρ =0.9
(Normal-Generated-Prior mit $\overline{p}$=1.0% u. σ =2.2%)

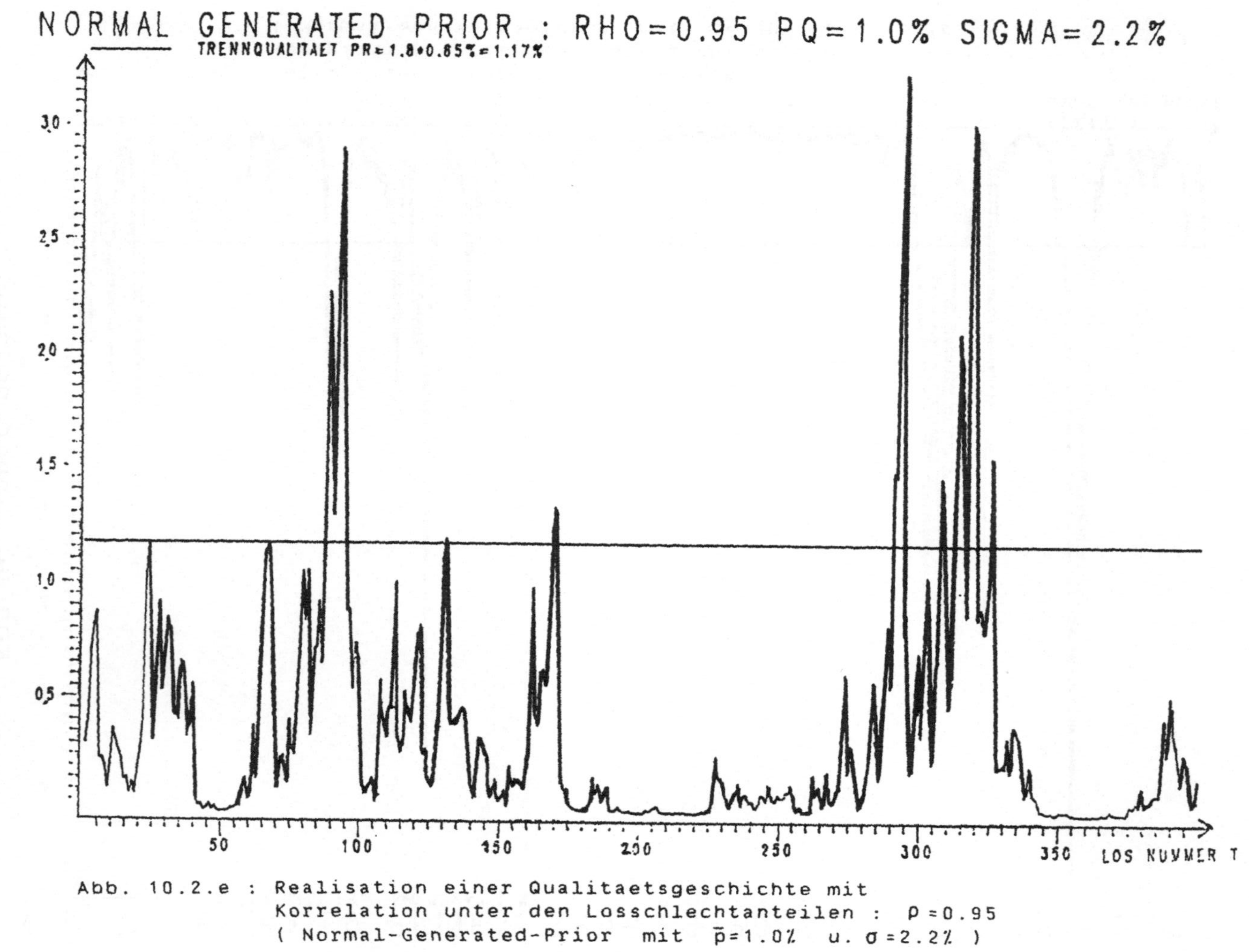

Abb. 10.2.e : Realisation einer Qualitaetsgeschichte mit Korrelation unter den Losschlechtanteilen : $\rho = 0.95$ (Normal-Generated-Prior mit $\bar{p}=1.0\%$ u. $\sigma=2.2\%$)

Obwohl die Dichte der Normal-Generated-Prior für $\rho = 0$ und die entsprechende Beta-förmige Prozeßkurve mit gleichem Erwartungswert und gleicher Varianz eine verschiedene Gestalt haben (glockenförmig bzw. J-förmig), weichen die Werte für $\bar{R}$ bei den verschiedenen Stichprobensystemen nur gering voneinander ab (vgl. Tabellen 10.1.b und 10.4.a). Wir sehen also, daß im Falle hoher Prozeßvarianzen der Einfluß der Gestalt der Prozeßkurve auf $\bar{R}$ gering ist. Wie wir gesehen haben, ist dies bei geringen Prozeßvarianten nicht der Fall.

Wie im Fall geringer Prozeßvarianten ist für $\rho \leq 0.7$ ein einfacher Stichprobenplan, hier der Plan [125,1] mit $\bar{R} = 1.90$, den adaptiven Prüfverfahren überlegen (Ausnahme: Verfahren 'CHISQUARE'). Erst bei hoher Korrelation liefern die Adaptionsmechanismen eine Verbesserung gegenüber einem starren Prüfschema. Allerdings ist der Einfluß von ρ auf $\bar{R}$ größer als bei kleinen Prozeßvarianzen. So sinkt $\bar{R}$ beim Verfahren 'SKIP-LOT' von 6.11 (ρ=0.0) auf 1.67 (ρ=0.95) (vgl. Tabelle 10.5).

Bei den meisten Verfahren ist $\bar{R}$ monoton fallend bei steigenden Werten für ρ. Jedoch treten größere Effekte erst ab $\rho > 0.7$ auf (Ausnahmen: Verfahren 'SKIP-LOT', 'τ-GEOM' und 'MULT2-CUSUM'.

Die meisten Stichprobenverfahren reagieren auf Korrelationen in den Losschlechtanteilen zunächst mit einer Erhöhung der Prüfplanänderungen. Bei einer weiteren Erhöhung von ρ sinkt NADAPT wieder. Man erhält beispielsweise (vgl. Tabelle 10.4.a - e) für das Verfahren 'α-CUSUM' die folgenden Werte für NADAPT: 22 (ρ=0.0), 30.2 (ρ=0.3), 32.4 (ρ=0.7), 25.7 (ρ=0.95). Eine Ausnahme bildet das Verfahren 'τ-GEOM', wo NAPADT monoton von 128 (ρ=0.0) auf 55 (ρ=0.95) fällt.

Hinsichtlich des durchschnittlichen Stichprobenumfangs ASS ergibt sich bei den Stichprobensystemen kein einheitliches Verhalten.

VERFAHREN	SCHAETZ.	RQUER	σ(RQUER)	NADAPT	ASS	σ(ASS)	AOQ [%]
MIL-STD-105D		2.56	0.46	35.0	113	4.2	0.35
SKIP-LOT		6.11	1.25	210	67.1	6.7	0.59
NC-PLAN (50,1)		3.24	0.51	0.0	50	0.0	0.47
(125,2)		2.26	0.25	0.0	125	0.0	0.34
' α -CUSUM'	ALT.	2.05	0.15	22.0	154	9.0	0.22
' τ -CUSUM'	ALT.	2.08	0.19	6.8	95.5	13.6	0.26
'PANN-CUSUM'	MOM.	3.13	0.51	37.9	204	30.8	0.29
	ML	2.29	0.24	27.4	133	13.7	0.29
'PR-CUSUM'	MOM.	2.47	0.49	11.6	113	14.0	0.32
	ML	2.20	0.34	8.6	121	16.9	0.28
'MULT1-CUSUM'	ALT.	2.24	0.26	25.6	103	6.8	0.31
'MULT2-CUSUM'	ALT.	3.10	0.52	36.5	108	11.3	0.40
'MULT3-CUSUM'	ALT.	2.19	0.24	35.6	121	8.6	0.29
'BAYES-CUSUM'	ALT.	1.99	0.18	10.8	128	9.3	0.25
'MULT3-GLEIT'	ALT.	2.06	0.28	20.6	126	8.0	0.27
'BAYES-GLEIT'	ALT.	2.02	0.25	34.0	128	5.5	0.26
'PANN-GLEIT'	MOM.	2.29	0.52	7.7	144	26.1	0.27
	ML	2.12	0.23	7.3	139	15.1	0.26
'PR-GLEIT'	MOM.	2.49	0.37	21.5	122	12.5	0.31
	ML	2.18	0.28	15.2	135	7.9	0.27
'CHISQUARE'	MOM.	4.80	0.50	26.3	333	74.1	0.42
	ML	1.68	0.22	20.7	113	7.7	0.32
' τ -GEOM'	GEOM.	2.79	0.37	128.7	114	7.2	0.41

Tabelle 10.4.a : Vergleich der Kenngroessen von versch. Stichprobensystemen
Qualitaetsgeschichte : Normal-Generated-Prior mit
mit Erwartungswert $\overline{p}$=1.0% und Standardabweichung σ=2.2%
(E(m)=2.80 σ(m)=0.674)
Korrelation = 0.0 NZEIT = 400

VERFAHREN	SCHAETZ.	RQUER	σ(RQUER)	NADAPT	ASS	σ(ASS)	AOQ [%]
MIL-STD-105D		2.45	0.33	36.8	109	5.9	0.35
SKIP-LOT		5.51	1.49	211	66.1	7.6	0.56
NC-PLAN (50,1)		3.17	0.29	0.0	50	0.0	0.47
(125,2)		2.18	0.34	0.0	125	0.0	0.33
' α -CUSUM'	ALT.	2.08	0.18	30.2	154	9.0	0.22
' τ -CUSUM'	ALT.	2.15	0.29	8.5	90.1	11.0	0.26
'PANN-CUSUM'	MOM.	3.12	0.33	39.8	232	40.3	0.29
	ML	2.26	0.31	29.9	132	11.0	0.28
'PR-CUSUM'	MOM.	2.58	0.38	14.7	111	19.1	0.33
	ML	2.17	0.30	12.7	124	14.1	0.28
'MULT1-CUSUM'	ALT.	2.24	0.26	25.6	103	6.8	0.31
'MULT2-CUSUM'	ALT.	3.08	0.56	33.9	112	14.5	0.39
'MULT3-CUSUM'	ALT.	2.19	0.40	35.6	100	6.5	0.33
'BAYES-CUSUM'	ALT.	1.96	0.18	10.3	128	9.1	0.25
'MULT3-GLEIT'	ALT.	2.19	0.25	21.8	126	6.6	0.28
'BAYES-GLEIT'	ALT.	2.10	0.26	34.9	131	5.3	0.26
'PANN-GLEIT'	MOM.	2.47	0.45	11.4	158	40.4	0.28
	ML	2.18	0.27	8.3	140	18.1	0.27
'PR-GLEIT'	MOM.	2.53	0.44	26.0	121	18.4	0.32
	ML	2.23	0.25	16.8	133	10.9	0.27
'CHISQUARE'	MOM.	4.74	0.52	27.0	345	92.5	0.42
	ML	1.61	0.18	21.0	111	8.5	0.31
' τ -GEOM'	GEOM.	2.49	0.32	118	118	11.8	0.38

Tabelle 10.4.b : Vergleich der Kenngroessen von versch. Stichprobensystemen
Qualitaetsgeschichte : Normal-Generated-Prior mit
mit Erwartungswert $\bar{p}$=1.0% und Standardabweichung σ=2.2%
(E(m)=2.80 σ(m)=0.674)
Korrelation = 0.3 NZEIT = 400

VERFAHREN	SCHAETZ.	RQUER	σ(RQUER)	NADAPT	ASS	σ(ASS)	AOQ [%]
MIL-STD-105D		2.42	0.49	35.3	99.0	7.8	0.35
SKIP-LOT		3.85	0.76	211	62.1	7.3	0.46
NC-PLAN (50,1)		3.15	0.72	0.0	50	0.0	0.46
(125,2)		2.36	0.32	0.0	125	0.0	0.35
'α-CUSUM'	ALT.	2.04	0.18	32.4	171	12.1	0.21
'τ-CUSUM'	ALT.	2.28	0.37	9.9	73.2	8.8	0.27
'PANN-CUSUM'	MOM.	2.69	0.49	29.8	228	64.1	0.28
	ML	1.96	0.23	27.1	120	11.8	0.28
'PR-CUSUM'	MOM.	2.48	0.54	20.4	132	23.1	0.35
	ML	2.37	0.37	16.4	115	13.8	0.29
'MULT1-CUSUM'	ALT.	2.21	0.32	25.2	89.8	6.7	0.34
'MULT2-CUSUM'	ALT.	2.32	0.39	28.5	117	11.9	0.34
'MULT3-CUSUM'	ALT.	2.06	0.24	38.8	125	7.8	0.29
'BAYES-CUSUM'	ALT.	1.94	0.26	13.1	128	19.6	0.25
'MULT3-GLEIT'	ALT.	2.13	0.31	25.0	123	11.1	0.29
'BAYES-GLEIT'	ALT.	1.93	0.20	35.8	138	7.0	0.24
'PANN-GLEIT'	MOM.	2.42	0.40	13.1	174	38.4	0.28
	ML	2.23	0.31	11.8	131	14.2	0.28
'PR-GLEIT'	MOM.	2.68	0.46	23.6	129	20.5	0.34
	ML	2.20	0.33	18.3	129	13.5	0.28
'CHISQUARE'	MOM.	3.63	0.52	21.7	290	70.1	0.40
	ML	1.56	0.17	21.9	112	12.1	0.32
'τ-GEOM'	GEOM.	2.07	0.21	103	137	21.2	0.35

Tabelle 10.4.c : Vergleich der Kenngroessen von versch. Stichprobensystemen
Qualitaetsgeschichte : Normal-Generated-Prior mit
mit Erwartungswert $\bar{p}=1.0\%$ und Standardabweichung $\sigma=2.2\%$
($E(m)=2.80$ $\sigma(m)=0.674$)
Korrelation = 0.7 NZEIT = 400

VERFAHREN	SCHAETZ.	RQUER	σ(RQUER)	NADAPT	ASS	σ(ASS)	AOQ [%]
MIL-STD-105D		1.83	0.29	23.0	88.0	7.0	0.33
SKIP-LOT		2.30	0.58	188	61.5	7.0	0.36
NC-PLAN (50,1)		3.28	0.91	0.0	50	0.0	0.46
(125,2)		2.21	0.38	0.0	125	0.0	0.33
' α -CUSUM'	ALT.	1.75	0.20	25.7	159	25.9	0.20
' τ -CUSUM'	ALT.	1.99	0.29	11.8	65.6	6.3	0.25
'PANN-CUSUM'	MOM.	1.83	0.38	17.5	250	87.2	0.23
	ML	1.58	0.30	23.1	115	17.4	0.24
'PR-CUSUM'	MOM.	1.92	0.50	17.9	194	60.0	0.31
	ML	1.74	0.27	17.3	108	19.9	0.23
'MULT1-CUSUM'	ALT.	1.82	0.42	18.7	77.2	7.0	0.32
'MULT2-CUSUM'	ALT.	1.49	0.34	16.5	112	22.6	0.28
'MULT3-CUSUM'	ALT.	1.62	0.24	28.6	119	16.5	0.26
'BAYES-CUSUM'	ALT.	1.79	0.27	15.2	133	29.1	0.23
'MULT3-GLEIT'	ALT.	1.60	0.22	18.4	114	12.5	0.27
'BAYES-GLEIT'	ALT.	1.69	0.22	31.1	139	14.2	0.23
'PANN-GLEIT'	MOM.	2.15	0.53	13.1	219	65.0	0.24
	ML	1.83	0.32	10.5	121	17.3	0.26
'PR-GLEIT'	MOM.	2.19	0.56	17.8	150	39.6	0.31
	ML	1.84	0.38	17.8	119	17.7	0.26
'CHISQUARE'	MOM.	2.29	0.59	14.6	265	80.2	0.35
	ML	1.43	0.30	17.3	99.6	16.4	0.30
' τ -GEOM'	GEOM.	1.39	0.19	78.0	185	61.0	0.29

Tabelle 10.4.d : Vergleich der Kenngroessen von versch. Stichprobensystemen
Qualitaetsgeschichte : Normal-Generated-Prior mit
mit Erwartungswert $\bar{p}$=1.0% und Standardabweichung σ=2.2%
(E(m)=2.80 σ(m)=0.674)
Korrelation = 0.9 NZEIT = 400

VERFAHREN	SCHAETZ.	RQUER	σ(RQUER)	NADAPT	ASS	σ(ASS)	AOQ [%]
MIL-STD-105D		1.61	0.43	16.5	82.9	10.1	0.31
SKIP-LOT		1.67	0.49	184	59.9	11.5	0.31
NC-PLAN (50,1)		3.29	1.52	0.0	50	0.0	0.47
(125,2)		2.03	0.34	0.0	125	0.0	0.32
'α-CUSUM'	ALT.	1.60	0.23	20.5	168	38.7	0.20
'τ-CUSUM'	ALT.	1.88	0.50	10.2	65.3	10.6	0.28
'PANN-CUSUM'	MOM.	1.46	0.41	13.4	299	123.8	0.20
	ML	1.46	0.25	19.9	113	20.7	0.25
'PR-CUSUM'	MOM.	1.29	0.22	17.9	218	71.7	0.59
	ML	1.74	0.29	16.7	107	19.5	0.25
'MULT1-CUSUM'	ALT.	1.65	0.40	15.2	77.9	7.9	0.31
'MULT2-CUSUM'	ALT.	1.27	0.29	12.7	119	26.4	0.26
'MULT3-CUSUM'	ALT.	1.49	0.23	22.4	122	15.3	0.25
'BAYES-CUSUM'	ALT.	1.84	0.31	13.9	134	38.1	0.26
'MULT3-GLEIT'	ALT.	1.48	0.34	14.5	123	19.1	0.26
'BAYES-GLEIT'	ALT.	1.66	0.14	29.8	139	12.9	0.23
'PANN-GLEIT'	MOM.	2.19	0.73	13.2	251	93.5	0.23
	ML	1.74	0.29	10.2	136	23.0	0.26
'PR-GLEIT'	MOM.	2.13	0.69	13.3	173	54.0	0.30
	ML	1.75	0.40	17.1	131	22.0	0.26
'CHISQUARE'	MOM.	1.96	0.59	10.0	250	92.9	0.34
	ML	1.46	0.42	16.7	107	20.5	0.32
'τ-GEOM'	GEOM.	1.17	0.23	55.0	176	68.6	0.28

Tabelle 10.4.e : Vergleich der Kenngroessen von versch. Stichprobensystemen
Qualitaetsgeschichte : Normal-Generated-Prior mit
mit Erwartungswert p=1.0% und Standardabweichung σ=2.2%
(E(m)=2.80 σ(m)=0.674)
Korrelation = 0.95 NZEIT = 400

VERFAHREN	SCHAETZ.	Werte fuer ρ: 0.0	0.3	0.7	0.9	0.95
MIL-STD-105D		2.56	2.45	2.42	1.83	1.61
SKIP-LOT		6.11	5.51	3.85	2.30	1.67
NC-PLAN (50,1)		3.24	3.17	3.15	3.28	3.29
(125,2)		2.26	2.18	2.36	2.21	2.03
'α-CUSUM'	ALT.	2.05	2.08	2.04	1.75	1.60
'τ-CUSUM'	ALT.	2.08	2.15	2.28	1.99	1.88
'PANN-CUSUM'	MOM.	3.13	3.12	2.69	1.83	1.46
	ML	2.29	2.26	1.96	1.58	1.46
'PR-CUSUM'	MOM.	2.47	2.58	2.48	1.92	1.29
	ML	2.20	2.17	2.37	1.74	1.74
'MULT1-CUSUM'	ALT.	2.24	2.24	2.21	1.82	1.65
'MULT2-CUSUM'	ALT.	3.10	3.08	2.32	1.49	1.27
'MULT3-CUSUM'	ALT.	2.19	2.19	2.06	1.62	1.49
'BAYES-CUSUM'	ALT.	1.99	1.96	1.94	1.79	1.84
'MULT3-GLEIT'	ALT.	2.06	2.19	2.13	1.60	1.48
'BAYES-GLEIT'	ALT.	2.02	2.10	1.93	1.69	1.66
'PANN-GLEIT'	MOM.	2.29	2.47	2.42	2.15	2.19
	ML	2.12	2.18	2.23	1.83	1.74
'PR-GLEIT'	MOM.	2.49	2.53	2.68	2.19	2.13
	ML	2.18	2.23	2.20	1.84	1.75
'CHISQUARE'	MOM.	4.80	4.74	3.63	2.29	1.96
	ML	1.68	1.61	1.56	1.43	1.46
'τ-GEOM'	GEOM.	2.79	2.49	2.07	1.39	1.17

TABELLE 10.5 : Der Einfluss der Korrelation ρ auf $\overline{R}$
Qualitaetsgeschichte : Normal-Generated-Prior mit
Erwartungswert $\overline{p}$=1.0% und Standardabweichung σ=2.2%
(E(m)=2.80 σ(m)=0.674) . NZEIT = 400

Die AOQ-Werte bleiben bei den meisten Verfahren ungefähr konstant. Sie mit 0.35% bis 0.20% weit unterhalb des AQL-Werts.

Die folgende Tabelle 10.6 zeigt einen Vergleich des MIL-STD-105D mit seiner CUSUM-Version, dem Verfahren 'MULT1-CUSUM', und dem Verfahren 'CHISQUARE', das bei diesem Simulationsexperiment besonders gut abschneidet. Wir sehen, daß das Verfahren 'MULT1-CUSUM' mit einer geringeren Anzahl von Prüfstufenwechseln und einem geringeren Stichprobenaufwand geringere oder vergleichbare Werte für $\bar{R}$ erreicht als der MIL-STD-105D. Das Verfahren 'CHISQUARE' belegt jedoch die Möglichkeit, daß es noch "besser" geht.

Verfahren	Kenngr.	Werte fuer ρ: 0.0	0.3	0.7	0.9	0.95
MIL-STD-105D	RQUER	2.56	2.45	2.42	1.83	1.61
	NADAPT	35.0	36.8	35.3	23.0	16.5
	ASS	113	109	99.0	88.0	82.9
	AOQ [%]	0.35	0.33	0.35	0.33	0.31
MULT1-CUSUM	RQUER	2.24	2.24	2.21	1.82	1.65
	NADAPT	25.6	25.6	25.2	18.7	15.2
	ASS	103	103	89.8	77.2	77.9
	AOQ [%]	0.31	0.31	0.34	0.32	0.31
CHISQUARE + ML-SCHAETZ.	RQUER	1.68	1.61	1.56	1.43	1.46
	NADAPT	20.7	21.0	21.9	17.3	16.7
	ASS	113	111	112	99.7	107
	AOQ [%]	0.32	0.31	0.32	0.30	0.32

Tabelle 10.6 : Vergleich der Kenngroessen der Stichprobensysteme 'MIL-STD-105D', 'MULT1-CUSUM' und 'CHISQUARE' bei korrelierten Losschlechtanteilen
Qualitaetsgeschichte : Normal-Generated-Prior mit Erwartungswert $\bar{p}$=1.0% und Standardabweichung σ=2.2%
(E(m)=2.80 σ(m)=0.674) . NZEIT = 400

<u>Bemerkung 10.3:</u> Das kostenoptimale Verhalten des Verfahrens 'CHISQUARE' bei hoher Prozeßvarianz steht in einem gewissen Gegensatz zu dessen schlechten Abschneiden bei geringer Prozeßvarianz (vgl. Tabelle 10.3).

Dieser Sachverhalt läßt sich folgendermaßen erklären: Das Verfahren 'CHISQUARE' beruht auf der Benutzung einer χ^2-Statistik mit 3 Beobachtungsklassen, die eine gute Approximation für die Verlustfunktion $\ell_{N_L}(w|w_S)$ darstellt (vgl. Abschnitt 4.2). Als Länge L der in die χ^2-Statistik eingehenden Stichprobendaten wurde in Abschnitt 9.7 $L = 5$ gewählt. Bei geringer Prozeßvarianz wird daher nur sehr selten ein extremes Stichprobenergebnis unter den letzten 5 Stichprobenergebnissen sein, das einen Prüfplanwechsel bewirkt. Bei einem Stichprobenumfang $n = 50$ sind dies beispielsweise die Stichprobenergebnisse mit $x \geq 2$. Dieser Effekt drückt sich bei kleiner Stichprobenvarianz in geringen Werten für NADAPT $\approx$ 5 aus. Verstärkt wird dieser Effekt durch geringe Stichprobenumfänge (ASS $\approx$ 60).

Wie wir bei den weiteren Simulationsexperimenten sehen werden, bewährt sich das Verfahren 'CHISQUARE' mit ML-Schätzern nur in Situationen, wo die Qualitätsgeschichte der Losschlechtanteile eine hohe Varianz aufweist. □

Wie bei den unkorrelierten Losschlechtanteilen sind die Verfahren mit ML-Schätzern der entsprechenden Verfahrensversion mit Momentenschätzer z.T. erheblich überlegen. Wie im unkorrelierten Fall (vgl. Tabelle 10.1.b) ist bei den Versionen mit Momentenschätzer die Streuung von ASS sehr groß. Dies deutet auf einen sehr instabilen Verlauf im Prüfaufwand hin, der stark von der jeweiligen Qualitätsgeschichte beeinflußt wird. Mit steigenden Werten von ρ verstärkt sich dieser Effekt. Für das Verfahren 'PANN-CUSUM' mit Momentenschätzer erhält man beispielsweise: σ(ASS) = 30.8 (ρ=0.0), 40.3 (ρ=0.3), 64.1 (ρ=0.7), 87.2 (ρ=0.9), 123.8 (ρ=0.95). Ein Prüfsystem mit derartig hohen Schwankungen im Prüfaufwand erscheint unter praktischen Gesichtspunkten jedoch völlig induskutabel, selbst wenn der zugehörige Regret $\bar{R}$ dabei relativ gering ausfällt.

Vergleicht man die Verfahren mit CUSUM-Anpassung und einer Anpassungsregel über eine gleitende Datenbasis, so zeigen sich wie im Fall kleiner Prozeßvarianzen nur geringfügige Unterschiede hinsichtlich $\bar{R}$.

10.1.3 Das Verhalten der Stichprobensysteme bei Ausreißerlosen

Wir untersuchen jetzt die Situation, in der 10% der Lose aus einer Prozeßkurve mit $\bar{p}_{out}$ = 1.6% bzw. 2.4% stammen und 90% der Lose aus einer Prozeßkurve mit $\bar{p}$ = 0.4% geliefert werden. Die Prozeßvarianz betrage in beiden Fällen σ = 0.6% (vgl. Abschnitt 7.1.2).

Der erwartete Regret μ_R bei voller Information über die jeweils vorliegende Prozeßkurve beträgt μ_R = 1.31 ($\bar{p}_{out}$ = 1.6%) bzw. μ_R = 1.24 ($\bar{p}_{out}$ = 2.4%).

Die Ergebnisse des Simulationsexperiments sind in den Tabellen 10.7.a + b zusammengefaßt.

Für $\bar{p}_{out}$ = 1.6% besitzt der einfache Prüfplan [50,1] den niedrigsten Wert für $\bar{R}$, nämlich $\bar{R}$ = 1.95. Dies bedeutet, daß die Schlechtanteile der Ausreißerlose so klein sind, daß es ökonomischer ist, diese Effekte zu ignorieren und mit dem für $\bar{p}$ = 0.4% und σ = 0.6% bayesoptimalen Prüfplan [50,1] alle Lose zu prüfen. Doch schon eine Erhöhung von $\bar{p}_{out}$ auf 2.4% läßt den Prüfplan [50,1] an das untere Ende in der Reihenfolge der Stichprobensysteme rutschen. Man erhält bei Benutzung des Prüfplans [50,1] für $\bar{R}$ in Abhängigkeit von $\bar{p}_{out}$:

$\bar{R}$ = 1.95 ($\bar{p}_{out}$ = 1.6%), 2.91 ($\bar{p}_{out}$ = 2.4%),
3.60 ($\bar{p}_{out}$ = 4.0%), 2.30 ($\bar{p}_{out}$ = 8.0%).

VERFAHREN	SCHAETZ.	RQUER	EFF [%]	σ(RQUER)	NADAPT	ASS	σ(ASS)	AOQ [%]
MIL-STD-105D		2.20	59	0.27	26.0	90.5	6.0	0.40
SKIP-LOT		2.11	62	0.30	227	55.3	5.4	0.40
NC-PLAN (50,1)		1.95	67	0.29	0.0	50	0.0	0.42
(125,2)		2.12	62	0.17	0.0	125	0.0	0.48
'α-CUSUM'	ALT.	2.04	65	0.22	14.2	93.7	15.0	0.36
'τ-CUSUM'	ALT.	1.97	66	0.21	14.8	73.9	7.5	0.34
'PANN-CUSUM'	MOM.	2.33	57	0.28	26.5	147	29.5	0.33
	ML	2.09	63	0.24	20.3	116	11.4	0.33
'PR-CUSUM'	MOM.	2.14	62	0.30	7.1	80.9	15.5	0.39
	ML	2.13	62	0.28	7.7	82.3	18.8	0.37
'MULT1-CUSUM'	ALT.	1.96	67	0.24	11.4	62.7	6.0	0.40
'MULT2-CUSUM'	ALT.	2.05	65	0.24	17.8	73.7	6.8	0.40
'MULT3-CUSUM'	ALT.	1.99	66	0.20	28.3	96.8	9.3	0.35
'BAYES-CUSUM'	ALT.	2.02	65	0.27	16.8	61.2	8.6	0.41
'MULT3-GLEIT'	ALT.	2.02	65	0.20	13.8	87.4	16.8	0.37
'BAYES-GLEIT'	ALT.	2.04	65	0.19	38.4	125	5.0	0.29
'PANN-GLEIT'	MOM.	2.29	58	0.49	2.6	142	78.9	0.31
	ML	2.10	63	0.20	4.7	110	17.3	0.36
'PR-GLEIT'	MOM.	2.14	62	0.24	11.0	92.6	32.6	0.38
	ML	2.11	63	0.22	20.4	102	11.3	0.35
'CHISQUARE'	MOM.	3.04	44	0.39	5.8	105	37.7	0.50
	ML	2.31	57	0.31	7.5	66.3	11.5	0.47
'τ-GEOM'	GEOM.	2.63	50	0.28	44.7	74.0	5.8	0.48

TABELLE 10.7.a : Vergleich der Kenngroessen von versch. Stichprobensystemen Qualitaetsgeschichte : Ausreisser-Verteilung fuer 10% aller Lose . Erwartungewert der Ausreisservert. : $\bar{p}_{out}$ = 1.6% Standardabw. σ_{out}=0.6% . NZEIT =400

Wie bei der zeitlich konstanten Prozeßkurve mit geringer Varianz sind die Schwankungen in $\bar{R}$ zwischen den einzelnen Verfahren gering: $\bar{R}$ variiert zwischen 1.95 und 2.33 (Ausnahmen: Verfahren 'CHISQUARE' mit Momentenschätzer ($\bar{R}$ = =3.04) und Verfahren 'τ-GEOM' ($\bar{R}$ = 2.63)).

Zwischen den anderen Kenngrößen der Verfahren bestehen jedoch große Schwankungen: NADAPT variiert von 2.6 ('PANN-GLEIT') bis 38.4 ('BAYES-GLEIT'), ASS reicht von 50 bis 147 ('PANN-CUSUM' mit Momentenschätzer).

Der Vergleich des MIL-STD-105D mit dem Verfahren 'MULT1-CUSUM' offenbart wieder eine gleichmäßige Überlegenheit des CUSUM-Verfahrens:

	MIL-STD-105D	MULT1-CUSUM
$\bar{R}$	2.20	1.96
NADAPT	26.0	11.4
ASS	90.5	62.7
AOQ	0.4%	0.4%

Der Vergleich der Verfahren mit Momenten- und ML-Schätzern zeigt eine Überlegenheit der ML-Versionen. Dies war bei der zeitlich konstanten Prozeßkurve mit geringer Varianz ebenfalls der Fall.

Ein Vergleich der Verfahren mit CUSUM-Anpassung und einer Anpassung auf Basis gleitender Durchschnitte zeigt nur geringe Unterschiede in $\bar{R}$.

Je größer der Defektanteil der Ausreißerlose ist, desto größer sind die Unterschiede zwischen den verschiedenen Adaptionsverfahren. Bei $\bar{p}_{out}$ = 2.4% variiert $\bar{R}$ zwischen 2.26 und 3.47 (Ausnahme: Verfahren 'CHISQUARE' mit Momentenschätzer ($\bar{R}$ = 4.93)).

VERFAHREN	SCHAETZ.	RQUER	EFF [%]	σ(RQUER)	NADAPT	ASS	σ(ASS)	AOQ [%]
MIL-STD-105D		2.89	42	0.35	29.5	99.9	8.4	0.40
SKIP-LOT		3.06	40	0.44	222	60.1	9.3	0.43
NC-PLAN (50,1)		2.91	42	0.45	0.0	50	0.0	0.45
(125,2)		2.60	48	0.25	0.0	125	0.0	0.36
'α-CUSUM'	ALT.	2.76	45	0.43	14.9	95.6	5.4	0.34
'τ-CUSUM'	ALT.	2.52	49	0.31	19.5	85.4	9.6	0.34
'PANN-CUSUM'	MOM.	3.07	40	0.41	31.9	190	34.0	0.31
	ML	2.75	45	0.33	24.0	132	16.8	0.33
'PR-CUSUM'	MOM.	2.92	43	0.49	7.0	81.5	28.0	0.41
	ML	2.77	44	0.26	10.5	101.4	20.4	0.36
'MULT1-CUSUM'	ALT.	2.69	46	0.26	12.1	69.8	9.3	0.40
'MULT2-CUSUM'	ALT.	2.87	43	0.27	22.9	82.8	11.5	0.41
'MULT3-CUSUM'	ALT.	2.53	49	0.26	31.4	105	11.2	0.34
'BAYES-CUSUM'	ALT.	2.75	45	0.37	29.9	80.1	23.9	0.39
'MULT3-GLEIT'	ALT.	2.58	48	0.32	17.2	103	16.1	0.34
'BAYES-GLEIT'	ALT.	2.26	54	0.22	39.8	131	5.4	0.26
'PANN-GLEIT'	MOM.	2.79	45	0.82	5.0	184	137	0.28
	ML	2.55	48	0.45	8.0	119	19.9	0.32
'PR-GLEIT'	MOM.	2.75	45	0.39	18.4	95.0	22.0	0.37
	ML	2.54	48	0.24	20.8	126	18.5	0.31
'CHISQUARE'	MOM.	4.93	25	0.58	15.8	199	56.0	0.52
	ML	2.48	50	0.46	19.2	95.9	14.0	0.39
'τ-GEOM'	GEOM.	3.47	36	0.29	92.1	108	10.2	0.47

TABELLE 10.7.b : Vergleich der Kenngroessen von versch. Stichprobensystemen Qualitaetsgeschichte : Ausreisser-Verteilung fuer 10% aller Lose . Erwartungewert der Ausreisservert. : $\bar{p}_{out}$ = 2.4% Standardabw. σ_{out} = 0.6% . NZEIT =400

Die Vergrößerung von $\bar{p}_{out}$ führt zu einer Erhöhung der Anzahl der Prüfstufenwechsel NADAPT. Allerdings ist dieser Effekt sehr unterschiedlich: Bei dem Verfahren 'α-CUSUM' steigt NADAPT von 14.2 auf 14.9, während sich bei dem Verfahren 'τ-GEOM' NADAPT von 44.7 auf 92.1 verdoppelt.

Neben NADAPT vergrößert sich mit $\bar{p}_{out}$ auch der durchschnittliche Prüfaufwand ASS bei allen Prüfverfahren, während sich der Durchschlupf AOQ verringert, da Ausreißerlose mit einem sehr hohen Defektanteil sicher erkannt werden. Eine Ausnahme bilden hier die Verfahren 'SKIP-LOT' und das Prüfen mit dem Plan [50,1], wo der AOQ-Wert mit $\bar{p}_{out}$ isoton steigt ('SKIP-LOT') bzw. erst bei $\bar{p}_{out} = 4\%$ sein Maximum erreicht (Prüfen mit [50,1]).

Wie im Fall $\bar{p}_{out} = 1.6\%$ schneidet auch bei $\bar{p}_{out} = 2.4\%$ die CUSUM-Version des MIL-STD-105D gleichmäßig besser ab als der MIL-STD-105D (vgl. Tabelle 10.7.b).

Mit steigenden Werten von $\bar{p}_{out}$ nimmt auch die Überlegenheit der Verfahren mit ML-Schätzer gegenüber der Version mit Momentenschätzer zu.

Der Vergleich der Verfahren mit CUSUM-Anpassungen und einer Anpassung auf Basis gleitender Durchschnitte zeigt eine zunehmende Überlegenheit der Version auf Basis gleitender Durchschnitte mit steigenden Werten von $\bar{p}_{out}$.

Diese Ergebnisse decken sich mit den Ergebnissen für eine zeitlich konstante Prozeßkurve mit hoher Prozeßvarianz, da eine Erhöhung von $\bar{p}_{out}$ einer Vergrößerung der resultierenden Prozeßvarianz gleich kommt.

Wir wollen nun den Fall untersuchen, daß sich die Wahrscheinlichkeit π_{22}, daß auf ein Ausreißerlos ein weiteres Ausreißerlos folgt, erhöht. Die Wahrscheinlichkeit π_{11}, daß die Prozeßkurve im guten Qualitätszustand mit $\bar{p} = 0.4\%$ und $\sigma = 0.6\%$

verbleibt, wird dabei so gewählt, daß die stationären Wahrscheinlichkeiten π_1^* und π_2^* der resultierenden Markov-Kette konstant bleiben, d.h. mit dem unabhängigen Fall ($\pi_1^* = 0.9$) übereinstimmen (vgl. Abschnitt 7.1.4).

Da im unkorrelierten Fall die Ausreißereffekte bei $\bar{p}_{out} = 1.6\%$ nur gering sind, untersuchen wir den Fall $\bar{p}_{out} = 2.4\%$ und variieren π_{22} auf den Stufen $\pi_{22} = 0.1$, 0.3, 0.7 und 0.9. Das Abhängigkeitsmaß $\gamma = \pi_{11} + \pi_{22} - 1$ steigt dabei von 0.0 auf 0.88.

Die Abbildungen 10.3.a + b zeigen jeweils eine Realisation von erzeugten Losschlechtanteilen bei $\pi_{22} = 0.1$ bzw. $\pi_{22} = 0.9$.

Die zu den verschiedenen Werten von π_{22} ermittelten Kenngrößen der einzelnen Stichprobenverfahren sind in den Tabellen 10.8.a - d dokumentiert.

Tabelle 10.9 vergleicht die Werte von $\bar{R}$ in Abhängigkeit von π_{22}. Der Einfluß des Abhängigkeitsmaßes γ ist ungefähr gleich dem Einfluß der Korrelation ρ bei zeitlich konstanter Prozeßkurve mit hoher Varianz (vgl. Tabelle 10.5). Als durchgängig bestes Verfahren erweist sich bei beiden Experimenten das Verfahren 'CHISQUARE' mit ML-Schätzer. Bei den meisten Verfahren ist $\bar{R}$ monoton fallend für steigende Werte von π_{22}. Ausnahmen bilden die Verfahren 'PANN-GLEIT' und 'PR-GLEIT' mit Momentenschätzer wo $\bar{R}$ zunächst mit steigendem Abhängigkeitsmaß anwächst und danach wieder fällt. Ein analoges Verhalten zeigten diese Verfahren auch beim Einfluß von Korrelation bei zeitlich konstanter Prozeßkurve mit hoher Varianz (vgl. Tabelle 10.5).

Auch bei den anderen Kenngrößen (NADAPT, ASS, AOQ) stimmt der Einfluß von γ gut mit dem Einfluß von ρ überein: Ein nennenswerter Einfluß auf die Kenngrößen besteht erst ab $\gamma \geq 0.66$ (d.h. $\pi_{22} \geq 0.7$).

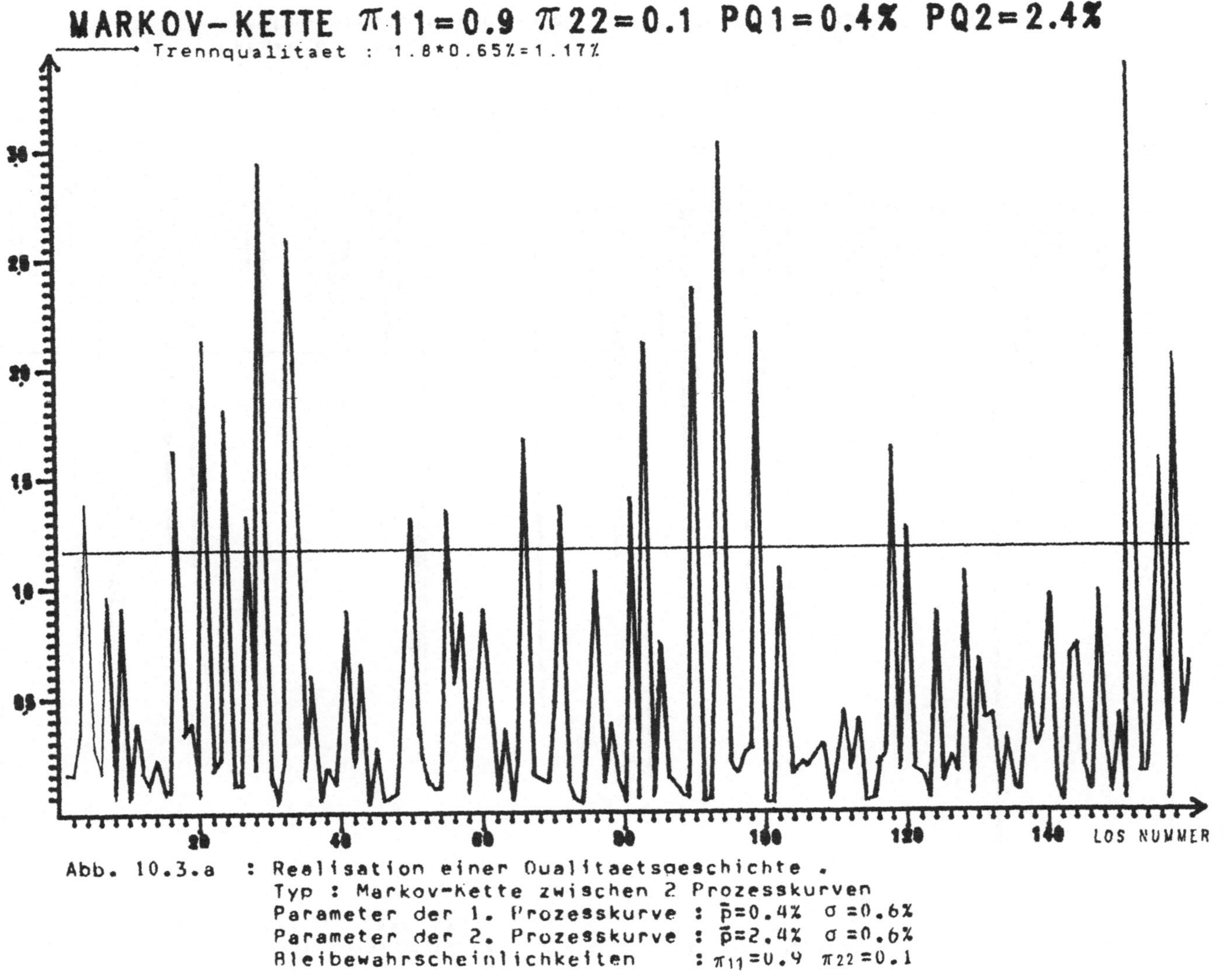

Abb. 10.3.a : Realisation einer Qualitaetsgeschichte .
Typ : Markov-Kette zwischen 2 Prozesskurven
Parameter der 1. Prozesskurve : $\bar{p}=0.4\%$ $\sigma=0.6\%$
Parameter der 2. Prozesskurve : $\bar{p}=2.4\%$ $\sigma=0.6\%$
Bleibewahrscheinlichkeiten : $\pi_{11}=0.9$ $\pi_{22}=0.1$

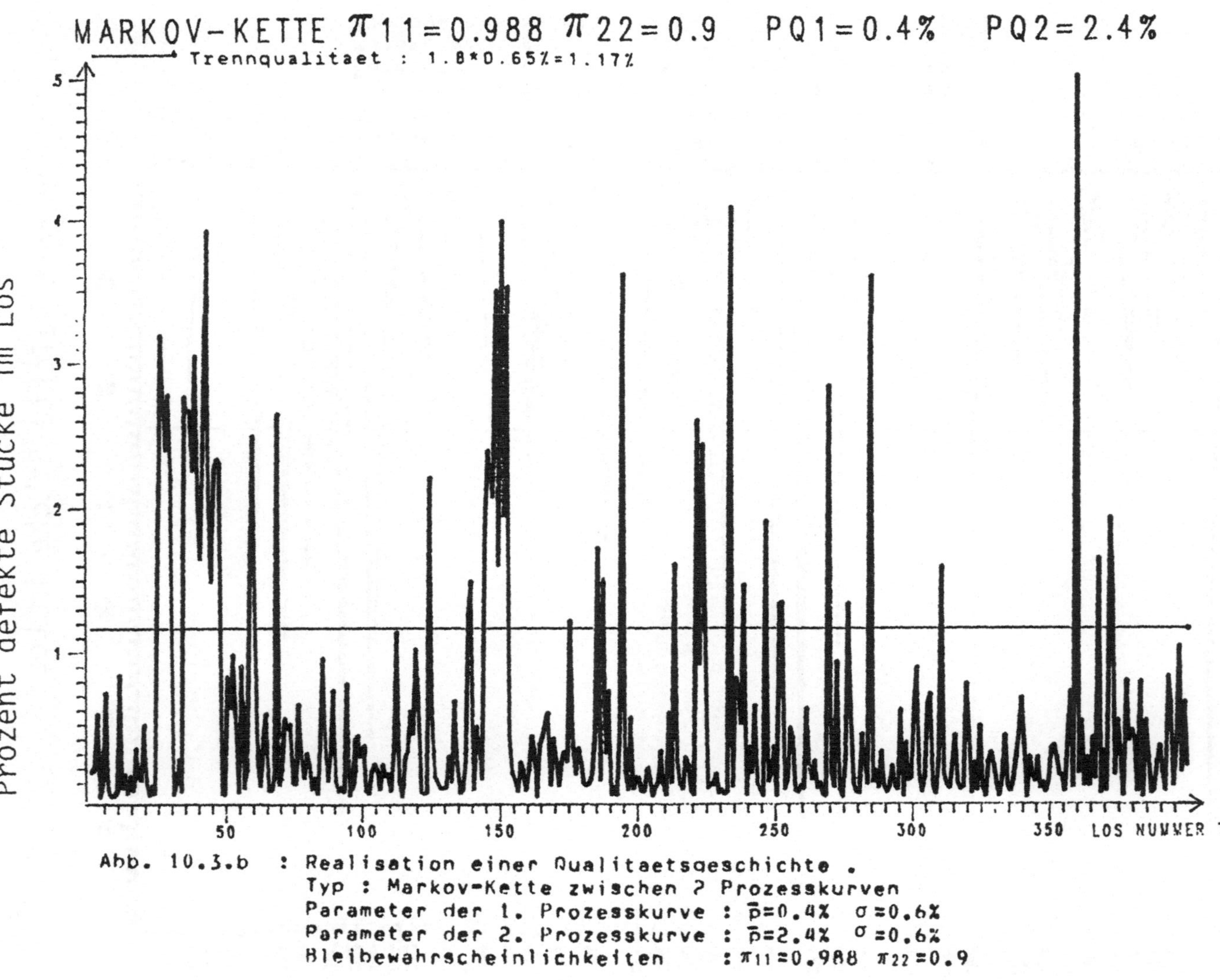

Abb. 10.3.b : Realisation einer Qualitaetsgeschichte .
Typ : Markov-Kette zwischen 2 Prozesskurven
Parameter der 1. Prozesskurve : $\bar{p}=0.4\%$ $\sigma=0.6\%$
Parameter der 2. Prozesskurve : $\bar{p}=2.4\%$ $\sigma=0.6\%$
Bleibewahrscheinlichkeiten : $\pi_{11}=0.988$ $\pi_{22}=0.9$

VERFAHREN	SCHAETZ.	RQUER	EFF [%]	σ(RQUER)	NADAPT	ASS	σ(ASS)	AOQ [%]
MIL-STD-105D		2.78	45	0.40	29.4	96.0	7.7	0.41
SKIP-LOT		3.11	40	0.39	224	55.7	7.4	0.46
NC-PLAN (50,1)		2.64	47	0.37	0.0	50	0.0	0.44
(125,2)		2.39	52	0.27	0.0	125	0.0	0.35
'α-CUSUM'	ALT.	2.49	50	0.35	15.2	104	15.1	0.36
'τ-CUSUM'	ALT.	2.39	52	0.27	16.4	83.0	9.3	0.36
'PANN-CUSUM'	MOM.	3.07	41	0.39	28.9	172	38.0	0.36
	ML	2.44	51	0.25	24.6	123	13.0	0.33
'PR-CUSUM'	MOM.	2.54	49	0.35	8.3	85.7	13.4	0.40
	ML	2.49	50	0.29	8.7	88.3	14.5	0.37
'MULT1-CUSUM'	ALT.	2.58	48	0.26	14.4	70.4	7.9	0.41
'MULT2-CUSUM'	ALT.	2.64	47	0.33	24.4	87.5	10.9	0.41
'MULT3-CUSUM'	ALT.	2.56	49	0.33	33.6	106	10.7	0.37
'BAYES-CUSUM'	ALT.	2.49	50	0.31	25.9	76.0	15.8	0.39
'MULT3-GLEIT'	ALT.	2.50	50	0.32	17.7	105	11.9	0.36
'BAYES-GLEIT'	ALT.	2.19	57	0.19	38.8	129	5.0	0.28
'PANN-GLEIT'	MOM.	2.36	53	0.24	3.2	160	46.2	0.51
	ML	2.41	52	0.30	7.8	120	21.6	0.33
'PR-GLEIT'	MOM.	2.35	53	0.31	13.7	103	18.3	0.59
	ML	2.44	51	0.29	21.3	116	14.5	0.34
'CHISQUARE'	MOM.	4.22	30	0.58	11.5	160	46.2	0.51
	ML	2.12	59	0.27	15.1	88.0	11.4	0.39
'τ-GEOM'	GEOM.	3.25	38	0.22	78.6	95.9	7.9	0.47

TABELLE 10.8.a : Vergleich der Kenngroessen von versch. Stichprobensystemen
Qualitaetsgeschichte : Markovkette zwischen 2 Prozesskurven
(Normal-Generated-Prior) mit $\bar{p}_1 = 0.4\%$, $\sigma_1 = 0.6\%$ und
$\bar{p}_2 = 2.4\%$, $\sigma_2 = 0.6\%$.
Bleibewahrscheinlichkeiten : $\pi_{11} = 0.9$ $\pi_{22} = 0.1$
NZEIT = 400

VERFAHREN	SCHAETZ.	RQUER	EFF [%]	σ(RQUER)	NADAPT	ASS	σ(ASS)	AOQ [%]
MIL-STD-105D		2.57	48	0.28	29.4	97.7	7.2	0.40
SKIP-LOT		2.83	43	0.43	225	57.0	7.1	0.43
NC-PLAN (50,1)		2.61	47	0.37	0.0	50	0.0	0.45
(125,2)		2.35	52	0.32	0.0	125	0.0	0.35
'α-CUSUM'	ALT.	2.35	52	0.24	18.7	108	14.8	0.34
'τ-CUSUM'	ALT.	2.26	54	0.29	15.8	82.8	7.2	0.36
'PANN-CUSUM'	MOM.	3.01	41	0.39	31.2	179	36.7	0.34
	ML	2.39	51	0.28	25.0	123	15.0	0.33
'PR-CUSUM'	MOM.	2.68	46	0.37	9.0	91.4	20.7	0.40
	ML	2.40	51	0.29	10.6	94.4	17.7	0.36
'MULT1-CUSUM'	ALT.	2.46	50	0.28	13.3	70.0	8.3	0.40
'MULT2-CUSUM'	ALT.	2.56	48	0.40	22.6	84.1	8.6	0.41
'MULT3-CUSUM'	ALT.	2.40	51	0.26	33.1	108	14.7	0.35
'BAYES-CUSUM'	ALT.	2.57	48	0.41	26.9	75.0	17.6	0.40
'MULT3-GLEIT'	ALT.	2.49	49	0.39	18.1	102	13.2	0.36
'BAYES-GLEIT'	ALT.	2.21	57	0.21	40.5	132	5.0	0.28
'PANN-GLEIT'	MOM.	2.51	49	0.50	5.1	145	69.6	0.32
	ML	2.36	52	0.31	7.4	119	19.0	0.33
'PR-GLEIT'	MOM.	2.43	51	0.30	14.4	107	22.4	0.35
	ML	2.40	51	0.31	21.4	115	16.6	0.33
'CHISQUARE'	MOM.	4.28	29	0.60	14.5	187	60.1	0.49
	ML	2.21	56	0.32	16.7	88.2	13.2	0.39
'τ-GEOM'	GEOM.	2.96	42	0.32	75.0	98.9	10.8	0.45

TABELLE 10.8.b : Vergleich der Kenngroessen von versch. Stichprobensystemen
Qualitaetsgeschichte : Markovkette zwischen 2 Prozesskurven
(Normal-Generated-Prior) mit $\overline{p}_1$ = 0.4% σ_1 = 0.6% und
$\overline{p}_2$ = 2.4% , σ_2 = 0.6% .
Bleibewahrscheinlichkeiten : π_{11} = 0.922 π_{22} = 0.3
NZEIT = 400

VERFAHREN	SCHAETZ.	RQUER	EFF [%]	σ(RQUER)	NADAPT	ASS	σ(ASS)	AOQ [%]
MIL-STD-105D		2.42	51	0.37	29.8	91.8	5.3	0.38
SKIP-LOT		2.69	46	0.44	221	56.2	6.9	0.42
NC-PLAN (50,1)		2.74	45	0.53	0.0	50	0.0	0.45
(125,2)		2.46	51	0.37	0.0	125	0.0	0.36
' α -CUSUM'	ALT.	2.21	56	0.39	20.1	109	18.8	0.33
' τ -CUSUM'	ALT.	2.04	61	0.31	16.7	80.7	9.6	0.33
'PANN-CUSUM'	MOM.	2.55	49	0.59	25.9	178	53.4	0.32
	ML	2.08	60	0.31	21.4	113	12.1	0.31
'PR-CUSUM'	MOM.	2.46	51	0.49	11.9	103	32.2	0.38
	ML	2.26	55	0.37	11.5	93.1	19.3	0.34
'MULT1-CUSUM'	ALT.	2.42	51	0.43	15.8	72.8	9.0	0.40
'MULT2-CUSUM'	ALT.	2.21	56	0.30	21.3	91.9	14.9	0.37
'MULT3-CUSUM'	ALT.	2.11	59	0.30	30.2	110	15.0	0.33
'BAYES-CUSUM'	ALT.	2.27	55	0.31	24.7	79.3	22.8	0.37
'MULT3-GLEIT'	ALT.	2.24	55	0.29	17.8	109	17.2	0.34
'BAYES-GLEIT'	ALT.	2.02	61	0.24	35.5	131	8.5	0.27
'PANN-GLEIT'	MOM.	2.60	48	0.53	7.8	171	63.7	0.31
	ML	2.27	55	0.31	10.0	113	15.6	0.33
'PR-GLEIT'	MOM.	2.62	47	0.40	18.0	109	17.8	0.38
	ML	2.30	54	0.32	20.7	114	15.7	0.32
'CHISQUARE'	MOM.	3.58	34	0.49	15.0	196	49.6	0.45
	ML	1.95	64	0.37	16.0	90.8	11.9	0.37
' τ -GEOM'	GEOM.	2.25	55	0.22	65.5	132	27.4	0.38

TABELLE 10.8.c : Vergleich der Kenngroessen von versch. Stichprobensystemen Qualitaetsgeschichte : Markovkette zwischen 2 Prozesskurven (Normal-Generated-Prior) mit $\bar{p}_1 = 0.4\%$ $\sigma_1 = 0.6\%$ und $\bar{p}_2 = 2.4\%$, $\sigma_2 = 0.6\%$.
Bleibewahrscheinlichkeiten : $\pi_{11} = 0.966$ π_{22} 0.7
NZEIT : 400

VERFAHREN	SCHAETZ.	RQUER	EFF [%]	σ(RQUER)	NADAPT	ASS	σ(ASS)	AOQ [%]
MIL-STD-105D		2.19	57	0.44	23.8	86.1	7.5	0.37
SKIP-LOT		2.25	55	0.49	215	54.9	7.1	0.38
NC-PLAN (50,1)		3.18	39	1.03	0.0	50	0.0	0.49
(125,2)		2.40	52	0.49	0.0	125	0.0	0.35
' α -CUSUM'	ALT.	1.80	69	0.29	20.0	128	39.5	0.30
' τ -CUSUM'	ALT.	1.95	64	0.35	16.7	81.3	11.0	0.33
'PANN-CUSUM'	MOM.	2.16	58	0.40	23.5	99.3	20.6	0.29
	ML	1.86	67	0.26	19.5	114	13.6	0.30
'PR-CUSUM'	MOM.	2.09	60	0.61	11.0	147	74.1	0.35
	ML	2.03	61	0.33	10.3	93.4	16.1	0.32
'MULT1-CUSUM'	ALT.	2.32	54	0.68	15.5	71.9	7.1	0.38
'MULT2-CUSUM'	ALT.	1.75	71	0.29	15.5	93.3	21.6	0.33
'MULT3-CUSUM'	ALT.	1.78	70	0.34	22.6	109	22.7	0.18
'BAYES-CUSUM'	ALT.	1.89	66	0.53	21.2	92.9	28.6	0.33
'MULT3-GLEIT'	ALT.	1.80	69	0.19	29.2	138	18.3	0.25
'BAYES-GLEIT'	ALT.	1.84	68	0.24	29.9	134	14.1	0.26
'PANN-GLEIT'	MOM.	2.45	51	0.68	7.6	210	95.4	0.28
	ML	2.04	61	0.40	7.1	114	22.2	0.32
'PR-GLEIT'	MOM.	2.20	57	0.54	15.4	114	47.0	0.36
	ML	1.90	66	0.32	18.8	111	20.1	0.30
'CHISQUARE'	MOM.	2.49	50	0.52	10.8	202	68.8	0.37
	ML	1.64	76	0.37	9.7	92.2	24.4	0.34
' τ -GEOM'	GEOM.	1.81	69	0.24	45.3	150	55.3	0.35

TABELLE 10.8.d : Vergleich der Kenngroessen von versch. Stichprobensystemen
Qualitaetsgeschichte : Markovkette zwischen 2 Prozesskurven
(Normal-Generated-Prior) mit $\bar{p}_1 = 0.4\%$, $\sigma_1 = 0.6\%$ und
$\bar{p}_2 = 2.4\%$, $\sigma_2 = 0.6\%$.
Bleibewahrscheinlichkeiten : $\pi_{11} = 0.988$ $\pi_{22} = 0.9$
NZEIT = 400

VERFAHREN	SCHAETZ.	Werte fuer π_{22} 0.0	0.3	0.7	0.9
MIL-STD-105D		2.78	2.57	2.42	2.19
SKIP-LOT		3.11	2.83	2.69	2.25
NC-PLAN (50,1)		2.64	2.61	2.74	3.18
(125,2)		2.39	2.35	2.46	2.40
' α -CUSUM'	ALT.	2.49	2.35	2.21	1.80
' τ -CUSUM'	ALT.	2.39	2.26	2.04	1.95
'PANN-CUSUM'	MOM.	3.07	3.01	2.55	2.16
	ML	2.44	2.39	2.08	1.86
'PR-CUSUM'	MOM.	2.54	2.68	2.46	2.09
	ML	2.49	2.40	2.26	2.03
'MULT1-CUSUM'	ALT.	2.58	2.46	2.42	2.32
'MULT2-CUSUM'	ALT.	2.64	2.56	2.21	1.75
'MULT3-CUSUM'	ALT.	2.56	2.40	2.11	1.78
'BAYES-CUSUM'	ALT.	2.49	2.57	2.27	1.89
'MULT3-GLEIT'	ALT.	2.50	2.49	2.24	1.80
'BAYES-GLEIT'	ALT.	2.19	2.21	2.02	1.84
'PANN-GLEIT'	MOM.	2.36	2.51	2.60	2.45
	ML	2.41	2.36	2.27	2.04
'PR-GLEIT'	MOM.	2.35	2.43	2.62	2.20
	ML	2.44	2.40	2.30	1.90
'CHISQUARE'	MOM.	4.22	4.28	3.58	2.49
	ML	2.12	2.21	1.95	1.64
' τ -GEOM'	GEOM.	3.25	2.96	2.25	1.81

TAB. 10.9 : Der Einfluss von π_{22} auf $\overline{R}$.
Qualitaetsgeschichte : Markovkette zwischen 2 Prozesskurven (Normal-Generated-Prior) mit $\overline{p}_1 = 0.4\%$, $\sigma_1 = 0.6\%$ und $\overline{p}_2 = 2.4\%$, $\sigma_2 = 0.6\%$.
Bleibewahrscheinlichkeit auf der 2. Stufe : π_{22}.
NZEIT = 400

Tabelle 10.10 vergleicht die Kennzahlen der Verfahren 'MIL-STD-105D', 'MULT1-CUSUM' und des besten Verfahrens 'CHISQUARE' mit ML-Schätzer. Bis auf den Fall $\pi_{22} = 0.9$ ist der MIL-STD-105D der CUSUM-Version gleichmäßig unterlegen. Das Verfahren 'CHISQUARE' kommt jedoch bei wenig verändertem Prüfaufwand und Prüfplanänderungen zu z.T. erheblich besseren Resultaten.

		Werte fuer π_{22}			
		0.1	0.3	0.7	0.9
'MIL-STD-105D'	RQUER	2.78	2.57	2.42	2.19
	NADAPT	29.4	29.4	29.8	23.8
	ASS	96.0	97.7	91.8	86.1
'MULT1-CUSUM'	RQUER	2.58	2.46	2.42	2.32
	NADAPT	14.4	13.3	15.8	15.5
	ASS	70.4	70.0	72.8	71.9
'CHISQUARE' + ML-SCHAETZER	RQUER	2.12	2.21	1.95	1.64
	NADAPT	15.1	16.7	16.0	9.7
	ASS	88.0	88.2	90.8	92.2

Tab. 10.10 : Der Einfluss von π_{22} auf RQUER , NADAPT und ASS bei den Pruefsystemen 'MIL-STD-105D' , 'MULT1-CUSUM' und 'CHISQUARE'

Die Prüfverfahren mit ML-Schätzern sind den entsprechenden Versionen mit Momentenschätzern durchweg überlegen. Mit steigenden Werten für π_{22} vergrößert sich bei den Versionen mit Momentenschätzer die Instabilität des Prüfverlaufs, die sich in hohen Werten für $\sigma(ASS)$ ausdrückt. Beispielsweise erhält man für das Verfahren 'PANN-GLEIT':

$$\sigma(ASS) = 46.2 \ (\pi_{22} = 0.1),\ 69.6 \ (\pi_{22} = 0.3),$$
$$63.6 \ (\pi_{22} = 0.7),\ 95.4 \ (\pi_{22} = 0.9).$$

Die Situation ist völlig analog zu der zeitlich konstanten Prozeßkurve mit hoher Varianz und korrelierten Losschlechtanteilen.

Der Vergleich der Verfahren mit CUSUM-Anpassung und einer Anpassungsregel über eine gleitende Datenbasis zeigt bei allen betrachteten Verfahren für π_{22} = 0.1, 0.3 eine Überlegenheit der Version mit gleitenden Durchschnitten, während bei höheren Werten für π_{22} die CUSUM-Version besser abschneidet (Ausnahme: Verfahren 'BAYES-GLEIT'; hier ist die CUSUM-Version durchweg schlechter, jedoch ist die Differenz in $\bar{R}$ zum Verfahren 'BAYES-CUSUM' gering).

Dieser Sachverhalt steht in guter Übereinstimmung mit der Anschauung, daß die Versionen mit CUSUM-Anpassung zwar eher einen Prüfwechsel anzeigen als eine Anpassungsregel auf Basis der letzten 5 bzw. 10 Stichprobenergebnisse, diese Anpassung jedoch nur dann vorteilhaft ist, wenn der Prozeß für eine gewisse Zeit im Zustand 2, d.h. Produktion von Ausreißerlosen, verbleibt. Die Ergebnisse belegen, daß dies erst ab $\pi_{22} \geq 0.7$ der Fall ist.

10.1.4 Vergleich der Stichprobensysteme über alle stationären Prozeß-Situationen

In der Praxis ist meistens nicht bekannt, welche Prozeßsituation vorliegt. In diesem Fall sind die bisher durchgeführten Vergleiche für spezielle Situationen für den Praktiker wenig hilfreich.

Um trotzdem zu einem Überblick zu kommen, führen wir einen Vergleich von $\bar{R}$ über alle stationären Prozeßsituationen durch. Wie wir gesehen haben, sollten wir dabei zwischen Prozessen mit geringer und hoher Varianz unterscheiden. Wir addieren daher $\bar{R}$ bei allen Prozessen mit geringer Prozeßvarianz (7 Simulationsexperimente) bzw. hoher Prozeßvarianz (11 Simulations-

Man erhält die in Tabelle 10.11 angegebenen Werte für $\bar{R}$ und die hierdurch festgelegte Rangfolge der Stichprobensysteme.

Im Fall geringer Prozeßvarianz schneiden die Verfahren 'MULT2-CUSUM', 'α-CUSUM' und 'MULT3-CUSUM' am besten ab. Das Verfahren 'CHISQUARE' mit ML-Schätzer ist ganz am hinteren Ende der Rangskala zu finden (Platz 21).

Im Fall hoher Prozeßvarianz schneidet das Verfahren 'CHISQUARE' mit ML-Schätzer jedoch überdurchschnittlich gut ab ($\bar{R}$ =19.61). Aber auch die Verfahren 'BAYES-GLEIT' ($\bar{R}$ = 21.78), 'MULT3-CUSUM' ($\bar{R}$ = 22.90), 'MULT3-GLEIT' ($\bar{R}$ = 23.01) und 'α-CUSUM' ($\bar{R}$ = 23.15) liefern noch akzeptable Werte für $\bar{R}$.

Addiert man die Werte von $\bar{R}$ für alle bisher betrachteten Fälle, so erhält man die Reihenfolge 'CHISQUARE' mit ML-Schätzer ($\bar{R}$ = 34.15), 'BAYES-GLEIT' ($\bar{R}$ = 33.15), 'MULT3-CUSUM' ($\bar{R}$ = 35.64) und 'α-CUSUM' ($\bar{R}$ = 35.83).

Da die Verfahren 'CHISQUARE' mit ML-Schätzer und 'BAYES-GLEIT' bei geringer Prozeßvarianz schlecht abschneiden, jedoch die Verfahren 'MULT3-CUSUM' und 'α-CSUM' bei beiden Prozeßtypen relativ gut abschneiden, empfiehlt sich eher eines der beiden CUSUM-Verfahren 'MULT3-CUSUM' oder 'α-CUSUM'.

Die bisher in der Praxis verwendeten Stichprobensysteme MIL-STD-105D und Skip-Lot schneiden im Vergleich mit den in dieser Arbeit entwickelten Verfahren schlecht ab. Interessant ist die Beobachtung, daß der MIL-STD-105D bei Berücksichtigung aller stationären Fälle etwas schlechter abschneidet als das Prüfen mit dem Plan [125,2]. Dies ist ein Argument für die in der Praxis vielfach übliche Methode, den MIL-STD-105D nur auf der Prüfstufe 'normale Inspektion' anzuwenden und auf die komplizierten "Switching Rules" zu verzichten.

Diese Beobachtung ist jedoch kein prinzipielles gegen adaptive

VERFAHREN	SCHAETZ.	Prozessvarianz klein	Prozessvarianz gross	alle stationaeren Faelle
MIL-STD-105D		13.26 (13)	26.31 (17)	39.57 (16)
SKIP-LOT		13.89 (19)	40.26 (22)	54.15 (22)
NC-PLAN (50,1)		13.01 (6)	33.60 (21)	46.61 (21)
(125,2)		13.59 (18)	25.49 (13)	39.08 (13)
'α-CUSUM'	ALT.	12.68 (2)	23.15 (5)	35.83 (4)
'τ-CUSUM'	ALT.	14.80 (22)	23.46 (8)	38.26 (12)
'PANN-CUSUM'	MOM.	16.26 (12)	29.04 (20)	45.30 (19)
	ML	12.91 (5)	23.33 (6)	36.24 (5)
'PR-CUSUM'	MOM.	13.18 (9)	25.91 (14)	39.09 (14)
	ML	13.24 (11)	24.21 (11)	37.45 (10)
'MULT1-CUSUM'	ALT.	12.81 (4)	24.64 (12)	37.45 (11)
'MULT2-CUSUM'	ALT.	12.59 (1)	26.54 (18)	39.13 (15)
'MULT3-CUSUM'	ALT.	12.74 (3)	22.90 (3)	35.64 (3)
'BAYES-CUSUM'	ALT.	13.04 (7)	23.39 (7)	36.43 (7)
'MULT3-GLEIT'	ALT.	13.35 (14)	23.01 (4)	36.36 (6)
'BAYES-GLEIT'	ALT.	13.37 (16)	21.78 (2)	35.15 (2)
'PANN-GLEIT'	MOM.	14.27 (20)	26.30 (16)	40.57 (20)
	ML	13.06 (8)	23.71 (9)	36.77 (8)
'PR-GLEIT'	MOM.	13.35 (15)	26.68 (19)	40.03 (18)
	ML	13.19 (10)	23.76 (10)	36.95 (9)
'CHISQUARE'	MOM.	15.27 (23)	42.20 (23)	57.47 (23)
	ML	14.54 (21)	19.61 (1)	34.15 (1)
'τ-GEOM'	GEOM.	13.45 (17)	26.25 (15)	39.70 (17)

Tab. 10.11 : Summe von $\overline{R}$ aus den einzelnen Simulationsexperimenten . Die Zahlen in den Klammern geben die Rangfolge der Stichprobensysteme an .

Stichprobensysteme. Das Prüfverfahren 'MULT1-CUSUM', das die gleichen Prüfpläne wie der MIL-STD-105D benutzt, jedoch die Prüfstufen über CUSUM-Karten regelt, ist deutlich besser als das einfache Prüfen mit dem Plan [125,2]. Allerdings zeigen die Verfahren 'MULT3-CUSUM' und 'α-CUSUM', daß eine andere Auswahl von Prüfplänen noch eine erhebliche Verbesserung des Prüfverfahrens bewirken kann.

Die volle Überlegenheit der adaptiven Systeme gegenüber dem Prüfen mit einem einfachen Prüfplan zeigt sich allerdings erst bei instationären Prozessen.

10.2 Das Verhalten der Stichprobensysteme bei instationärer Prozeßkurve

10.2.1 Das Verhalten der Stichprobensysteme bei sprungartiger Veränderung des Mittelwerts der Prozeßkurve

Wir betrachten zunächst den Fall, daß der Mittelwert der Prozeßkurve bei Beginn der Qualitätsgeschichte bei $\bar{p}_{Start} = 0.4\%$ liegt und nach 80 Losen auf den Wert $\bar{p}_{End} = 1.6\%$ bzw. 2.4% springt. Auf dieser Qualitätsstufe werden dann noch 80 weitere Lose geprüft. Die Prozeßstreuung bleibe während dieser Zeit konstant bei $\sigma = 0.6\%$.

Die Abbildungen 10.4.a + b zeigen jeweils eine Realisation einer Qualitätsgeschichte mit $\bar{p}_{End} = 1.6\%$ bzw. $\bar{p}_{End} = 2.4\%$.

Die große Streuung der Werte für $\bar{R}$ (Verfahren 'PANN-CUSUM' mit $\bar{R} = 1.42$, Verfahren 'MULT1-CUSUM' mit $\bar{R} = 3.55$) zeigt an, daß die verschiedenen Stichprobensysteme entweder:

- den Wechsel von $\bar{p}_{Start}$ nach $\bar{p}_{End}$ unterschiedlich leicht oder schwer erkennen

oder

- auf dem verschlechterten Produktionsniveau unterschiedlich gut operieren.

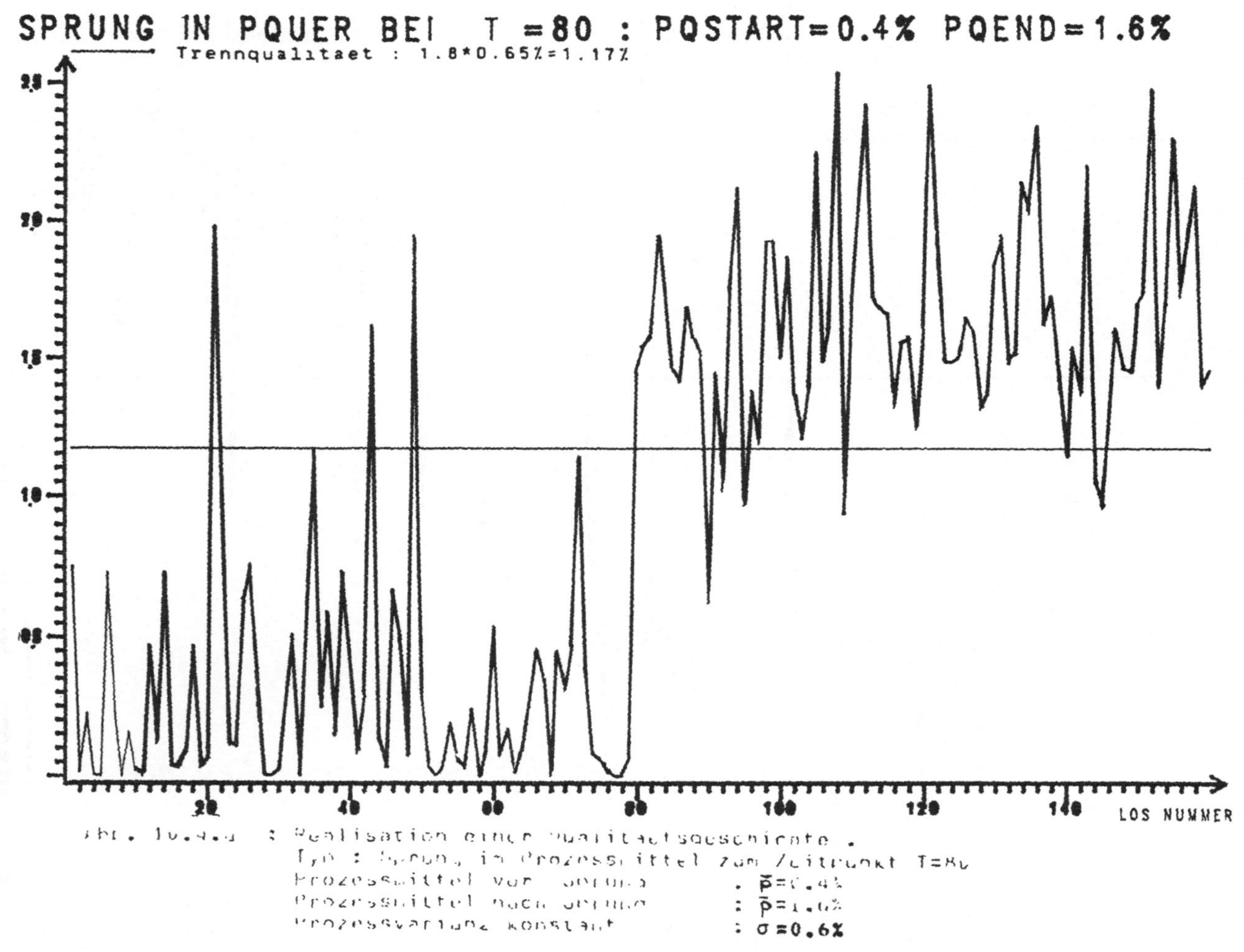

Abb. 10.4.[illegible] : Realisation einer Qualitaetsgeschichte.
Typ : Sprung im Prozessmittel zum Zeitpunkt T=80
Prozessmittel vor Sprung : $\bar{p}$=0.4%
Prozessmittel nach Sprung : $\bar{p}$=1.6%
Prozessvarianz konstant : σ=0.6%

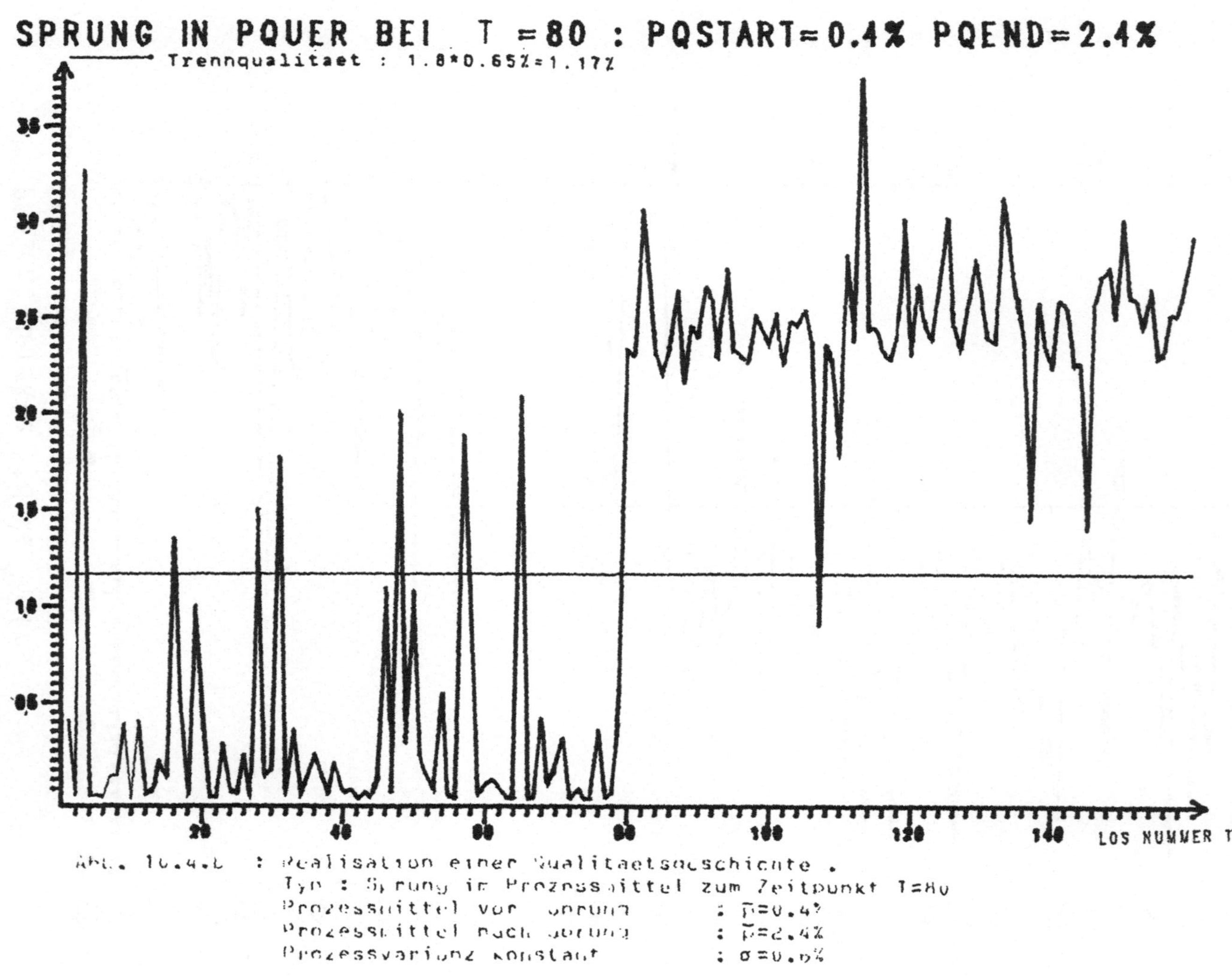

Abb. 10.4.2 : Realisation einer Qualitaetsgeschichte .
Typ : Sprung im Prozessmittel zum Zeitpunkt T=80
Prozessmittel vor Sprung : $\bar{p}$=0.4%
Prozessmittel nach Sprung : $\bar{p}$=2.4%
Prozessvarianz konstant : σ=0.6%

Beispielsweise (vgl. Tabellen 10.12.a + b) schneidet das Verfahren 'MULT1-CUSUM' sehr schlecht hinsichtlich $\bar{R}$ ab. Eine genauere Analyse des Prüfverlaufs zeigt, daß dieses CUSUM-Verfahren auf dem verschlechterten Produktionsniveau zu häufig den Prüfplan [125,2] wählt, statt den kostengünstigeren Prüfplan [125,1]. Die zu diesen Prüfplänen zugehörigen Prozeßkurven haben die Parameter $\bar{p}$ = 0.9%, σ = 0.47% bzw. $\bar{p}$ = 1.0%, σ = 2.2% (vgl. Tabelle 3.1).

Die Dichte der zu $\bar{p}$ = 0.9%, σ = 0.47% gehörenden Betadichte hat im Bereich $0.4\% \leq p \leq 2.4\%$ größere Werte als die Dichte der Ausreißerverteilung mit $\bar{p}$ = 1.0%, σ = 2.2% (vgl. Abb. 3.1). Es ist aufgrund des den CUSUM-Karten zugrundeliegenden Likelihoodprinzips auch folgerichtig, wenn die Alternative $\bar{p}$ = 0.9%, σ = 0.47% und damit der Prüfplan [125,2] auf dem verschlechterten Qualitätasniveau gewählt wird. Für größere Werte von $\bar{p}_{End}$ wird man allerdings eine häufigere Wahl von [125,1] erwarten dürfen.

Das bessere Abschneiden des MIL-STD-105D, dem die gleichen Prüfpläne wie dem Verfahren 'MULT1-CUSUM' zur Verfügung stehen, erklärt sich dadurch, daß der MIL-STD-105D aufgrund abgelehnter Lose auf dem verschlechterten Qualitätsniveau fast nur noch mit verschärfter Prüfung den kostengünstigeren Prüfplan [125,1] benutzt.

Jedoch erkennt das CUSUM-Verfahren den richtigen Prozeßzustand durchaus. Beispielsweise verfügt das Verfahren 'MULT3-CUSUM' zusätzlich zu den Prozeßalternativen des Verfahrens 'MULT1-CUSUM'über die Prozeßalternative $\bar{p}$ = 1.3%, σ = 1.0% mit dem zugehörigen Bayesplan [313,3] . Dieser Plan wird von Verfahren 'MULT3-CUSUM' auf dem verschlechterten Produktionsniveau auch tatsächlich gewählt, was zu einem erheblich geringeren Wert für $\bar{R}$ führt ($\bar{R}$ = 2.09 bei $\bar{p}_{End}$ = 1.6%).

Das Verfahren 'CHISQUARE' mit ML-Schätzer schneidet bei

VERFAHREN	SCHAETZ.	RQUER	EFF [%]	σ(RQUER)	NADAPT	ASS	σ(ASS)	AOQ [%]
MIL-STD-105D		2.89	40	0.52	7.3	103	6.7	0.52
SKIP-LOT		2.75	42	0.44	53.9	85.0	6.7	0.50
NC-PLAN (50,1)		4.25	27	0.43	0.0	50	0.0	0.78
(125,2)		3.69	31	0.39	0.0	125	0.0	0.65
'α-CUSUM'	ALT.	1.72	66	0.40	4.0	240	27.2	0.31
'τ-CUSUM'	ALT.	2.33	49	0.43	3.9	94.9	5.7	0.44
'PANN-CUSUM'	MOM.	1.42	80	0.37	5.5	519	137	0.21
	ML	2.17	52	0.34	7.4	189	12.3	0.37
'PR-CUSUM'	MOM.	1.94	59	0.76	5.8	380	98.0	0.35
	ML	2.22	51	0.44	4.6	163	7.5	0.41
'MULT1-CUSUM'	ALT.	3.55	32	0.56	3.6	90.0	4.1	0.67
'MULT2-CUSUM'	ALT.	2.18	52	0.44	3.7	165	14.0	0.41
'MULT3-CUSUM'	ALT.	2.09	54	0.46	5.0	168	18.0	0.39
'BAYES-CUSUM'	ALT.	2.01	57	0.50	3.9	169	12.7	0.38
'MULT3-GLEIT'	ALT.	2.17	53	0.69	2.1	165	26.0	0.41
'BAYES-GLEIT'	ALT.	1.95	50	0.25	7.2	208	5.4	0.32
'PANN-GLEIT'	MOM.	1.71	67	0.48	7.3	306	46.0	0.30
	ML	2.22	51	0.40	3.2	161	15.5	0.41
'PR-GLEIT'	MOM.	1.68	69	0.50	5.2	310	60.0	0.30
	ML	2.17	52	0.34	6.1	172	14.0	0.39
'CHISQUARE'	MOM.	2.67	43	1.27	3.2	431	112	0.42
	ML	3.31	34	1.13	4.5	120	31.0	0.64
'τ-GEOM'	GEOM.	1.48	77	0.37	15.4	355	40.6	0.28

Tabelle 10.12.a : Vergleich der Kenngroessen von versch. Stichprobensystemen
Qualitaetsgeschichte : Sprung im Prozessmittel von
$\bar{p}$ =0.4% auf $\bar{p}$ =1.6% zum Zeitpunkt t =80
NZEIT = 160

VERFAHREN	SCHAETZ.	RQUER	EFF [%]	σ(RQUER)	NADAPT	ASS	σ(ASS)	AOQ [%]
MIL-STD-105D		3.45	20	0.63	6.0	105	8.8	0.41
SKIP-LOT		3.45	20	0.73	48.7	86.6	5.3	0.42
NC-PLAN (50,1)		9.03	8	0.73	0.0	50	0.0	0.95
(125,2)		5.98	11	0.66	0.0	125	0.0	0.62
'α-CUSUM'	ALT.	1.04	66	0.31	4.5	373	19.2	0.18
'τ-CUSUM'	ALT.	2.36	29	0.49	4.0	102	3.9	0.31
'PANN-CUSUM'	MOM.	1.18	58	0.37	5.7	644	95.7	0.17
	ML	1.45	47	0.43	3.8	198	11.2	0.21
'PR-CUSUM'	MOM.	1.50	46	0.98	2.8	606	79.2	0.23
	ML	1.67	41	0.42	2.2	180	10.0	0.25
'MULT1-CUSUM'	ALT.	3.81	18	0.71	3.4	97.0	4.0	0.45
'MULT2-CUSUM'	ALT.	1.60	43	0.48	2.4	190	5.8	0.24
'MULT3-CUSUM'	ALT.	1.52	45	0.32	3.0	178	8.6	0.23
'BAYES-CUSUM'	ALT.	1.63	42	0.50	3.3	179	9.1	0.25
'MULT3-GLEIT'	ALT.	1.52	45	0.45	1.7	182	6.4	0.23
'BAYES-GLEIT'	ALT.	1.48	46	0.33	6.3	209	5.1	0.19
'PANN-GLEIT'	MOM.	1.29	53	0.54	8.2	492	32.6	0.20
	ML	1.86	37	0.65	2.2	183	15.8	0.26
'PR-GLEIT'	MOM.	1.47	47	0.76	3.4	500	61.0	0.20
	ML	1.86	37	0.66	4.6	188	11.4	0.24
'CHISQUARE'	MOM.	1.30	53	0.35	1.5	605	18.5	0.21
	ML	1.41	49	0.48	2.6	178	7.6	0.24
'τ-GEOM'	GEOM.	1.06	65	0.29	10.2	630	29.0	0.20

Tabelle 10.12.b : Vergleich der Kenngroessen von versch. Stichprobensystemen
Qualitaetsgeschichte : Sprung im Prozessmittel von
$\overline{p}$ =0.4% auf $\overline{p}$ =2.4% zum Zeitpunkt t =80
NZEIT = 160

$\bar{p}_{End} = 1.6\%$ mit $\bar{R} = 3.31$ ebenfalls sehr schlecht gegenüber den anderen Stichprobensystemen ab. Eine Analyse der 30 unabhängigen Wiederholungen des Simulationsexperiments zeigt starke Schwankungen der Einzelwerte $R(i)$ $i=1,\ldots,30$. Die $R(i)$ variieren zwischen 1.2 und 5.5 mit $\sigma(\bar{R}) = 1.13$. Dies deutet darauf hin, daß der Sprung des Prozeßmittels in einigen Fällen nicht oder nur sehr spät erkannt wird. Wir erwarten daher für eine größere Sprungdifferenz ein besseres Ergebnis hinsichtlich $\bar{R}$ und geringere Werte von $\sigma(\bar{R})$. Das Ergebnis für $\bar{p}_{End} = 2.4\%$ zeigt die Richtigkeit dieser Vermutung ($\bar{R} = 1.41$ und $\sigma(\bar{R}) = 0.48$).

Bermerkung 10.4: Da das Verfahren 'CHISQUARE' mit dem Prüfplan [50,1] startet und die 3 Beobachtungsklassen für die Stichprobenergebnisse durch die Mengen $\{0\}$, $\{1\}$ und $\{x \mid 2 \le x \le 50\}$ gegeben sind (vgl. Beispiel 4.2.2), verwundert es nicht, daß erst ab ca. $\bar{p}_{End} \ge 2\%$ Prozeßverschlechterung sicher erkannt werden. Denn wegen $n \cdot \bar{p}_{End} \ge 50 \cdot \frac{2}{100} = 1$, wird erst für $\bar{p}_{End} \ge 2\%$ die 3. Beobachtungszelle mit großer Wahrscheinlichkeit besetzt, was eine Prüfplanänderung hervorruft. □

Während bei den stationären Prozeßsituationen die Stichprobensysteme mit ML-Schätzern den entsprechenden Versionen mit Momenten-Schätzern durchgängig überlegen waren, ist die Situation bei den instationären Prozessen umgekehrt: Die Verfahren mit dem (unbeschränkten!) Momenten-Schätzer schneiden hier besser ab als dieselben Verfahren mit dem auf 10 Alternativen beschränkten ML-Schätzer. Dies war auch zu erwarten, da für alle 10 Alternativen $\bar{p} \le 1.3\%$ gilt (vgl. Tabelle 5.1).

Die Unterschiede zwischen der CUSUM-Anpassung und der Anpassung über gleitende Durchschnitte sind hinsichtlich $\bar{R}$ klein und nicht einheitlich.

Wir betrachten nun das Simulationsexperiment, bei dem der

Zeitpunkt T des Wechsels von $\bar{p}_{Start}$ nach $\bar{p}_{End}$ gemäß einer geometrischen Verteilung mit $E[T] = 80$ verteilt ist. Für $\bar{p}_{End}$ wählen wir den Wert 2.4%.

Die Ergebnisse in Tabelle 10.13 stimmen im Mittel mit denen bei festem Wechselzeitpunkt $T = 80$ überein (vgl. Tabelle 10.12.b). Allerdings unterliegen die Kenngrößen größeren Schwankungen.

10.2.2 Das Verhalten der Stichprobensysteme bei einem linearen Trend im Prozeßmittel

Wir betrachten nun einen instationären Prozeß, bei dem sich der Mittelwert $\bar{p}_t$ der Prozeßkurve zur Zeit t gemäß

$$\bar{p}_t = \bar{p}_S + \frac{t-1}{NZEIT-1} (\bar{p}_A - \bar{p}_S)$$

verändert. Als Startwert wird $\bar{p}_S = 0.4\%$ gewählt. Abbildung 10.5 zeigt die Realisation einer Qualitätsgeschichte mit NZEIT = 160 und $\bar{p}_A = 2.8\%$, wobei die Prozeßstreuung σ_t konstant den Wert $\sigma_t = 0.6\%$ hat.

Tabelle 10.14 zeigt die Kenngrößen der Stichprobenverfahren bei dieser Parameterkombination.

Auffällig ist das schlechte Abschneiden bei Prüfung mit einem festen Stichprobenplan: $\bar{R} = 8.71$ bei [50,1] und $\bar{R} = 5.84$ bei [125,2]. Der AOQ-Wert bei Benutzung dieser Prüfpläne liegt oberhalb des AQL-Werts: AOQ = 1.15% bei [50,1] und AOQ = 0.82% bei [125,2].

Die CUSUM-Version des MIL-STD-105D, das Verfahren 'MULT1-CUSUM', schneidet wie in den vorhergehenden Simulationsexperimenten sehr schlecht ab ($\bar{R} = 4.54$). Dies liegt an der Tatsache, daß aufgrund des den CUSUM-Karten zugrundeliegenden Likelihood-

VERFAHREN	SCHAETZ.	RQUER	EFF [%]	σ(RQUER)	NADAPT	ASS	σ(ASS)	AOQ [%]
MIL-STD-105D		3.45	23	0.96	4.7	106	16.6	0.43
SKIP-LOT		3.36	24	0.98	40.0	93.0	26.3	0.42
NC-PLAN (50,1)		9.67	8	4.85	0.0	50	0.0	1.03
(125,2)		6.12	13	2.37	0.0	125	0.0	0.68
'α -CUSUM'	ALT.	1.15	70	0.51	4.2	319	167	0.19
'τ -CUSUM'	ALT.	2.18	37	0.75	4.9	105	30	0.31
'PANN-CUSUM'	MOM.	1.18	68	0.75	5.6	612	325	0.17
	ML	1.55	52	0.53	3.5	221	67	0.21
'PR-CUSUM'	MOM.	1.17	68	0.60	3.3	588	343	0.20
	ML	1.73	46	0.51	2.6	207	74	0.25
'MULT1-CUSUM'	ALT.	3.58	22	1.45	7.0	88.4	21	0.45
'MULT2-CUSUM'	ALT.	1.56	52	0.37	2.7	184	76	0.25
'MULT3-CUSUM'	ALT.	1.71	47	0.43	3.7	191	72	0.26
'BAYES-CUSUM'	ALT.	1.57	51	0.48	3.1	177	80	0.25
'MULT3-GLEIT'	ALT.	1.58	51	0.51	2.8	189	73	0.24
'BAYES-GLEIT'	ALT.	1.60	50	0.32	6.7	208	59	0.21
'PANN-GLEIT'	MOM.	1.23	65	0.55	9.7	521	261	0.19
	ML	1.65	48	0.55	1.6	186	86	0.26
'PR-GLEIT'	MOM.	1.04	77	0.44	2.8	516	286	0.18
	ML	1.76	45	0.47	3.8	192	84	0.26
'CHISQUARE'	MOM.	1.07	75	0.65	1.5	715	355	0.18
	ML	1.15	70	0.44	2.4	185	87	0.22
'τ -GEOM'	GEOM.	0.91	88	0.58	24.2	644	322	0.18

Tabelle 10.13 : Vergleich der Kenngroessen von versch. Stichprobensystemen
Qualitaetsgeschichte : Sprung im Prozessmittel von
$\overline{p}$ =0.4% auf $\overline{p}$ =2.4% zum Zeitpunkt τ
Sprungzeitpunkt τ geometrisch verteilt mit E(τ)=80 .
NZEIT = 160

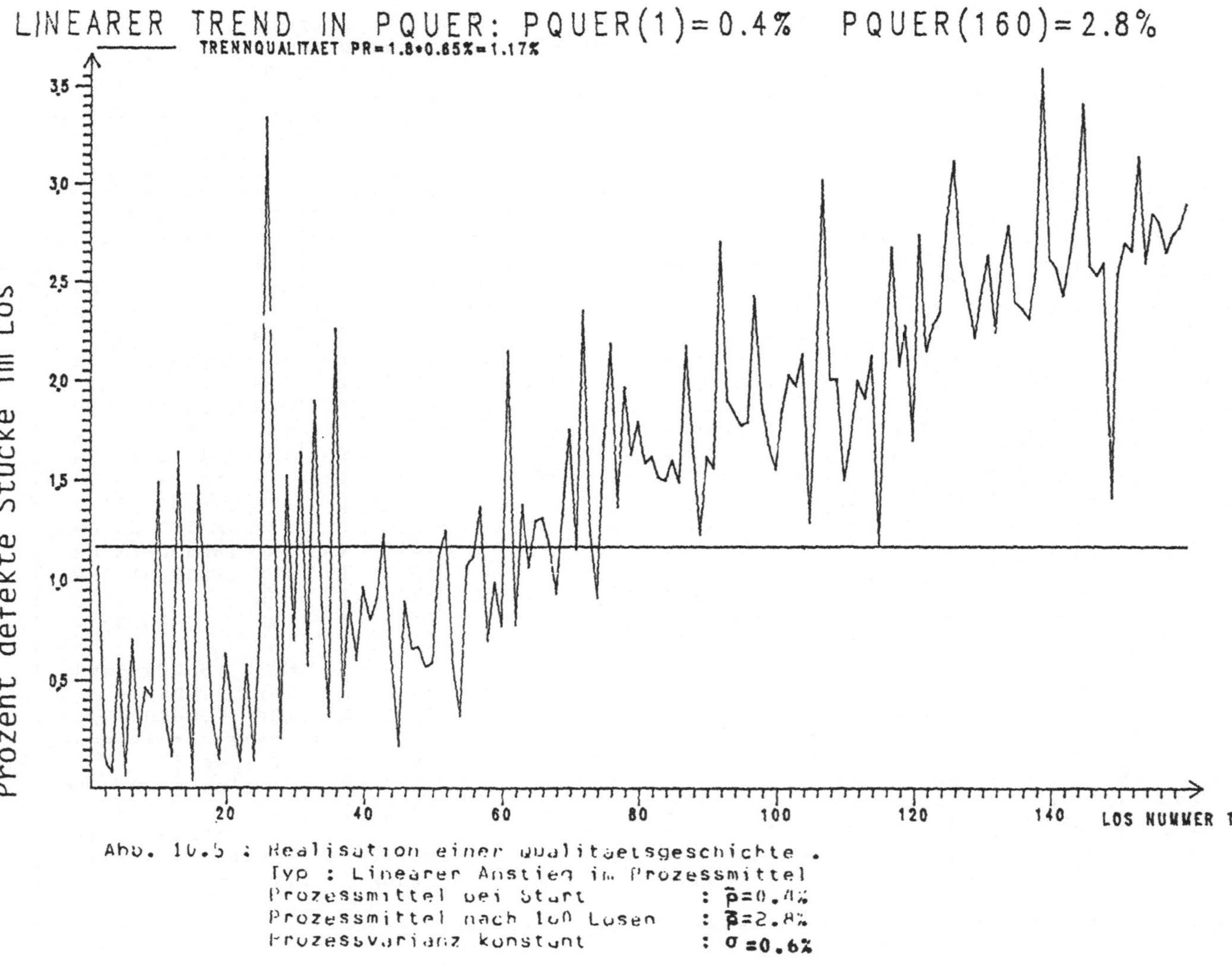

Abb. 10.5 : Realisation einer Qualitaetsgeschichte .
Typ : Linearer Anstieg im Prozessmittel
Prozessmittel bei Start : $\bar{p}=0.4\%$
Prozessmittel nach 160 Losen : $\bar{p}=2.8\%$
Prozessvarianz konstant : $\sigma=0.6\%$

VERFAHREN	SCHAETZ.	RQUER	EFF [%]	σ(RQUER)	NADAPT	ASS	σ(ASS)	AOQ [%]
MIL-STD-105D		3.31	28	0.54	4.0	118	6.6	0.54
SKIP-LOT		3.45	27	0.57	31.5	107	6.9	0.53
NC-PLAN (50,1)		8.71	10	0.75	0.0	50	0.0	1.15
(125,2)		5.84	16	0.67	0.0	125	0.0	0.82
'α-CUSUM'	ALT.	1.26	74	0.27	3.6	362	27.9	0.26
'τ-CUSUM'	ALT.	2.66	35	0.63	2.6	121	8.0	0.45
'PANN-CUSUM'	MOM.	1.47	63	0.42	4.9	747	197	0.24
	ML	1.83	51	0.39	5.4	238	17.0	0.35
'PR-CUSUM'	MOM.	1.42	66	0.46	6.9	653	45.4	0.32
	ML	1.87	50	0.55	3.9	234	19.1	0.37
'MULT1-CUSUM'	ALT.	4.54	20	0.59	5.0	107	5.7	0.72
'MULT2-CUSUM'	ALT.	2.01	46	0.48	3.6	217	17.8	0.41
'MULT3-CUSUM'	ALT.	2.24	42	0.56	4.3	218	21.7	0.44
'BAYES-CUSUM'	ALT.	1.82	51	0.45	5.0	223	19.5	0.43
'MULT3-GLEIT'	ALT.	1.86	50	0.37	2.3	225	28.5	0.38
'BAYES-GLEIT'	ALT.	1.83	51	0.26	8.4	242	13.7	0.34
'PANN-GLEIT'	MOM.	1.20	78	0.36	10.0	533	39.7	0.28
	ML	2.14	44	0.49	2.8	217	26.7	0.42
'PR-GLEIT'	MOM.	1.43	65	0.58	5.5	508	88.7	0.31
	ML	1.97	47	0.43	4.8	225	15.7	0.39
'CHISQUARE'	MOM.	2.98	31	1.19	3.2	549	98.9	0.55
	ML	2.94	31	0.63	3.6	168	15.1	0.62
'τ-GEOM'	GEOM.	1.43	65	0.39	15.6	598	44.4	0.37

Tabelle 10.14 : Vergleich der Kenngroessen von versch. Stichprobensystemen
Qualitaetsgeschichte : Linearer Trend im Prozessmittel :
$\overline{p}_t$=0.4% +(t-1)/(NZEIT-1)*2.4% t=1,...,NZEIT
Prozessvarianz σ^2 konstant : σ= 0.6%
NZEIT = 160

prinzips sehr häufig der in diesem Fall kostenungünstige Prüfplan [125,2] gewählt wird.

Allgemein sind diejenigen Stichprobensysteme mit unbeschränkten Prozeßalternativen, d.h. die Verfahren 'α-CUSUM, 'τ-CUSUM' 'τ-GEOM' und alle Verfahren mit Momentenschätzer den Verfahren mit beschränkten Prozeßalternativen z.T. erheblich überlegen (Ausnahmen: Verfahren 'τ-CUSUM und 'CHISQUARE' mit Momentenschätzer).

Das Verfahren 'α-CUSUM' erscheint in dieser Situation besonders vorteilhaft: $\bar{R} = 1.26$ erreicht den zweitniedrigsten Wert nach 'PANN-GLEIT' mit $\bar{R} = 1.20$.

Die Verfahren mit Momentenschätzern haben den Nachteil sehr instabiler Prüfverläufe, was sich in hohen Werten für $\sigma(ASS)$, der Standardabweichung des Prüfaufwands, ausdrückt; z.B. $\sigma(ASS) = 197$ bei Verfahren 'PANN-CUSUM' mit Momentenschätzer.

Ein Vergleich der Verfahren mit CUSUM-Anpassung und Anpassung über eine gleitende Datenbasis zeigt keine eindeutige Überlegenheit eines Anpassungsverfahrens.

Wir betrachten nun den Fall, daß sich mit $\bar{p}_t$ auch σ_t verändert. Die Veränderung erfolgt so, daß der Variationskoeffizient $\kappa = \frac{\sigma_t}{\bar{p}_t} = 1.5$ konstant bleibt, d.h. bei $t = 160$ hat die Prozeßstreuung den Wert $\sigma_{160} = \kappa\bar{p}_{160} = 4.2\%$.

Die Abbildung 10.6 zeigt die Realisation einer Qualitätsgeschichte mit NZEIT = 160, $\bar{p}_S = 0.4\%$, $\kappa = 1.5$ und $\bar{p}_A = 2.8\%$. Wir sehen, daß die Vergrößerung der Prozeßvarianz die Vergrößerung des Prozeßmittels kaum sichtbar werden läßt. Es zeigt sich der typische Verlauf bei einer Ausreißerverteilung. Wir können daher vermuten, daß das Verfahren 'CHISQUARE' mit ML-Schätzer auch in dieser Situation gut abschneidet.

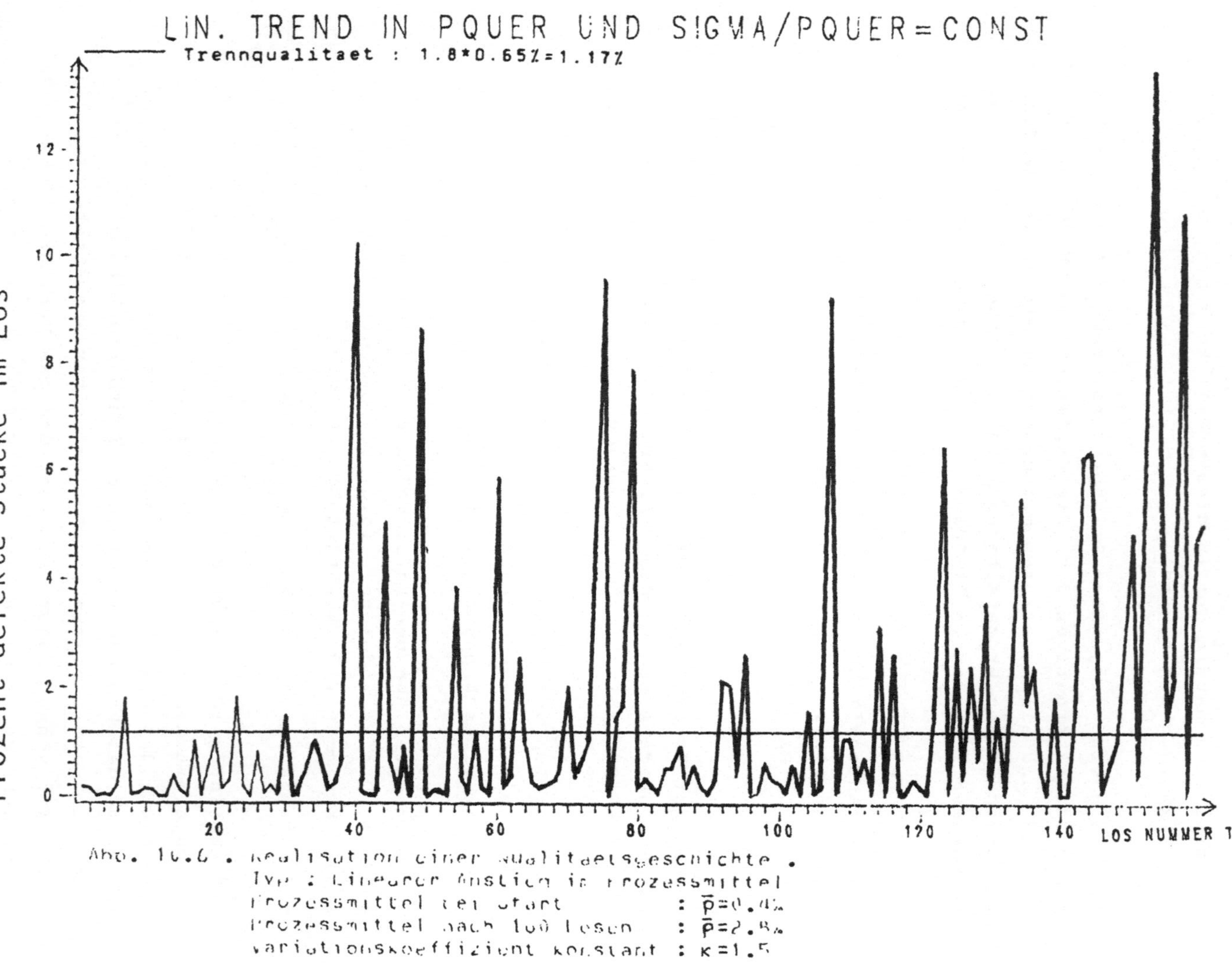

Abb. 10.6 . Realisation einer Qualitaetsgeschichte .
Typ : Linearer Anstieg im Prozessmittel
Prozessmittel bei Start : $\bar{p}=0.4\%$
Prozessmittel nach 100 Losen : $\bar{p}=2.8\%$
Variationskoeffizient konstant : $k=1.5$

Tabelle 10.15 zeigt die Richtigkeit dieser Vermutung. Neben dem Verfahren 'CHISQUARE' mit ML-Schätzer ($\bar{R}$ = 1.94, EFF = 94%), hat auch das Verfahren 'τ-CUSUM' eine hohe Effizienz ($\bar{R}$ = 2.18, EFF = 84%). Dies war ebenfalls zu erwarten, da die beim Verfahren 'τ-CUSUM' betrachteten Prozeßalternativen gerade diejenigen sind, die den Variationskoeffizienten konstant **lassen** (vgl. Abschnitt 4.1).

Da der Plan [125,2] Ausreißerlose immer noch gut erkennt, sind die Verluste, die mit der Anwendung des Plans [125,2] verbunden sind, nicht so groß ($\bar{R}$ =2.70) wie im vorhergehenden Fall. Entsprechend schneidet auch das Verfahren 'MULT1-CUSUM' besser ab ($\bar{R}$ = 2.59). Bei diesem Simulationsexperiment sind die Verfahren 'MULT1-CUSUM' und 'MIL-STD-105D' ungefähr äquivalent hinsichtlich ihrer Kenngrößen.

Zu erwarten war das schlechte Abschneiden des Verfahrens 'SKIP-LOT' ($\bar{R}$ = 6.38), das durch die ungeprüft angenommenen Ausreißerlose verursucht wird.

Wie bei allen Prozeßtypen mit hoher Prozeßvarianz sind die Verfahren mit CUSUM-Anpassung den entsprechenden Versionen mit gleitenden Durchschnitten unterlegen.

10.2.3 Vergleich der Stichprobensysteme über alle instationären Prozeß-Situationen

Wir wollen in diesem Absatz die Stichprobenverfahren über die 5 instationären Prozeßsituationen hinsichtlich $\bar{R}$ vergleichen (siehe Tabelle 10.16).

Wir sehen, daß die in der Praxis verwendeten Stichprobensysteme den meisten der in dieser Arbeit vorgeschlagenen Stichprobensysteme erheblich unterlegen sind. Beispielsweise beträgt der Regret bei Verwendung des MIL-STD-105D das Doppelte des Re-

VERFAHREN	SCHAETZ.	RQUER	EFF [%]	σ(RQUER)	NADAPT	ASS	σ(ASS)	AOQ [%]
MIL-STD-105D		2.55	71	0.53	10.9	118	4.7	0.35
SKIP-LOT		6.38	28	2.61	63.0	86.6	12.0	0.61
NC-PLAN (50,1)		4.76	38	1.11	0.0	50	0.0	0.60
(125,2)		2.70	68	0.55	0.0	125	0.0	0.39
'α-CUSUM'	ALT.	2.48	73	0.53	16.7	226	26.0	0.28
'τ-CUSUM'	ALT.	2.18	84	0.47	7.5	116	7.1	0.29
'PANN-CUSUM'	MOM.	2.82	59	0.48	13.0	268	71.5	0.26
	ML	3.18	57	0.77	13.1	284	83.3	0.28
'PR-CUSUM'	MOM.	3.07	59	0.63	7.8	165	40.7	0.37
	ML	3.43	53	1.10	8.4	157	41.7	0.40
'MULT1-CUSUM'	ALT.	2.59	71	0.69	10.4	101	7.2	0.35
'MULT2-CUSUM'	ALT.	3.30	55	0.80	15.8	165	19.3	0.39
'MULT3-CUSUM'	ALT.	2.32	79	0.57	15.2	128	11.2	0.32
'BAYES-CUSUM'	ALT.	2.38	77	0.62	10.3	115	16.7	0.33
'MULT3-GLEIT'	ALT.	2.32	79	0.49	9.9	132	15.7	0.31
'BAYES-GLEIT'	ALT.	2.03	90	0.41	17.1	139	10.5	0.27
'PANN-GLEIT'	MOM.	2.63	69	0.76	4.1	177	36.3	0.31
	ML	2.39	76	0.58	3.1	157	34.3	0.31
'PR-GLEIT'	MOM.	2.58	71	0.75	7.5	156	31.7	0.32
	ML	2.40	76	0.50	6.7	159	30.3	0.30
'CHISQUARE'	MOM.	5.95	30	0.90	14.7	498	94.4	0.47
	ML	1.94	94	0.41	8.7	132	16.6	0.35
'τ-GEOM'	GEOM.	2.93	62	0.34	71.5	156	18.9	0.41

Tabelle 10.15 : Vergleich der Kenngroessen von versch. Stichprobensystemen
Qualitaetsgeschichte : Linearer Trend im Prozessmittel :
$\bar{p}_t = 0.4\% + (t-1)/(NZEIT-1)*2.4\%$ t=1,...,NZEIT
Variationskoeffizient $\kappa = \sigma/\bar{p}$ konstant . $\kappa = 1.5$
NZEIT = 160

VERFAHREN	SCHAETZ.	Prozesse instationaer
MIL-STD-105D		15.60 (19)
SKIP-LOT		19.39 (21)
NC-PLAN (50,1)		36.42 (23)
(125,2)		24.33 (22)
' α -CUSUM'	ALT.	7.65 (1)
' τ -CUSUM'	ALT.	11.71 (17)
'PANN-CUSUM'	MOM.	8.07 (3)
	ML	10.18 (12)
'PR-CUSUM'	MOM.	9.10 (7)
	ML	10.92 (16)
'MULT1-CUSUM'	ALT.	18.07 (20)
'MULT2-CUSUM'	ALT.	10.65 (14)
'MULT3-CUSUM'	ALT.	9.88 (10)
'BAYES-CUSUM'	ALT.	9.41 (8)
'MULT3-GLEIT'	ALT.	9.45 (9)
'BAYES-GLEIT'	ALT.	8.89 (6)
'PANN-GLEIT'	MOM.	8.33 (5)
	ML	10.26 (13)
'PR-GLEIT'	MOM.	8.19 (4)
	ML	10.16 (11)
'CHISQUARE'	MOM.	13.97 (18)
	ML	10.75 (15)
' τ -GEOM'	GEOM.	7.81 (2)

Tab. 10.16 : Summe von $\overline{R}$ aus den einzelnen Simulationsexperimenten . Die Zahlen in den Klammern geben die Rangfolge der Stichprobensysteme an .

grets, der Benutzung des Verfahrens 'α-CUSUM' entstanden wäre. Die ausschließliche Benutzung der Prüfstufe 'normale Inspektion' mit dem Prüfplan [125,2] bewirkt einen 3-mal größeren Verlust als bei Benutzung des Verfahrens 'α-CUSUM'.

Neben dem Verfahren 'α-CUSUM' ($\bar{R}$ = 7.65) liefern auch die Verfahren 'τ-GEOM' ($\bar{R}$ = 7.81) und die CUSUM-Kontrolle der Anzahl der angenommenen Lose, das Verfahren 'PANN-CUSUM' ($\bar{R}$ = 8.07) akzeptabel Werte. Jedoch zeigen die beiden Verfahren bei hoher Prozeßvarianz ein sehr instabiles Verhalten (NADAPT groß bzw. hohe Werte von σ(ASS)), so daß sich im instationären Fall die Benutzung des Verfahrens 'α-CUSUM' empfiehlt.

10.3 Vergleich der Stichprobensysteme über alle Simulationsexperimente

Zum Schluß dieses Kapitels soll ein Vergleich der Stichprobensysteme hinsichtlich $\bar{R}$ über alle Simulationsexperimente durchgeführt werden.

Wir addieren zu diesem Zweck die Werte von $\bar{R}$ im stationären Fall (kleine Prozeßvarianz und große Prozeßvarianz, vgl. Tabelle 10.11) und im instationären Fall (vgl. Tab. 10.16). Die Tabelle 10.17 gibt eine Übersicht über das Verhalten in den 3 Einzelfällen und über das Gesamtverhalten in $\bar{R}$. Die **aufgeführten Rangzahlen beziehen sich auf den Rang des jeweiligen Verfahrens bei geringer Prozeßvarianz,** hoher Prozeßvarianz (stationäres Verhalten) und bei instationärer Prozessen.

Das Verfahren 'α-CUSUM' schneidet insgesamt als bestes Verfahren ab ($\bar{R}$ = 43.48) und ist in den 3 Untergruppen gleichmäßig gut (Ränge 2, 5 und 1).

Das nächstbeste Verfahren ist das Verfahren 'BAYES-GLEIT' ($\bar{R}$ = 44.04). Dieses Verfahren schneidet allerdings bei ge-

VERFAHREN	SCHAETZ.	Prozesse stationaer, Prozessvarianz klein	Prozesse stationaer, Prozessvarianz gross	Prozesse instationaer	Summe von ueber alle Prozesse
MIL-STD-105D		13.26 (13)	26.31 (17)	15.60 (19)	55.17 (18)
SKIP-LOT		13.89 (19)	40.26 (22)	19.39 (21)	73.54 (22)
NC-PLAN (50,1)		13.01 (6)	33.60 (21)	36.42 (23)	83.03 (23)
(125,2)		13.59 (18)	25.49 (13)	24.33 (22)	63.41 (20)
' α-CUSUM'	ALT.	12.68 (2)	23.15 (5)	7.65 (1)	43.48 (1)
' τ-CUSUM'	ALT.	14.80 (22)	23.46 (8)	11.71 (17)	49.97 (16)
'PANN-CUSUM'	MOM.	16.26 (12)	29.04 (20)	8.07 (3)	53.37 (17)
	ML	12.91 (5)	23.33 (6)	10.18 (12)	46.42 (7)
'PR-CUSUM'	MOM.	13.18 (9)	25.91 (14)	9.10 (7)	48.19 (11)
	ML	13.24 (11)	24.21 (11)	10.92 (16)	48.37 (13)
'MULT1-CUSUM'	ALT.	12.81 (4)	24.64 (12)	18.07 (20)	55.52 (19)
'MULT2-CUSUM'	ALT.	12.59 (1)	26.54 (18)	10.65 (14)	49.78 (15)
'MULT3-CUSUM'	ALT.	12.74 (3)	22.90 (3)	9.88 (10)	45.52 (4)
'BAYES-CUSUM'	ALT.	13.04 (7)	23.39 (7)	9.41 (8)	45.84 (6)
'MULT3-GLEIT'	ALT.	13.35 (14)	23.01 (4)	9.45 (9)	45.81 (5)
'BAYES-GLEIT'	ALT.	13.37 (16)	21.78 (2)	8.89 (6)	44.04 (2)
'PANN-GLEIT'	MOM.	14.27 (20)	26.30 (16)	8.33 (5)	48.90 (14)
	ML	13.06 (8)	23.71 (9)	10.26 (13)	47.03 (8)
'PR-GLEIT'	MOM.	13.35 (15)	26.68 (19)	8.19 (4)	48.22 (12)
	ML	13.19 (10)	23.76 (10)	10.16 (11)	47.11 (9)
'CHISQUARE'	MOM.	15.27 (23)	42.20 (23)	13.97 (18)	71.44 (21)
	ML	14.54 (21)	19.61 (1)	10.75 (15)	44.90 (3)
' τ-GEOM'	GEOM.	13.45 (17)	26.25 (15)	7.81 (2)	47.51 (10)

Tab. 10.17 : Summe von $\overline{R}$ aus den einzelnen Simulationsexperimenten . Die Zahlen in den Klammern geben die Rangfolge der Stichprobensysteme an

ringer Prozeßvarianz nur mäßig ab (Rang 16). Das Verfahren 'CHISQUARE' mit ML-Schätzer folgt als drittbestes Verfahren. Jedoch zeigt dieses Verfahren ein uneinheitliches Verhalten: Bei geringer Prozeßvarianz und bei instationären Prozessen schneidet es sehr schlecht ab (Ränge 20 und 15). Akzeptabel erscheint auch noch das simultane Führen von 4 CUSUM-Karten (Verfahren 'MULT3-CUSUM', Rang 4, $\bar{R}$ = 45.52), das bei stationären Prozessen gleichmäßig gut abschneidet (zweimal Rang 3) und bei den instationären im mittleren Bereich der Rangskala liegt (Rang 10).

Die in der Praxis benutzten Verfahren schneiden insgesamt gesehen schlecht ab: MIL-STD-105D ($\bar{R}$ = 55,17, Rang 18), SKIP-LOT ($\bar{R}$ = 73.54, Rang 22), Prüfen mit [125,2] ($\bar{R}$ = 63.41, Rang 20).

Von den Verfahren, die auf Basis einer Bernoulli-Variablen entscheiden (Annahme/Ablehungsentscheidung größer/kleiner als Trennqualität, vgl. Abschnitt 9.3) schneidet die Version 'PANN-CUSUM' mit ML-Schätzer am besten ab ($\bar{R}$ = 46.42, Rang 7). Auch bei den einzelnen Untergruppen liegt dieses Verfahren im guten Mittelbereich (Ränge 5, 6 und 10). Im Vergleich zum MIL-STD-105D, dessen Prüfstufensteuerung im Wesentlichen ebenfalls auf einer Analyse der Annahme- und Ablehungsentscheidungen basiert, ist das Verfahren 'PANN-CUSUM' dem MIL-STD-105D in allen Untergruppen gleichmäßig überlegen. Für die Neuschätzung der Prozeßkurvenparameter im Adaptionsfall werden jedoch die Stichprobenergebnisse des letzten CUSUM-Laufs benötigt (vgl. Abschnitt 5.1), so daß der Speicheraufwand hinsichtlich der zurückliegenden Stichprobeninformationen erheblich sein kann.

Generell kann gesagt werden, daß die Kontrolle der Prozeßkurve aufgrund der Stichprobenergebnisse der Kontrolle über hieraus abgeleitete Bernoulli-Variablen vorzuziehen ist.

Ein Vergleich der Verfahren mit CUSUM-Anpassung und derselben Verfahren mit einer Anpassung über gleitende Durchschnitte zeigt keine eindeutige Überlegenheit eines Anpassungsverfahrens. Da die CUSUM-Karten jedoch einfacher zu berechnen sind und bei gleichzeitiger Schätzung der Alternative durch die CUSUM-Karte mit dem höchsten Wert (vgl. Abschnitt 4.1) sich der Speicherbedarf an zurückliegenden Stichprobeninformationen auf jeweils letzten Wert der CUSUM-Karten reduziert, ist die CUSUM-Anpassung einer Anpassung über gleitende Durchschnitte vorzuziehen.

Als Resultat dieser Untersuchung ergibt sich, daß das Verfahren 'α-CUSUM' eine Reihe von Vorteilen hat:

(1) Es schneidet hinsichtlich der Verluste durch Fehlentscheidungen über Prüfaufwand und Losannahme bei dem in Kapitel 10 beschriebenen Simulationsexperimenten am besten unter allen betrachteten Verfahren ab und zeigt auch in jeder Untergruppe der Simulationsexperimente sehr gute bis gute Eigenschaften hinsichtlich $\bar{R}$.

(2) Der Informationsaufwand hinsichtlich zurückliegender Stichprobeninformation reduziert sich auf das Merken der jeweils letzten Werte der beiden CUSUM-Karten.

(3) Hinsichtlich der Schätzung der neuen Parameter der Prozeßkurve ist kein Mehraufwand nötig.

(4) Die Prozeßalternative sind in natürlicher Weise als "Prozeßverbesserung" und "Prozeßverschlechterung" interpretierbar (vgl. Abschnitt 4.1).

(5) Die CUSUM-Karte zu der Alternative "Prozeßverschlechterung" ist durch gut interpretierbare Größen (Quotient von posteriori und apriori-Schlechtanteil in Restlos, vgl. (4.1.20)) leicht zu berechnen.

(6) Das Stichprobensystem ist durch einen Parameter h , die Alarmgrenze für die beiden CUSUM-Karten, festgelegt.

Literaturangaben

Bather, J.A. (1963): Control charts and the minimisation of costs, J.R. Statist. Soc., B, 25, 49-80.

Bissell, A.F. (1972): A negative binomial model with varying element sizes, Biometrika, 59, 435-441.

Box, G.E. and G.M. Jenkins (1970): Time series analysis, Holden-Day, San Francisco.

Chiu, W.K. (1974): A new prior distribution for attributes sampling, Technometrics, 16, 93-102.

Collani, E.v. (1984): Optimale Wareneingangskontrolle, Teubner Verlag, Stuttgart.

Collani, E.v. (1986): The a-Optimal Sampling Scheme, Journal of Quality Technology, Vol. 18, 63-66.

Collani, E.v. (1987): MIL-STD-105D in the Light of Alpha-Optimal Sampling Plans, in: Frontiers in Statistical Quality Control 3, Lenz, Wetherill, Wilrich eds., Physica-Verlag, Heidelberg.

Cox, D.R. (1960): Serial sampling acceptance schemes derived from Bayes's theorem, Technometrics, 2, 353-360.

Evans, I.G. and P. Thyregod (1984): Some asymptotic properties of Bayesian variable and attribute sampling acceptance plans, Frontiers in Statistical Quality Control 2 (Lenz, Wetherill, Wilrich eds.), Physica-Verlag, Heidelberg.

Everitt, B.S. and D.J. Hand (1981): Finite mixture distributions, Chapman and Hall, London.

Fitzner, D. (1979): Adaptive Systeme einfacher kostenoptimaler Stichprobenpläne für die Gut-Schlecht-Prüfung, Arbeiten zur angewandten Statistik, Heft 21, Physica-Verlag, Heidelberg.

Griffiths, D.A. (1973): Maximum Likelihood estimation for the betabinomial distribution and application to the household distribution of the total number of cases of a disease, Biometrics, 29, 637-648.

Hald, A. (1960): The compound hypergeometric distribution and a system of single sampling inspection plans based on prior distribution and costs, Technometrics, 2, 275-340.

Hald, A. (1981): Statistical theory of sampling inspection by attributes, Academic Press, London.

JISZ9015 (1971): Sampling inspection plans by attributes with severity adjustment, Japanese Standards Association.

Koyama, T. (1981): Average outgoing quality through sampling systems, Frontiers in Statistical Quality Control (Lenz, Wetherill, Wilrich eds.), Physica-Verlag, Heidelberg.

Khan, R.A. (1987): Walds Approximations to the Average Run Length in CUSUM-Procedures, Journal of Statistical Planning and Inference, 2, 63-67.

Krumbholz, W. und P. Pflaumer (1982): Möglichkeiten der Kosteneinsparung bei der Qualitätskontrolle durch Berücksichtigung von unvollständigen Vorinformationen, Zeitschrift für Betriebswirtschaft, 52, 1088-1102.

Krumbholz, W. und J. Schröder (1987): Zur Ausnutzung unvollständiger Vorinformation bei der Minimax-Regret-Methode, Allgemeines Statistisches Archiv, 71, 117-125.

Lehmann, E.L (1959): Testing statistical hypotheses, Wiley, New York.

Lenz, H.-J., Reetz, D., Reimann, A. (1981): A Stochastic Model for Optimal Inspection of Lots, in: Frontiers in Statistical Quality Control, (Lenz, Wetherill, Wilrich eds.), Physica-Verlag, Heidelberg.

Lenz, H.-J. und U. Rendtel (1984): Performance evaluation of the MIL-STD-105D, Skip-Lot sampling plans and Bayesian single sampling plans, Frontiers in Statistical Quality Control 2, (Lenz, Wetherill, Wilrich eds.), Physica-Verlag, Heidelberg.

Lenz, H.-J. and P.-Th. Wilrich (1977): Comparison of two sampling systems - Military Standard 105D and Skip-Lot, Methods of Operation Research, 29, 649-656.

Military Standard 105D (1963): Sampling procedures and tables for inspection by attributes, US Government Printing Office, Washington D.C..

Moustakides, G.V. (1986): Optimal Stopping Times for Detecting Changes in Distributions, Ann. Statist. 14, 1379-1387.

Page, E.S. (1954): Continuous Inspection Schemes, Biometrika, 41, 100-114.

Reetz, D. (1984): Optimal Skip-Lot singel sampling plans for Markov Chains, in: Frontiers in Statistical Quality Control 2, (Lenz, Wetherill, Wilrich eds)., Physica-Verlag, Heidelberg.

Reetz, D. (1985): Optimal inspection plans for Markov chains, DFG-Report Le 407/3-2 am Fachbereich Wirtschaftswissenschaft der Freien Universität Berlin, Berlin.

Reiman, A, (1984): Kostenoptimale Inspektionsstrategien für den Fall zweier stochastisch abhängiger Losschlechtanteile, Arbeiten zur Angewandten Statistik, Heft 26, Physica-Verlag, Heidelberg.

Rendtel, U. (1985): Verallgemeinerte CUSUM-Kontrollkarten und ihre Anwendung auf die Annahmestichprobenprüfung, Dissertation am Fachbereich Wirtschaftswissenschaft der Freien Universität Berlin, Berlin.

Rendtel, U. (1987): The Use of Generalized CUSUM-Schemes to Control the Percent Defective of a Continuous Production Process, in: Frontiers in Statistical Quality Control 3, (Lenz, Wetherill, Wilrich eds)., Physica-Verlag, Heidelberg.

Rendtel, U. (1989): CUSUM-Schemes with Variable Sampling Intervals and Sample Sizes, Erscheint in Statistische Hefte.

Rendtel, U. und H.-J. Lenz (1988): MIL-STD-105B, Die Berliner Version des MIL-STD-105D basierend auf CUSUM-Statistiken, Diskussionsbeiträge zur Statistik und quantitativen Ökonomik, Nr. 34, Hochschule der Bundeswehr Hamburg.

Roberts, S.W. (1959): Control chart tests based on geometric moving averages, Technometrics, 1, 239-250.

Robinson, P.B. and T.Y Ho (1978): Average run lengths of geometric moving average charts by numerical methods, Technometrics, 20, 85-93.

Schneider, H. and K.-H. Waldmann (1984): Cost optimal multistage sampling plans, Frontiers in Statistical Quality Control 2, (Lenz, Wetherill, Wilrich eds.), Physica-Verlag, Heidelberg.

Seidel, W. (1988): Zur Berücksichtigung unvollständiger Vorinformation bei der Minimax-Regret-Methode: Kosteneinsparungsmöglichkeiten und der Einfluß von Schätzfehlern, Diskussionsbeiträge zur Statistik und quantitativen Ökonomik, Nr. 32, Hochschule der Bundeswehr Hamburg.

Smith, D.M. (1983): Maximum Likelihood Estimation of the Parameters of the betabinomial distribution, J.R. Statist. Soc., C. 32.

Uhlmann, W. (1970): Kostenoptimale Prüfpläne, Physica-Verlag, Heidelberg.

Uhlmann, W. (1982): Statistische Qualitätskontrolle, 2. Ausgabe, Teubner, Stuttgart.

Wetherill, B.G. (1977): Sampling inspection and quality control, 2nd Edition, Chapman and Hall, London.